核电经验反馈组织与运作

李　洋　高　超　王诗文　宋本金　郭帅飞　等著

中国原子能出版社

图书在版编目（CIP）数据

核电经验反馈组织与运作 / 李洋等著. —北京：中国原子能出版社，2020.10

ISBN 978-7-5221-0932-9

Ⅰ. ①核… Ⅱ. ①李… Ⅲ. ①核电厂–电力系统运行–运行经验–信息反馈 Ⅳ. ①TM623.7

中国版本图书馆 CIP 数据核字（2020）第 192156 号

核电经验反馈组织与运作

出版发行	中国原子能出版社（北京市海淀区阜成路 43 号 100048）
策划编辑	王 丹
责任编辑	左浚茹
装帧设计	崔 彤
责任校对	冯莲凤
责任印制	潘玉玲
印 刷	北京九州迅驰传媒文化有限公司
经 销	全国新华书店
开 本	787 mm×1092 mm 1/16
印 张	13.875
字 数	300 千字
版 次	2020 年 10 月第 1 版 2020 年 10 月第 1 次印刷
书 号	ISBN 978-7-5221-0932-9 **定 价** **58.00** 元

网址：http://www.aep.com.cn **E-mail：atomep123@126.com**

发行电话：010-68452845

前　言

核电厂经验反馈工作是有效防止重大事件发生和持续提高核安全水平的一个重要技术手段和管理方式。及时和深入地开展运行事件评价和经验反馈工作，已经是核安全工作的一项基本原则。核电厂经验反馈主要包括：异常状态报告或事件报告、事件界定、事件调查、根本原因分析、纠正行动制定和执行、趋势分析、信息发布和共享、经验反馈体系的持续监控和改进以及信息存储、调用管理等要素。经验反馈的各个要素都需要有人力物力的保障，还要保证执行过程中明确的责任和分工。

经验反馈主要是将核电厂在运行、维修等过程中出现的设备故障和人因失效等异常和事件，按照一定的准则进行筛选和分析，吸取经验教训和采取纠正行动，以防止类似事件重复发生。同时，核电厂还从其他国家和地区的同行已发生的事件中进行外部经验反馈，吸取对本电厂有用的经验，采取相应的纠正行动，以避免其他核电厂已经发生过的同类或类似事件在本核电厂再发生。在核电厂经验反馈体系的开发过程中，苏州热工研究院有限公司经验反馈人员多年来深耕经验反馈领域，积累了丰富数据优势和实践经验，《核电经验反馈组织与运作》一书中凝结了相关技术成果。

《核电经验反馈组织与运作》共分 9 章：第 1 章核电经验反馈总体概述，综述了核电厂经验反馈的起源与发展；第 2 章核电厂内部异常的识别与报告，阐述了核电厂内部异常事件信息报告与筛选分类；第 3 章外部信息的识别与报告，介绍了外部信息来源与识别筛选原则；第 4 章核电厂事件调查与分析，介绍了目前主要的事件调查技术方法以及重大安全事件分析小组；第 5 章纠正行动制定与执行，介绍了纠正行动管理流程，以及提升人员绩效和设备性能的纠正行动方法；第 6 章事件趋势分析方法，介绍了开展趋势分析的条件、趋势分析的概念和步骤，并对国际 IAEA、INPO、EDF 等核电组织的趋势分析方法进行了调研和介绍；第 7 章经验反馈的传播和应用，介绍了经验反馈的内部传播和外部传播，并通过典型案例介绍，确保经验反馈信息得到有效使用；第 8 章安全事项的重要度判定方法，介绍了重要度判定方法的两个阶段引导程序和评估程序；第 9 章核电厂运行经验反馈的有效性评价，介绍了核电厂运行经验反馈有效性的同行评估方法和自评估方法。

本书主要由李洋、高超、王诗文、孙晓燕、郭帅飞等人主持编著，各章节具体编著人员分别是：第 1 章由李洋、赵雯文编写，宋本金进行了校核；第 2 章由孙晓燕、张继业编写；第 3 章由李朋朋、刘锐编写；第 4 章由李洋、丁珊珊编写，宋本金进行了校核；第 5 章由郭帅飞、张浩编写；第 6 章由高超、王世超编写；第 7 章由王诗文、郭帅飞编写；第 8 章由邹象、周光林编写；第 9 章由郑丽馨、许友龙、侯秦脉编写。

其中，第 2 章由福建宁德核电有限公司组织人员编写，第 8 章和第 9 章由生态环境部核与辐射安全中心组织人员编写。整书由郭帅飞进行统稿，李洋和高超进行了校核，宋本金、邹先明进行审查，同时本书得到了李书周、陈捷飞、王俊、高禄平、刘文元、张立强、白弢和黎桂江等人的技术指导，在此表示衷心的感谢。

《核电经验反馈组织与运作》在编写过程中得到了生态环境部核与辐射安全中心、福建宁德核电有限公司、大亚湾核电运营管理有限责任公司等相关单位的大力支持，提出了许多宝贵的修改意见，在此一并表示衷心的感谢！

本书可作为核电厂经验反馈工作参考，也可作为经验反馈从事人员相关培训用书，囿于编者的学识水平，书中难免有不妥之处，恳请广大读者批评指正。

编著者

2020 年 6 月

目　录

第1章
核电经验反馈总体概述

1.1 美国核电行业的经验反馈

1.1.1 核电运行研究所的成立

1979年3月，美国发生了三哩岛核事故，随后卡特总统成立了凯莫尼委员会（The Kemeny Commission），对三哩岛核电厂事故展开全面调查。1979年10月调查报告正式发布。除了对事故的分析外，在凯莫尼委员会的调查结论中，对美国核电行业有两条建议：

1）核电工业应建立一个项目，制定适当的安全标准，用于规定管理、质量保证和操作的程序和做法，以及如何进行独立评估。

2）必须系统地收集、审查和分析所有核电厂的经验反馈，建立一个国际性的全行业的沟通网络，以便这些信息便捷地传递以帮助各方改进。

根据调查报告要求，为加强核电运营者内部的管理与约束（如独立评估），1979年12月，美国核电同行成立了核电运行研究所（Institute of Nuclear Power Operations，以下简称“INPO”）。为了建立信任和权威的领导力，选择了副舰队司令为INPO首任总裁和CEO，他是鹦鹉螺号（美国首个核航母）航母总司令，也是早期海军核应用的坚定支持者。

INPO是一个非营利组织，总部设在亚特兰大。不管是在INPO大楼一楼的独立石碑上，还是INPO各种出版物和内部网络上，均可以见到一个没有完成的“EXCELLENCF”（卓越excellence最后的E没有完成），寓意为追求“完美永无止境”。

实际上这出自三哩岛核事故的调查报告，意义为仅仅满足政府法规的要求并不能保证安全，因此，核行业必须建立和维护自己的卓越标准，以确保核电厂有效的管理和安全运行。INPO 进一步演绎了这一要求，形成“追求完美永无止境”（Excellence can never be complished）的核电文化理念。为推进这一理念，INPO 逐渐固化了几项业务，包括：电厂评估、培训认证、经验和业绩分析、现场援助等，其中经验和业绩分析包括：

1）由 INPO 人员分析发生在核电厂（世界范围内）运行过程中的非正常事件。

2）分析运营数据，维护行业内部数据库，确保数据的准确、完整。主要有：INPO 和 WANO 的性能指标，INPO 额外的性能指标，ICES 数据库，SOER 数据库，核电厂缓解系统性能指标 MSPI，电厂状态报告数据库 CAP，电厂业绩趋预警中心等。

3）将吸取的经验教训传达给其他会员及参与者，常见的产品包括：SOER、SER、IER、O&MR（Operation and Maintenance Reminder）等。此外还会就业绩趋势和紧急问题与行业沟通。

4）核电厂对这些经验教训中提出的建议的响应，并在电厂评估或援助时进行核实和跟踪。

INPO 对经验反馈的分析与反馈是行业的鼻祖，也是参照的标杆。以下简要介绍其工作过程。

1.1.2　经验反馈计划的监管基础

1980 年初，INPO 与美国电力科学研究所（EPRI）核安全分析中心联合制定了最初的经验反馈（OE）计划，该计划也被称作“重大事件评估和信息网络”（SEE－IN）项目。该项目目标是建立一个系统化的核电厂经验反馈分享机制，其首个成果是在 1980 年 5 月发布的首份《重大事件报告》（SER，内容是把核行业筛选出的重大事件来进行分析和反馈）。

1980 年 10 月，美国核管理委员会（NRC）发布了文件，NUREG 0737《三哩岛核电厂事故行动计划要求说明》明确了经验反馈相关监管要求，其中第 I.C.5 条规定：

各持照者应编制程序，来确保持续向操纵员和其他人员提供核电公司组织内外部有关电厂安全的运行信息，并将这类信息纳入培训和复训计划中。

1982 年年初，NRC 发布 82－04 号通函（GL）来大力鼓励各电厂积极参与 OE 项目。在该通函中，NRC 称：凭借 OE 项目，单家核电厂不用再分派人员来收集和筛选大量行业经验反馈资料。因此，NRC 将 OE 项目认可为帮助各核电公司满足《三哩岛核电厂事故行动计划要求说明》第 I.C.5 条要求的合适手段。

1986 年 4 月切尔诺贝利核事故后，全球核电公司的在运核电厂结成了世界核电运营者协会（WANO）。接着，INPO 经验反馈计划与 WANO 经验反馈计划完成了对接，来确保 INPO 成员从国际经验中受益，在全球范围内分享美国核行业的经验。

INPO 和 NRC 之间也达成了协议备忘录，为经验反馈资料交换提供了协调计划。按照该协议，INPO 向 NRC 提供新编制的经验反馈报告，定期召开会议，探讨电厂安全和人员安全方面的不利趋势以及其他互利课题。

2003 年 11 月，NRC 反应堆经验反馈工作组总结道：各核电公司通过全面参与经验反馈计划来加强能力，以符合《三哩岛核电厂事故行动计划要求说明》第 I.C.5 条的要求。以下对经验反馈计划作进一步介绍。

由此可见，在经验反馈领域 NRC 与 INPO 的合作非常紧密。

1.1.3　经验反馈项目的目的

概括来说，OE 是通过汲取全球核电厂的经验反馈，促进美国各在运核电厂安全性和可靠性提升。从历史经验来看，严重事件发生前，通常本电厂或其他电厂先前就出现过看似更轻微的前兆。不对这些前兆的根本原因进行纠正，可能会再次发生事件，更严重的，会意外导致影响安全的事件。OE 项目负责识别此类事件前兆并将之通报给行业，以便各电厂能采取纠正行动预防事件。

1.1.4　经验反馈项目概述

OE 项目流程大致为：各在运核电厂报告经验反馈→INPO 筛选经验反馈→INPO 确定并评估重要的或重大的事件及前兆→向成员和共同利益参与者报告经验教训。后果较轻的单项事件通常不重要，但对之进行趋势分析，能有效识别共因，如果及时识别并解决这些共因，可防止后果更严重的事件发生。

各美国核电公司都有自己的经验反馈审查程序，这些工作与行业 OE 项目实现信息共享。公司通过落实重要经验反馈教训，及时向核电公司人员提供与他们工作相关的经验反馈，来预防事件发生（与我国核电厂外部经验反馈相同）。在电厂评估和公司评估、评审考察期间，INPO 将评估核电公司的情况，以确认电厂的经验反馈审查工作是否有效。

1.1.5　经验反馈项目的实施

1.1.5.1　信息来源

OE 项目的信息来源包括美国经验反馈和国际经验反馈。INPO 建立了自己的事件报告准则，参见 INPO 12－009《ICES 报告要求和标准》，美国核电厂根据准则识别哪些信息需上报，这是美国核电经验反馈的主要来源。除此之外，其他来源还有：

（1）WANO 事件报告

WANO 的核电厂事件报告由 WANO 地区中心收集，经 WANO 伦敦办事处经验反馈中心组（OECT）审核，发布在 WANO 网站上。

（2）持照者上报的执照事件（LER）

按 NRC 报告要求，核设施持照者必须使用 LER 上报特定事件。所有美国核电公司均必须同时将 LER 提交给 INPO 和 NRC。

（3）NRC 与事件有关的报告

与事件相关的监管报告包括动力反应堆日常状态报告、电厂事件通告（PEN）、晨报、美国联邦法规第 21 篇规定的报告、事件或异常情况初步通告（PNO）。

（4）美国核管理委员会（NRC）的一般函件

这类报告类型包括通告、通函（GL）、信息通知（IN）、监管问题总结（RIS）。

（5）厂商反馈的信息

包括厂商服务通告、函件以及与系统或部件问题有关的其他报告。通常包括厂家对特定设备或程序的纠正建议。

（6）国际监管报告

包括国际原子能机构（IAEA）在事件报告系统（IRS）发布的报告，也包括经济合作与发展组织（OECD）核能署发布的经验反馈报告。

1.1.5.2 筛选流程

通过事件筛选来确定事件的重要性。一项事件（包括严重缺陷）的重要性要分析其实际或潜在的后果，以及该事件构成更严重事件的前兆的可能性。INPO 将事件分为四个等级，重大事件通常须发布专项文件，向行业通报经验教训。

（1）重大事件（S）——是指导致或可能导致电厂安全性或可靠性大幅降低，辐照过量，放射性物质排放到场外或对个人造成严重伤害的事件。由事件分析经理来确定。分为以下三类：

1）外部认为重大的事件（SO）。NRC、核电公司或厂商已向行业发布报告来对该事件作全面描述。

2）对本电厂重大的事件（SP）。因设计的特殊性或因只存在于本电厂的原因未向行业通报大概信息，未让行业汲取新的经验教训。

3）复发性重大事件（SR）。与之前报告的事件类似，本应通过践行之前 OE 文件中给出的经验教训来防止其发生。

（2）值得注意并造成后果的事件（NC）——是指导致电厂工况或设备状态发生意外变化或对电厂人员造成不利影响的事件。

（3）值得注意但未造成后果的事件（NNC）——是指未造成明显后果，但是在稍有不同的情况下有可能造成后果的事件。

（4）非重大事件（NS）——是指后果极小或没有后果的事件。这类事件本身通常基本上没有广泛重要性，但可能对趋势分析有用。

INPO 通过一系列审查来确定事件的重大性。INPO 在每个电厂的分析师开展初步审查来确定事件是否可能是重大事件，参考的文件是《事件重大性指南》。完成初步审查后，INPO 事件分析部的工作人员开展协同审查，来加强筛选的一致性和准确性。一些事件开展独立审查。

1.1.6 经验反馈文件类型和归类

IER 分为四级，每级 IER 都有自己独特的特征和预期用途。这些文件传递了 INPO 对事件或事件趋势的分析以及汲取的经验教训。

IER 1 级

1 级 IER 文件根据一项或多项重大事件、重要行业问题或不利趋势，提出建议。INPO 要求各电厂按如下方式执行 1 级 IER 文件中的建议：

- 自文件发布之日起 90 天内确定纠正行动。
- 自文件发布之日起 150 天内通知 INPO 纠正行动实施计划。

INPO 将审查实施计划以及 1 级 IER 文件的响应行动。起先将由多专业小组审查 INPO 接收的信息。随后将在评估和同行评审期间，审查所有电厂的纠正行动，或者采取其他方法来确认纠正行动被有效实施。

1.2 国际原子能机构（IAEA）在核设施经验反馈方面的要求

经验反馈是供学习以及核电厂安全和可靠性改善过程中的宝贵信息来源。在 IAEA《安全标准丛书》第 SF－1 号文件《基本安全法则》陈述了制定经验反馈（包括初始事件、事故前兆、未遂事故、事件和未授权行为）反馈和分析流程的必要性。

IAEA 安全要求 NS－R－2 号出版物《核电厂安全运行》在第 2.21 款中陈述了应对核电厂经验反馈进行系统评估，并对明显影响安全的异常事件进行调查以确定其直接原因和根本起因。适当的时候应通过调查向核电厂管理层提供明确的建议，后者应立即采取适当的纠正措施，不得无故延误。从此类评估和调查中获得的信息应反馈给电厂人员。

IAEA 安全导则 NS－G－2.11 号文件《核设施事件的经验反馈系统》在第 2.8 款中规定一个有效的安全经验反馈反馈系统应涵盖事件调查和重大安全事件的深入分析（包括重大安全事件的原因分析）。

第 4.2 款的参考文献中也规定了“运营机构或持照者（具体视情况而定）应落实规定了适合于任何特殊事件的调查方式的相关程序。这些程序通常列出调查的启动、时间、调查组的构成、调查组的职能范围及最终报告的格式等。”

经验反馈（OE）在机构内部和外部的有效利用都要求有一个有效的调查流程，用于进行事件分析，以确定核电厂在组织、设备（即结构、系统和部件）、程序和人员行为上的主要薄弱环节。通过有效调查可产生相关核电厂或设施具体的纠正措施，这些措施可尽量降低类似事件发生的概率。

1.3 世界核电运营者协会（WANO）的成立

1979 年 3 月 28 日的美国三哩岛事故，特别是 1986 年 4 月 26 日的苏联切尔诺贝利灾难性事故，严重扭曲了核电的形象，动摇了公众对核电的信任感。切尔诺贝利核事故表明，核事故无国界，无论是哪家核电厂，都有责任保证其核电厂安全可靠的运行，而整个核电界则有共同的责任来不断地改善核电厂的安全可靠性。

面对这一现实，世界上每个核电运营商摒弃了竞争和地区差异的观念，并于 1989 年聚在一起成立了世界核电运营者协会（WANO）。目的明确：通过相互支持，信息交流和学习良好实践，共同评估，建立基准并提高核电厂性能，从而在全球范围内最大化核电厂的安全性和可靠性。

从 1989 年 5 月 15 日在莫斯科举行的成立大会起，WANO 有了显著的发展。如今，WANO 有 120 多个成员，在世界范围内运营着 430 多个民用核动力反应堆。

WANO 的存在是为了帮助其成员实现最高水平的操作安全性和可靠性。该目标是通过一系列项目（例如同行评审）以及获得技术支持和全球运营经验库来实现的。WANO 在伦敦和香港设有办事处，在莫斯科、亚特兰大、东京和巴黎设有地区中心。

以安全为唯一目标，WANO 帮助运营商有效沟通并公开共享信息。经验表明，如果从以前的事故中吸取教训，可以预防许多事故。

1.4 世界核电运营者协会（WANO）在经验反馈方面的流程要求

1.4.1 事件报告准则

WANO 成员需要根据报送准则，向 WANO 报送事件。

1）异常的电厂瞬态或事件：如排出反应堆余热的能力受到威胁，如在丧失电源或余热排出能力期间。导致设备损坏的事件，如阀门或者主要管线等。

2）重大设备损坏：非计划停机或降功率运行超过 48 个等效满功率运行小时。因燃料棒破损导致的停堆等。

3）人员过量辐照或严重受伤：电离辐射照射超过监管限值或非计划照射超过电厂规定限值的。对高风险工作（如潜入乏燃料水池、X 光作业、操作高放射性设备）的控制措施存在不足导致发生立即的或潜在的非计划剂量、过度照射或玷污事件。

4）非预期的或不可控的放射性释放或放射性污染：电厂的非计划放射性物质释放超过了电厂或监管单位规定的管理控制限值。

5）燃料操作或储存事件。

6）在运行或改造期间发现设计或设计基准、分析、制造、建造、安装、运输、运行、配置管理、人—机接口、试验、维修、规程或培训材料方面存在不足。

1.4.2　WANO 事件报告（WER）的格式和内容要求

由于 WANO SOER 和 SER 是由 WANO 从事经验反馈的人员编写，因此，SOER 和 SER 的格式和内容要求可参见《WANO 经验反馈大纲指南》（WPG－02）。

应避免简写、首字母、首字母缩略词。如果事件报告中有简写、首字母或首字母缩略词，则应该在首次出现在报告中时定义清楚。最好是具体描述部件或设备的零部件，如辅助给水泵，而不是 AFW 泵。另外，不要单独通过部件或设备的编码或编号识别部件或设备。在事件报告中，还应对系统描述清楚以便于其他成员对事件的理解，如反应堆水净化，不是 RWCU。

在编写 WER 时，应当在报告的详细描述部分清晰地陈述事件后果，如功率下降 8%、反应堆紧急停堆、大修工期延长 36 h、应急柴油发电机 24 h 不可用等。最好在第一句或第二句中表述事件后果信息。

该格式和内容要求适用于所有 WANO 事件报告（WER）。

1.4.3　初步 WER

对于需要立即通告给其他 WANO 成员的事件以及可能符合手册中定义的值得关注和重要级别的事件，需要编制初步 WER。受到媒体广泛关注的事件也需编制初步 WER，这可以使 WANO 成员及时了解所发生的事件并快速启动调查或在有必要时采取纠正行动。只有少数情况才需要初步 WER。如果不是已知的可以减轻责任的反应堆紧急停堆或设备失效的事件，可不发布初步 WER。

在找到事件确切原因后，初步 WER 应立即发布。

要求发现事件后的 30 天内在 WANO OE 事件报告数据库中完成发布初步 WER。区域中心期望的平均时间（发现事件至上报的时间）为 30 天。为符合报告准则，WANO 成员必须在将该事件报送给区域中心时留有足够的裕量以在发布前进行适当的审查。即使最终原因分析未完成全部信息收集，也要求在初步 WER 发布后的 140 天内在 WANO OE 事件报告数据库中更新事件信息，包括原因等。一旦完成更新，事件报告便不再是初步报告。

初步 WER 应提供的信息包括：事件期间发生了什么、事件后果。事件报告应尽可能简练。

区域中心时留有足够的裕量以在发布前进行适当的审查。即使最终原因分析未完成全部信息收集，也要求在初步 WER 发布后的 140 天内在 WANO OE 事件报告数据库中更新事件信息，包括原因等。一旦完成更新，事件报告便不再是初步报告。

1.4.4 WANO 编码系统

清晰并一致地报告事件的原因、后果、失效或受影响的系统/部件、涉及的人员、事件发生时正在进行的活动和电厂状态，是对 WANO 事件报告中的信息进行有效交流的基本要素。

事件报告的编码也可提高在 WANO 众多事件报告中进行查询和趋势分析的能力，以强调 WANO 成员需要关注的普遍问题领域。

WANO 编码系统作为一个工具，使得在 WANO 所有成员中事件的报告和问题领域的识别保持高度一致性。

1.5 我国对运行核电厂的经验反馈监管要求

我国从开始核电厂建设和运行以来就非常重视经验反馈工作。在核安全法规方面，《核动力厂安全规定》（HAFl03）以及 2017 年颁布的《中华人民共和国核安全法》（简称《核安全法》）中都对核电厂经验反馈工作做了规定。《核安全法》中明确规定“核设施营运单位应当建立核安全经验反馈体系”，不按规定建立核安全经验反馈体系的核设施营运单位将承担法律责任。国内负责核电厂监管的部门主要是国家核安全局（National Nuclear Safety Administration，简称 NNSA），国家核安全局成立后就制定了一系列法规文件敦促核电厂营运单位及时报告并分析运行事件、开展经验反馈，并积极致力于建立整个国内的核电厂经验反馈体系。该体系的参与单位包括国家核安全局、核电厂营运单位、核与辐射安全中心、地区核与辐射安全监督站，以及其他的技术支持单位该体系旨在促进经验反馈信息的共享和交流，提高核电厂安全运行业绩。2012 年国家核安全局发布了《运行核电厂经验反馈管理办法》，确立了国内运行核电厂经验反馈体系的框架，明确了参与经验反馈体系的相关单位和职责分工。为经验反馈体系的建立奠定了基础。国家核安全局牵头建立的国家核安全局经验反馈平台已于 2016 年正式上线运行，促进了国内各相关单位的信息共享和交流。

1.5.1 《中华人民共和国核安全法》中经验反馈要求

第三十五条　国家建立核设施营运单位核安全报告制度，具体办法由国务院有关部门制定。国务院有关部门应当建立核安全经验反馈制度，并及时处理核安全报告信息，实现信息共享。核设施营运单位应当建立核安全经验反馈体系。

1.5.2　HAF103（20040418）——核动力厂运行安全规定

1）营运单位必须系统地评价核动力厂的经验反馈。必须调查研究安全重要的异常事件以确定其直接原因和根本原因。调查必须向核动力厂运行管理者提出明确的建议，核动力厂运行管理者必须及时地采取恰当的纠正行动。这些评价及调查所得的信息必须反馈给核动力厂工作人员。

2）营运单位必须获得并评价其他核动力厂的经验反馈和教训，以作为借鉴。为此，应十分重视与国内和国际机构的经验交流及信息共享。

3）必须指定胜任的人员认真研究经验反馈，以发现不利于安全的先兆，从而在出现严重情况之前采取必要的纠正行动。

4）必须要求所有的核动力厂工作人员报告所有的事件，并鼓励报告与核动力厂安全有关的“几乎要发生的事件”。

5）核动力厂运行管理者必须与设计有关单位（制造者、研究单位、设计者）保持适当联系，以向其反馈经验反馈的信息及获得与处理设备故障或异常事件有关的建议。

6）必须收集和保存经验反馈的数据，以用作核动力厂老化管理、核动力厂剩余寿期评价、概率安全评价和定期安全审查的输入数据。

1.5.3　核电厂营运单位报告制度

核电厂经验反馈信息最主要来源是各种事件。运行核电厂每天都会发生事情，这些事件的重要程度各不相同，对于需要核安全监管机构关注的事件，核电厂营运单位必须根据《核电厂营运单位报告制度》（HAF001/02/01），向国家核安全局报告满足制度准则要求的事件，报告建造阶段事件报告、运行阶段事件报告和核事故应急报告等。

运行阶段的事件是指核电机组反应堆首次装料后，在核电厂试验或运行期间，发生的各类事件，这些事件可能导致反应堆正常的安全运行受到影响。报告制度中规定了机组运行期间，如满足以下准则，营运单位应该向国家核安全局和所在地区核与辐射安全监督站报告。违反核电厂技术规格书的事件：

1）导致核电厂安全屏障或重要设备的性能受到严重损坏或出现下列工况的事情：

a）明显危害安全的没有分析过的工况；

b）超出核电厂设计基准的工况；

c）在核电厂运行规程或应急规程中没有考虑的工况。

2）对核电厂安全有现实威胁或明显妨碍核电厂值班人员完成安全运行的自然事件和其他外部事件。

3）导致专设安全设施和反应堆保护系统自动或手动触发的事件（预先安排的这类试验除外）。

4）任何可能妨碍构筑物或系统实现下列安全功能的事件：

a）停堆和保持安全停堆状态；

b）排出堆芯余热；

c）控制放射性物质释放；

d）缓解事故后果。

5）导致多个独立的具有下列功能的系统、序列或通道同时失效的共因事件：

a）停堆和保持安全停堆状态；

b）排出堆芯余热；

c）控制放射性物质释放；

d）缓解事故后果。

6）放射性释放失去控制的事件。

7）对核电厂安全有现实威胁或明显妨碍值班人员安全运行的内部事件。

8）其他事件：上述七类所不包括的，由国家核安全局和营运单位根据事件的性质及其后果确定为安全有影响的重大事件以及公众普遍关注的事件。

对于下列情况，应该提交运行事件报告的补充报告。

a）在原事件报告需要补充或修订的情况下，应该提交相应的补充报告；

b）对复杂的事件，如果国家核安全局认为原事件报告不够详细，营运单位应该根据所指定的范围和内容提交补充报告。

截止到 2016 年年底，我国运行核电厂共报告运行事件 866 起。

第2章
核电厂内部异常的识别与报告

经验反馈（OE）是保障核电厂安全可靠运行的重要方面。电厂内部异常的识别与报告是经验反馈流程中的一个主要组成部分，通过对符合报告准则的异常信息进行报告和收集，并在组织内进行筛选，并对经过筛选后的不同等级事件开展符合其级别的调查和分析，以确保所有与安全相关的重大事项及相关经验教训均得到充分分析和考虑。

2.1 核电厂内部经验反馈流程

事件的报告和筛选是经验反馈流程的开始，对确保电厂该流程的成功起着重要的作用。电厂所有工作人员必须报告任何事件，鼓励工作人员报告与电厂安全有关的任何异常。每一个核电公司都拥有自己的经验反馈流程。该经验反馈流程围绕内部经验和外部经验展开，能够吸纳后续经验教训，以提高电厂运行业绩。图2-1是经验反馈流程的典型流程图。

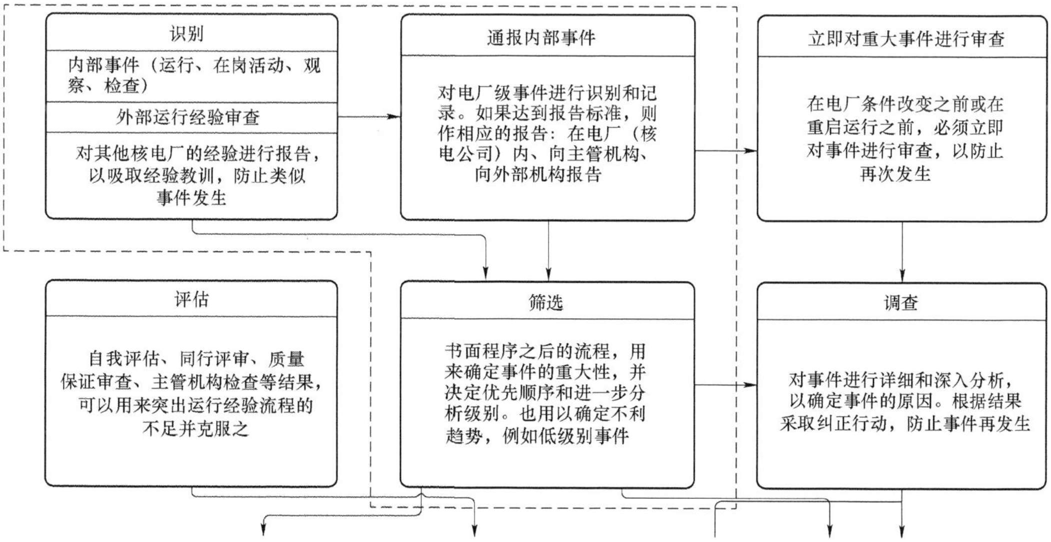

图2-1 典型经验反馈流程图

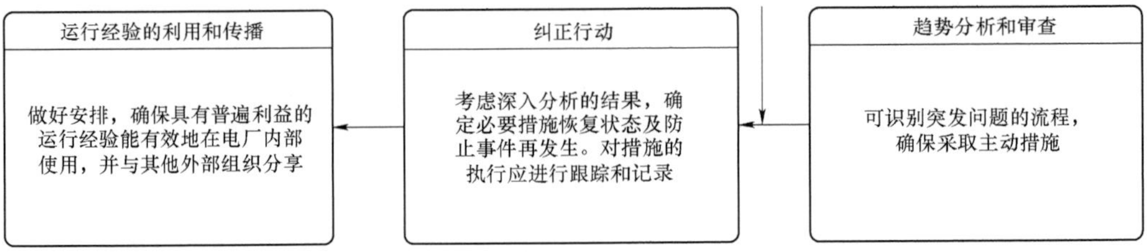

图 2－1　典型经验反馈流程图（续）

每个核电厂都根据其内部组织运作的需求，对经验反馈的组织和流程设置也各不相同，本章节附录中将列举几个核电厂经验反馈流程的示例，以供读者参考和比较。

2.2　异常事件识别

2.2.1　识别门槛

在安全文化氛围浓的核电厂，经验反馈流程将意图捕捉和报告所有内部事件、未遂事件、偏差（与认可的程序、标准、运行/维修实践或行为的偏差）、良好实践或改进的机会。鼓励员工报告任何问题，不管此类问题是潜在问题、怀疑问题还是实际存在的问题。管理人员制定并传达人们对事件识别低门槛的期望。

关于低级别人为错误和未遂事件，通常由犯错误的人或经历过未遂事件的人进行及时纠正。因此，如不报告这些错误或未遂事件，那么将无法对此类错误或未遂事件进行分析，从而失去大量的资料。经验表明：低级别事件和未遂事件的原因与重大事件的原因类似甚至相同。因此，制定的事件报告标准必须足够详细，以识别任何有害、不符合要求的情况或意外事件（包括未遂事件），这有助于防止事件再次发生，从而有助于改进电厂和人员的安全、可靠性和业绩。

电厂制定要求来搜集工前会中的有关未遂事件的信息，以及其他领域（例如工作报告）中的信息。报告这类信息主要有两个好处：犯错误或经历过未遂事件的人可能知道错误或事件的原因，但由于不存在不利后果，因此可以自由地讨论影响因素、吸取哪些经验教训和可能采取的纠正行动。报告未遂事件的重要性还在于：如果不识别此类事件，那么就无法解决组织内存在的潜在缺陷和错误，导致事件有可能再发生。

安全文化气氛浓厚的一个象征是：工人们在报告事件或未遂事件时，会问自己这样的问题："我是否希望同事面对相同的情形？"管理人员应制定方法，对未遂事件的数量进行跟踪，并将这些作为"好消息"在组织内传达，以鼓励这种行为。

所制定的识别标准必须尽量具有可操作性。例如，标准必须针对三大方面：电厂系统和设备、人员表现及组织情况（包括文件编制）——这要求采取纠正行动或其他干预形式。

2.2.2　识别内容

识别内容包括：已实现良好及有效业绩的工作实践和活动，以及推荐作为潜在良好实践的内容。通过书面指示、行为示范和培训制定标准的方式传达预期要求。

一切事件，无论大小，都提供了学习机会，可用以改进安全和业绩标准，减少错误和避免问题重复出现。良好实践，无论来自外部还是内部，都有助于改进安全和业绩。

识别活动重点关注错误（“是什么”和“应该是什么”的差别或偏差）以及需要改进的方面，还包括人们的任何担心，而不论其是否为潜在问题、疑虑还是实际问题。识别活动也重点关注良好实践以及值得效仿的做法。

识别活动重点关注核设施的所有方面，如组织、程序、人员表现、电厂系统、构筑物和部件。

识别内容还包括难以实现、构成负担过大的现场规章方面的问题，其目的是建立一种容易理解并具操作性的有效规章制度。

总而言之，识别活动包括以下各个方面：

—实际运行事件，如电厂瞬态及所涉及的设备故障、人为错误或其他不当操作、异常情况和原因（无论技术、组织、程序或人员表现等方面）；

—可导致或尚未导致电厂瞬态的系统、构筑物或部件的实际故障或人为错误；

—可导致系统、构筑物或部件故障的不利的安全或可靠性情况，如设计缺陷、设备安全或可靠性下降或老化效应等；

—外部挑战，如受恶劣天气、洪水、强风或安全威胁的影响；

—组织或人因问题及其相关的故障或原因，如安全文化气氛缺乏、人为错误率高、质量保证效果差、程序不足、培训不足或对现场承包商的控制不足等；

—存在弱点或未经审查的安全问题，表明安全系统存在前所未知的缺陷或矛盾；

—其他与安全相关或不相关的可靠性方面的问题、低级别事件和未遂事件——通过这些现象可以识别性能下降的早期征兆，并向运营单位发出警告，警惕更严重事件的前期症状和预兆。

识别经验反馈问题的活动，还包括审查其他可获自内部或外部的信息。安全评审活动期间，常常识别是否大范围存在处理小问题的独立程序。除非存在良好的内部沟通，否则经验反馈计划可能不会考虑此类内容，因此吸取的经验教训有可能失去，或未整合到整个流程中。如将此类内容进行识别并报至另外的流程中，则其必须与经验反馈流程联系起来。

对于源自内部的信息，经验反馈问题可按其他流程进行识别，如关于维修的工作管理系统、试验报告、设计变更和配置控制流程、质量控制检查、质量保证监查、自我评估、大修后活动点评价、电厂现场巡视观察报告、人员行为观察报告等。

2.2.3 识别方式

如果由一个以上的个人、初步识别人和后续检查人来执行识别流程，识别流程将会更加全面，因为这些人将提供相关附加值。

可通过以下方式对事件和缺陷进行识别：

—常规监控和监视；

—工前会和工作后总结；

—第三方独立检查和审查；

—流程绘制和分析；

—电厂指标和警报观察；

—材料和设备检查及测试；

—定期和不定期电厂巡查；

—通过在岗活动直接识别；

—运行故障；

—定期审查和评估；

—对标。

可通过以下方式加强识别效果：

—事件预防技术，如质疑态度、细节关注和自我批评；

—加强对工前会和工作后总结的预期；

—预先计划现场观察活动；

—预先进行人员准备和培训；

—现场巡视时观察管理情况。

管理巡视和电厂现场巡视还有助于：

—识别不同层面执行标准是否一致；

—通过示范传达预期；

—检验并复查各级人员是否关注细节以及对现场是否持质疑态度；

—唤起对电厂状态的管理意识；

—记录一贯的良好实践，并评估个人满意度，从而识别现场的良好实践。

交叉比较各小组的电厂巡查结果可获得进一步信息，以提高识别活动的质量。

2.3 异常事件报告

核电厂有义务向监管机构报告某些级别的事件。因此，运营单位应根据核监管要求，采用统一格式详细进行报告。本节主要讨论核电厂内部事件的报告和界定。

运营单位应制定详细的程序来规范报告的问题。通过该程序，可以确保安全问题较大的事件能及时地传达至内部（现场）和外部相关组织、核电公司总部、监管机构、行业、业主集团、世界核协会以及其他任何有关组织。

报告流程有几个步骤。对于大部分重大事件来说，通过三大步骤组织报告活动。第一步是初步通知，在识别之后迅速报告。第二步是完成初步报告，同时收集短期补充信息。第三步是在筛选和调查之后进行综合报告。对于低级别事件和未遂事件，通常使用初步报告收集的信息充分执行报告流程。

由于可用性方面的条件限制和时限要求（事件在晚班时发生，向有关部门发出紧急通知等），在组织收集信息及筛选之前，必须立即发出简要的通知。在实际上，报告的详细程度取决于报告的延误情况，根据信息收集的进度，从初步通知、立即报告发展到综合报告。电厂程序规定了事件报告的顺序和时间限制、报告类型的格式、有关其发布和传播的行政安排。一般的规定是，发现或认识问题情况后，必须尽快将报告，例如，在 1 h 内发出通知，大多数情况下须在 24 h 内迅速报告。

为了确保流程的简单化及符合时效要求，必须随时提供足够的报告工具，例如内部网启动形式、带各种支持的冗余通信设施、电子邮件及支持检索的数据库的使用。综合报告的内容包括足够的技术详情，必要时提供人因数据以了解事件情况，此类信息已经足够，无需再提供补充信息。应规定必要的信息，即哪些信息是必需的，哪些关键信息是必须输入的。报告内容与事件的重要性应当相应。报告使用的语言描述须能清晰区分是属待纠正问题还是属待改进项目。报告的作者必须考虑到能让其他地方的人也能理解报告内容。避免使用本地的专有名词和缩写，必须对缩略语作解释。附录中将对国内核电厂采用的事件报告系统（SAP 系统）进行示例。

目前国内核电厂除了向国家监管单位进行事件报告外，依据其加入的同行组织的不同，可能同时也会向 IAEA、WANO 等同行组织进行报告。

具体而言，需要报告的事件类型包括但不限于以下各项：

a）影响核安全和电厂可靠性的事件：

- 影响反应性控制的事件；
- 反应堆堆芯冷却丧失或降级；
- 屏障完整性导致的损失或衰变；
- 影响核燃料的事件（运输、操作等）；
- 电厂设备瞬态——反应堆紧急停堆、反应堆冷却泵停机、汽轮机跳机等；
- 蒸汽发生器给水水质变差、安全系统启动、断电等；
- 异物侵入事件。

b）影响核辐射防护的事件：

- 意外照射；
- 电厂内出现污染或排放活性介质；
- 电厂外排放活性介质；

- 放射源/材料丢失；
- 缺乏个人 RP 保护装置/设备等。

c）设备故障/损坏：

- 安全系统设备不可运行；
- 设备故障导致生产损失；
- 设备损坏；
- 共模和共因故障等。

d）工业安全事件——人员伤亡；

e）环境事件——意外排放有毒物质/化学品，或排放超过法定限值；

f）电厂发生火灾或爆炸；

g）安全事件——受到威胁、攻击；

h）外部事件——地震、大雨、温度异常、龙卷风、入口冷却水状态劣化等，以及外部火灾、飞机坠落、飞机飞越等；

i）安全分析不足；

j）与电厂工艺或管理组织相关的计算机应用故障（硬件、软件），可影响设施的安全或可靠性；

k）质量保证、质量控制和自我评估问题——偏差、不符合项、不利条件、不符合项报告、监查发现的问题、自我评估建议；

l）电厂/设备设计不足；

m）人员表现、员工态度和行为的问题、消极的安全文化；

n）除上述事件和异常情况外，需要识别的内容还包括但不限于下述任何不合要求的情况或改进建议：

- 系统和设备的操作实践；
- 设备状况、设备可靠性；
- 工具和材料状况；
- 人的能力及任务要求；
- 人员和技术风险、缺陷、捷径、变通办法；
- 人员工作实践；
- 程序的质量和充分性；
- 在岗培训的质量和充分性；
- 业绩指标的异常趋势；
- 系统配置控制；
- 文件记录不一致；
- 管理政策和计划的范围和应用，和/或组织的缺点；
- 与国际经验以及 IAEA 安全标准相比，无计划或计划不完整或不充分。

o）未遂事件：

待识别的未遂事件举例：

● 如果在不同条件下发生未遂事件，则可能已发生电厂瞬态；

● 设备可能已损坏；

● 人员可能已受伤；

● 可能分配或执行错误工作；

● 可能已导致错误的情况；

● 在执行任务的关键步骤上出现人为疏忽或失误，但未造成后果；

● 尚未发生事件，但此类行为可能导致不必要的潜在情况，在这种情形下，发生故障或功能损坏的可能性增加。

● 系统/设备可能处于不符合预期/要求的状态（防火屏障可能已受影响，系统阀门可能处于错误的位置。）。

报告的内容还可以包括人员提供的改进建议、良好实践、良好的表现以及良好例子。

2.4　异常事件筛选

筛选是确定 OE 计划中是否包含某个项目、确定后续处理措施及活动优先级别的一道程序。筛选的目的是针对经验反馈执行的一种分级方法。筛选时，规定了事件的调查和分析级别（全面的根本原因分析、简单分析、趋势分析等）。筛选包括根据安全重要性、重复发生情况以及不利趋势的识别所作的优先排序。

对于已报告的发生在核电厂内的所有事件，筛选流程可对其进行总体的重要性检查及质量检查。通过筛选所有的事件，提取代表性的样本或初步选择须作进一步详细调查和分析的样本，可实现这一点。必须认识到，在制定事件报告时，筛选都在各个步骤进行。这意味着，在调查期间所得的结论可以改变筛选结论，即事件分类。

本节的目的是提供详细的指引、建议和良好实践以执行报告活动，确保设备、人员表现、流程和组织方面的问题通过适当的界限进行筛选，并根据事件重复发生情况和对不利趋势的认识安排优先级别，在电厂内进行发布以采取进一步的措施，并报告到监督部门或外部组织。

本章的主要目的是提供关于如何筛选已报告问题的信息，尤其是以下各方面内容：

—筛选内容；

—如何筛选；

—制定界限；

—对筛选流程的有效性进行审查。

OE 流程中涉及的所有组织对事件的信息进行筛选，同时考虑他们自身的需要。

运营单位筛选事件的最终目的是提高安全性、电厂可用性和商业绩效，其做法是：识别和纠正事件的原因，从而避免事件的重复发生。这包括对其他方所使用的良好实践的适用性进行评估，对内部识别的做法的适用性进行验证。另外，还确定了对外部组织作出通知和传达的级别。

监管机构对事件进行审查，以获得信息来制定其检查计划、开展许可证审批活动、细化和更新法规、安全标准及安全整顿的要求。

行业机构、业主集团和世界核协会根据自身的政策对事件进行筛选，以加强电力公司之间就经验反馈进行交流，促进对共性问题和经验教训进行分享。

供应商公司使用 OE 数据改进其对构筑物、系统和部件的设计和制造。同样，研究机构也可使用 OE 数据来支持其研究目标和计划。

筛选的范围包括：关于电厂所收到或产生的有关经验反馈的所有报告，此类经验反馈来自内部或外部或作为对标计划的结果。

筛选活动的参与者在进行筛选时必须记住：除了解决问题、防止问题再发生之外，经验反馈的一个重要目标就是对趋势进行分析，将经验教训进行反馈，并主动从累积的经验中进行学习。

2.4.1 筛选程序

（1）总体特性

电厂制定筛选程序。这些程序应符合以下的特性：

- 对经验反馈做了适当筛选，以挑选并优先安排信息作进一步调查。
- 清楚地制定了内部和外部经验反馈的筛选标准，确定了接下来的调查和发布的级别。
- 以系统和及时的方式进行筛选。规定了筛选的资料源及其相应的筛选频率。
- 筛选由具有丰富电厂经验反馈的人员执行，或由多部门小组（包括人员表现方面的工作人员）执行。由高级代表主持会议。在任何情况下，为了避免草率对待重要问题，分析和决策不由单个人承担。建议进行集体/小组的审查。
- 为了确保参与者能够做好准备，为筛选流程提供了完整的信息。
- 识别、报告和筛选的流程是一个及时性流程。这意味着，事件一旦识别，必须尽快执行这些步骤。在某些情况下，这意味着必须召集紧急/特殊的筛选会议。
- 对筛选的结论进行充分跟踪。

有效筛选流程还选择潜在预兆方面的相关信息，以便及时采取措施，防止重大事件发生。

一些大型企业组织或国家机构可能认为两级筛选比较有用：即电厂级筛选和集团级筛选。一核电公司已制定“经验反馈审查小组”（CAPT）。CAPT 为经验反馈协调人提供了一个论坛，以处理与经验反馈计划相关的问题，并促进各个站点分享内部经验反馈计划。在 CAPT 会议期间，对经验反馈活动进行了审查，这有助于确定将经验反馈具体应用于哪个位置，加强必要的措施，推广使用人员表现工具，提高对共同缺陷的警惕，防止电厂发生共同事件。

一些集团或国家级机构认为有必要建立一个机构，负责执行筛选活动并对国家级或国际级经验反馈作初步总体评估。在这种情况下，这些筛选方面的考虑因素也适用。这些机构还负责将选中的信息翻译成本国语言。

并非所有级别都需要进行全面根本原因分析。厂内资源是否有效利用，取决于对事件报告的适当筛选。对于低级别事件，可由筛选委员会决定对事件信息进行分类（编码）。这项任务可由指定的经验丰富的人员执行，而无需进行深入分析。只有在更复杂或更重大的事件中，才有必要进行额外的分析和详细的调查。不过，对于有可能出现重大后果的未遂事件，必须进行深入地根本原因分析，以吸取经验教训，防止事件再发生或造成重大事件。

所有事件，不管其后果是否严重，都进行了编码并收集在事件数据库内，以便用于未来集体分析和趋势分析，用于识别事件征兆和预兆。本数据库可用以于培训、将来对经验教训的利用、工前会准备以及对工作实践和程序的简化。对于低级别事件，可根据提供给筛选委员会或经验反馈协调人的事件说明、直接原因或明显原因进行编码，但在某些情况下，筛选委员会或经验反馈协调人可要求提供足够的相关数据，以确保进行正确的界限分类和编码。

（2）筛选委员会

筛选流程通常涉及多学科小组或委员会，这些小组或委员会由在技术、人员表现、计划和组织方面经验丰富、知识全面的人员构成。必须具有在运行、维修、辐射防护、安全要求、人因方面具有渊博知识的人员。

筛选的质量不仅取决于工程和运行方面的判断，还取决于对人员表现的评估。许多事件的基本原因都包含人因。因此，对于电厂内或其他电厂产生的、被选中的经验反馈，不仅须由工程、运行和科技方面的人员进行审查，还必须由在人员表现和行为方面有研究的人员进行审查。

经验反馈协调人在为筛选委员会作准备时，可进行预筛选。良好实践是在每个小组内指定一个经验反馈联络人，作为各机构内的联系人，以协助开展筛选活动和相关的跟踪活动。

识别、报告和筛选的流程是一个及时性流程。这意味着，事件一旦识别，必须尽快执行这些步骤。在许多机构中，筛选委员会一周碰面一次，但当有重大事件、要求举行紧急会议时例外。

筛选委员会召开会议的频率取决于电厂/电力公司所发生事件的数量和类型。当报告标准非常严格，且大量的事件被报告时，可每日进行筛选。决定筛选频率时，可采用每日筛选和每周筛选委员会会议的组合形式。在每次会的前一天，制定一个内含所有事件的数据包。每个部门都有专人对部门内发生的问题进行预筛选，对事件的相关重要性进行预评估，并建议进行相应级别的调查。筛选委员会将对其输入进行审批或修改。

筛选委员会（不管会议频率如何）还可以作为调查报告及纠正行动计划的审批机构。委员会还可以将这些做法推荐给其他已成立的监督委员会（例如安全委员会，其构成可能更高级、更关注具体的话题）。

2.4.2 筛选界限

在哪些东西必须进行深入的根本原因分析、简单根本原因分析和明显原因的趋势分析之间，筛选标准提供了清晰的界限。

筛选标准可用来确定事件是否必须向监管机构、其他政府机构和电力公司代表报告。必要时，可将为满足向监管机构、厂外主管部门和电力公司代表报告要求而开展的活动视为与筛选流程平行的活动，以满足因时间延误而要求迅速通知的要求。

为此目的，根据筛选会议的频率，有些组织发现将要求的及时通知活动与报告流程联系起来更加方便，将确定是否需要额外沟通和发布的任务留给了筛选流程。

用于确定一起事件是否应与其他电厂和组织分享的筛选标准是：问自己，当同一事件在另一电厂发生时，电厂是否愿意收到通知？如果答案是“是”，那么这起事件应通知其他方。当决定事件信息范围/详细程度时，这个原则也同样适用。

筛选界限系统的标准基于分级法，对事件重要性划分了足够的层级。使用足够层级可确保经验反馈系统具有足够的防御深度，可在某一个级别预兆上升到更高级别之前将其识别。

以下是筛选种类示例。必须确保报告界限和筛选界限之间的一致性：

—高级别事件必须向监管机构报告；

—重大事件必须向行业报告；

—重大事件必须在核电公司内分享；

—低级别事件；

—未遂事件。

注：根据潜在后果的重大性，一些未遂事件可视为特别重要的事件，必须吸取教训，并进行特殊处理。

必须向监管机构和其他主管机构报告的高级别事件由“国家监管机构”规定，并在国家的规章和法规中作详细说明。高级别事件指：对环境、核安全或辐射安全有影响或有关、具有厂内厂外影响或纵深防御降级或违反核安全法规的事件、事故。当向电厂/核电公司外报告事件时，应进行补充性筛选/审查，这可确保正确的事实得到传达。

对于必须向行业报告的重大事件，由业主集团和世界核协会双方共同确定。重大事件是指关系重大的事件，大多数情况下对安全、可靠性或性能具有影响。

以上一些分类事件必须向公众报告，报告的途径为间接报告或通过相关的机构进行报告。在这方面，可使用国际核事件分级表（INES）。当必须向公众发出通知时，明智的做法是由发言人或专门负责公共事务的部门去执行。

必须在核电公司内部分享的重大事件通常由企业组织决定，以便在各个电厂内分享经验和教训，避免故障重复发生，提高电厂安全和可靠性，支持人员表现改进计划，防止公司主队出现共同缺陷，使公司成为学习型组织。

低级别事件是后果轻微的不符合要求的事件或系列事件，此类事件未达到重大事件的界限。

未遂事件是会造成不利后果、但未发生的事件。如果事件程度并未减轻而继续发生，或如果情况稍有不同，那么该事件将造成重大或较大的不利后果。

低级别事件和非重大未遂事件在电厂内报告，进行编码并直接输入数据库中作趋势分析，不一定要另外对外报告。虽然如此，良好实践是建议将从低级别事件、未遂事件和已识别趋势的内部集体分析中吸取的经验教训在核行业内进行分享。

筛选方法还用来确定情况的优先级别。通常按既定标准来制定优先级别标准，例如类似事件在电厂发生的风险（风险＝可能性×后果）。定性评估也可用于此目的。一些电厂使用了如下优先级别：

—高优先级别：必须立即予以关注。核安全、人员安全或电厂可靠性受到影响。

—中优先级别：必须在短时间内解决。只有电厂的可用性受到影响。

—常规优先级别：不作为高优先级别或中优先级别的项目，但必须予以审查，并确定建议的措施。

可通过多种方法设定筛选界限类别和筛选流程中的预定处理级别。附录 5 提供了筛选流程中的分类和相关预定处理级别的示例。预定系统方法作为指引使用，须通过筛选会议期间的多学科判断进行确认或补充。

2.4.3　筛选范围和内容

筛选的范围包括：关于电厂所收到或产生的有关经验反馈的所有报告，此类经验反馈来自内部或外部，或作为对标计划的结果。

内部经验反馈的筛选范围包括第 2.2 节“识别”和第 2.3 节“报告”中所述的电厂事件，包括低级别事件、未遂事件和改进机会。事件包括：影响电厂核安全、放射性情况、工业安全、环境情况、运输安全、燃料存储的事件，电厂火灾、大修事件以及其他异常或非正常的事件等，例如故障、缺陷、偏差、失灵、程序错误、人为错误、未遂事件、非保守决策。

2.4.4　筛选方法

筛选中所涉及的运营单位和其他机构制定事件筛选的详细程序。筛选流程对筛选标准和筛选级别作了详细的规定。有清楚的政策和程序作出这一规定。关于哪些东西必须进行深入的根本原因分析、哪些东西必须进行明显原因的趋势分析，这些程序至少提供独立的标准。筛选流程有助于优化资源的使用，确保可以根据事件的重要性来关注事件。

如果仅根据某类经验反馈出版物或某类经验反馈来源制定筛选优先级别审查经验反馈，可导致通过其他途径报告的其他更重要的经验反馈事件无法及时进行修改。

内部经验反馈的筛选，根据事件的特性来确定事件级别，例如：

—安全重要性；

—优先级别（直接危险、可操作性问题等）；

—共同影响。

然后确定以下各项：

—是否有必要进行更深入的分析以确定事件的重要性；

—有待执行的分析级别；

—是否有必要额外进行内部和外部沟通和发布，以及沟通和发布的对象是谁；

—过往相关不利趋势是否应进行分析，包括将来可能出现的潜在趋势。

筛选流程还规定了目标日期。

使用以下步骤中所述流程，就重要性进行筛选。

a）事件是否与以下各项有关：

- 核安全或辐射安全；
- 缓解系统；
- 屏障完整性；
- 纵深防御降级；
- 可操作性——必须证明可以继续运行；
- 防火设施降级；
- 安全；
- 共因故障；
- 其他可影响公共安全或员工安全的降级情况；
- 环境威胁。

b）事件是否与以下各项有关：

- 不符合法规要求；
- 不符合技术规范/安全分析报告的要求；
- 不符合电厂/（或非安全）程序的要求；
- 工业安全；
- 电厂安保；
- 辐射工作许可证；

- ALARA 职业剂量；
- 实际事件紧急声明；
- 排放物监控；
- 环境监测计划；
- 核材料控制。

c）事件是否涉及以下各方面：

- 违规或恶意行为；
- 自然现象；
- 安全威胁；
- 未向主管机构提供准确的信息；
- 未遵守程序和走捷径；
- 文件不一致或不充分；
- 材料情况；
- 厂房管理；
- 人员受伤；
- 人因；
- 上岗健康适合性；
- 演习或演练鉴定；
- 培训和资格不足。

d）事件是否：

- 关系重大；
- 为未遂事件；
- 复发出现。

以下是筛选流程中应考虑的因素：

—制定优先评估级别（考虑电厂的安全性、可靠性、人因、发生的可能性、状态模式等）。

—检查之前是否筛选或分析过类似的事件。如果是，查看以前的结论，包括成功的经验以及纠正行动。不要因为以前筛选过就轻易结束筛选流程，要积极思考，因为你可能失去采取更好措施的机会。

—如果事件重复发生，应对导致事件重复的影响因素或之前未识别的因素进行讨论。在评估/分析的范围内将这个事实包含进去，同时还要关注之前的纠正行动为什么无效。对此 IAEA 出版物“有效纠正行动（2）”可能有所帮助。

—检查是否与其他内部或外部事件存在相似性。在评估范围/关注范围内加入这个事实。

—如果经验反馈来自外部：确定适用或不适用的原因何在（勿忘正面设想，而不仅是验证不适用的原因）。如果是内部事件，则问上述相同问题。

—针对调查/分析/趋势，确定适当的级别、责任和优先级别。

—分配后续行动的责任——将措施输入相关的措施跟踪系统。

—识别哪些必须内部传达，哪些必须外部通报——分配这个责任。

2.4.5　质量审查

对筛选决策进行审查，以确保筛选质量。根据问题的级别调整修改的级别及检查清单的内容。以下是审查中须考虑的特性举例：

—筛选期间，是否存在所需水平的多学科专门知识？

—筛选包是否足以可进行会议准备？

—是否始终采用筛选界限？

—是否充分制定了优先级别？

—关于向监管机构、其他外部组织、核电公司或其他电厂报告的决策是否符合相关标准和正确执行？

—重大性评级是否恰当，是否一直采用？

—是否一直执行评级程序？

—所确定的调查/分析/趋势级别是否足够？

—为进一步处理而分配的责任是否清晰、可接受且被跟踪至结束？

2.5　对效果的定期审查

2.5.1　自我评估

运营单位进行自我评估，定期对识别、报告和筛选流程的效果进行审查。自我评估的目的是建议补救措施解决已识别的缺陷。制定关于识别、报告和筛选方面的指标。

基于管理人员对计划效果的关注制定评估频率。典型的频率为每年评估一次。

由熟悉经验反馈信息评估的人员对效果进行评估。以互惠为基础，考虑使用其他电厂或核电公司的人员协助审查。

如果发现重大缺陷，希望考虑参照行业的良好实践，对识别、报告和筛选流程进行对标。

2.5.1.1　识别流程的自我评估

该审查是对识别问题的例子进行部分检查，以质疑态度和关注细节的方式指出缺陷所在。

在识别流程的自我评估中，须考虑的问题/特征如下：

—审查识别方面管理预期和界限的设置，审查它们是如何传达给员工及其对它们的了解。

—评估识别是否及时、完整和准确地进行：

- 问题是否以与其重要性和发现的难易程度相称的方式被及时识别？
- 受影响的范围、系统、设备、文件和涉及的人进行了识别。
- 对情况的严重程度以及一般问题进行识别。
- 说明了电厂所处状态。
- 记录了建议或良好实践的好处，以及不良做法的后果。
- 对不同区域识别活动一致性（范围、深度、关注等）进行验证。
- 对是否识别低级别事件和未遂事件进行评估，是否提供了足够的细节作为支持。
- 可能情况下进行在岗观察，检查工作人员是否对问题进行识别。
- 工作人员是否对可能提高电厂安全和可靠运行、人员安全和完善电厂流程优化（行政和技术方面）的方法进行了识别？
- 是否识别良好实践、良好表现和良好模范？
- 使用对标改进识别流程。

2.5.1.2　报告流程的自我评估

对报告工作进行自我评估，检查是否对被识别的问题进行了及时报告，是否大力鼓励人们报告问题，整个电厂内是否坚持开展报告活动，是否及时发布经验反馈报告。

管理人员对系统输入报告的数量进行监控，并留意下降值。对报告的当前质量进行监控，确保不下降。

管理人员定期采用员工问卷或调查方式，就报告活动满意度或困难程度收集反馈信息，例如为什么未报告未遂事件，或员工在报告未遂事件过程中可能面临哪些困难。

（1）关于事件或偏差的报告是否完整？是否积极鼓励对较小事件、低级别事件和未遂事件进行报告？对内部和外部的报告标准进行检查，确认报告界限低到可收集足够资料以得出实际结论的程度。确认预兆和未遂事件已得到报告。

（2）在整个电厂组织内部，各级人员、部门等是否对偏差、事件和预兆等进行了报告？是否所有员工都参与了活动？

（3）报告流程是否易于操作？相关电厂人员是否完全了解该流程？

（4）在最初培训和复习培训流程中，是否向电厂人员传达了报告要求？还采用了其他哪些方法传达管理人员对报告的期望？

（5）是否偏向于报告设备、程序或人员等方面的不足？

（6）是否有具体证据表明电厂内存在未报告的缺陷、事件预兆或可能出事的情形

（例如缺陷设备、不良材料、不良或不安全工作方法、非受控操作人员辅助设备、缺乏文件控制等）？

（7）是否将现场活动的反馈信息作为建筑工作信息进行收集和输入，以便对工作执行后吸取的教训进行报告？（例如，通过“工作后格式”中的具体段落方式）。

（8）进行检查，确保属于较高级别经验反馈和纠正行动的重要问题，不在较低级别和未遂事件计划中报告。

（9）事件报告的完整程度如何，信息是否集中？

（10）在责任制环境中，是否声明无责备政策？员工是怎样理解此类政策的？是否理解为处罚政策？

（11）识别问题的员工是否收到了决策反馈？

（12）电厂人员有哪些途径可获得事件报告信息？

（13）检查相关经验反馈信息是否已及时传达至相关人员。检查工人/工程师是否已收到并考虑了此类信息。

（14）向外部组织（监管机构、公司和国际组织等）报告的标准是否符合外部组织的要求，以确保可尽量增加学习机会？厂外报告是否充分？是否存在本应在厂外报告却未报告的事件？是否存在不适当的厂外报告事件？

（15）确认最近发生的电厂事件与外部核组织进行了共同感受。确认是自愿感受，还是由国家机构强制进行。站在回顾运行历史的角度，查看是否存在本应共同感受和全程跟踪而又并未如此的明显事件。

（16）检查是否及时地向监管机构发送报告。要求提供关于电厂延迟向主管机构提交报告的比率。

（17）检查是否及时地与外部组织共同感受事件。（例如，对于重大事件，国际行业参考使用 4 周报告时间制，对于分析结果则使用 20 周报告时间制）。

（18）是否对报告进行了跟踪，以确保分析的完整性并采取了纠正行动？

（19）是否通过有关检查计划来识别偏差问题（例如质量保证、监控试验、管理人员巡查等）？

（20）电厂常规管理巡查的结果，是否反映了由电厂人员报告至经验反馈流程中的偏差/事件/问题？电厂巡查任务的结果，是否反映了最近管理人员巡查的结果？

（21）由电厂人员报告的偏差/事件/问题等是否反映在质量保证不符合报告中？

（22）在电厂的防故障计划中，电厂是主动的还是被动的？与运行故障相比较，电厂是否能够通过监控计划（在投入运行之前，通过预防性维修或监控的方式）确定有多少事件得到检测/报告？

（23）在投入运行前，电厂是否能通过质量检验确定有多少偏差得到报告？为检测运行中未预见到的劣化情况而执行监控计划后，有多少偏差得到报告？是否采取了措施防止运行中的劣化情况？

2.5.1.3　筛选流程的自我评估

在识别流程的自我评估中，须考虑的问题/特征如下：

（1）是否制定了关于进行深入调查和根本原因分析的筛选标准？针对本决策，责任界定是否清晰？

（2）是否就对电厂影响的报告或评估进行了及时筛选？是否有证据表明报告的接收者（例如监管机构、其他厂外组织、核电公司、国际组织等）对报告的及时性不满？是否有待分析事件被积压？如有，有多严重？

（3）关于事件排除/纳入是否制定了界限？如有，该界限是否恰当？

（4）电厂报告标准的制定是否适当、全面？

（5）对向监管机构报告的筛选标准的完整性进行评论。是否覆盖了所有重大安全事件？

（6）对向其他外部组织（健康、安全和环境等）报告的筛选标准的完整性进行评论。是否包含了所有相关偏差？

（7）在筛选流程中，是否对所有已报告的与安全相关的偏差进行了识别和分析以吸取教训？电厂是否遵守规定标准？

（8）当满足筛选标准之后，是否以书面形式规定了优先级别和采取哪些措施？

（9）确认外部经验通过哪种方式传达给电厂。如在厂外进行预筛选，例如由企业办事处组织或国家电力集团组织进行预筛选，那么确定它们采用哪些标准。这对确保所有外部经验反馈报告得到充分筛选是必要的吗？电厂经验反馈流程引入信息是否太少（太多）？这些信息能被接受吗，或相反还存在信息缺失？

（10）负责筛选的人员是否具备相关经验？他们是否拥有足够的资源来履行职责？

（11）工作人员如何确定外部的经验反馈报告与电厂有关？是否对有关的外部经验反馈报告进行了充分评估并及时传达？

（12）审查内部事件的筛选流程，校验筛选流程是否包含低级别事件、未遂事件和预兆事件。

（13）将相关信息转发电厂。

2.5.2　识别、报告和筛选流程的同行审查

（1）同行审查旨在检查识别、报告和筛选流程是否符合国际认可标准，并确定哪些方面须改进。同行审查：

—对电厂自我评估的完整性进行评估，提供意见和建议，以进一步巩固自我评估的结论。

—在可行情况下，将识别流程与指南及其他地方的同等的良好实践进行比较。

—关注流程效果，确保在执行识别、报告和筛选的活动中可采取多种不同的方法。

（2）在对识别、报告和筛选流程的有效性进行同行审查的过程中，通常采用如下标准：

—电厂的持续改进政策和策略以及识别、报告和筛选流程相互一致，且符合国际最佳实践，尤其是在优先级别平衡、界限和资源分配等方面。

—问题的识别、报告和筛选是否完整、准确，是否以与其重要性和发现的难易程度相称的方式及时进行。

—对情况的程度进行识别，包括共性问题。

—工作人员对有利于提高电厂安全和可靠运行、人员安全和电厂流程优化（行政和技术）的方式进行了识别。

—对良好实践、良好表现和良好示范进行了识别、报告和筛选。

（3）对电厂经验反馈小组以及其他部门的内部和外部经验反馈来源的可用性和可达性进行检查，评估在识别、报告和筛选流程中如何对其进行有效考虑，以便在经验反馈计划中将其考虑在内。尤其是以下诸方面：

—针对应在经验反馈计划中考虑的事件，对值班工作记录等资料进行检查。

—就运行的限制条件、持续运行合理性等信息的可用性和可达性进行检查，并对再试验和返工等信息进行检查。

—对电厂经验反馈小组和其他部门源产品的可用性和可达性进行检查，例如：质量报告、运行活动报告和数据、维修试验和服务检查、工作后经验吸取报告、大修后评价、自我评估结果、培训反馈等。

—经验反馈小组和其他部门对电厂的业绩指标和电厂参数进行审查，将其作为可能的信息来源，其中问题识别有助于找到改进机会。

—对核电公司/电厂和国家/国际集团（例如 IAEA/NEA、WANO/INPO、国家主管机构、业主集团）之间的关系进行审查。对出版物的可用性和可获得性进行审查，此类出版物包括：IRS、共同信函、公报、通知、供应商和制造商问题信息、工程设计者问题信息、核电公司和行业事件报告。

（4）同行评审包括对以前审查的结果进行跟踪，以确定是否有效地执行了计划中的纠正行动和建议措施。电厂组织向同行评审团队提供足够的观察结果，要求特别关注以前自我评估和同行评审中再次发生的问题。

2.5.3 业绩指标

针对运营单位制定了一套有关的业绩指标，对识别、报告和筛选流程的有效性进行监控。这些指标为识别、报告和筛选流程的评估提供了一个结构方法，使运营单位有机会对专业人员在流程中所采取的措施进行评估，并了解计划的优点和缺点。

在针对运营单位而设计的经验反馈流程的基础上，采用一套与识别、报告和筛选流程有关的典型指标来监控经验反馈的有效性。

这些指标的例子有如下各项：

—每一类中所报告的事件的数量（应向监管机构报告高级别事件、应向行业报告的重大事件、应在核电公司内部分享的重大事件、低级别事件和未遂事件）。

—收集到的外部经验反馈事件的数量。

—报告的及时性。

—初步筛选经验反馈文件的平均时间。

—在以前经验反馈具备的情况下，重复出现的核电厂事件的数量。

—经过筛选用于评估的所有事件以及已识别事件总数之间的比。

—在某一级别通过筛选的方式来分类的事件及事件总数的比。

—在某一优先级别通过筛选的方式来分类的事件及事件总数的比。

—向国家安全监管机构提交的报告的数量。

—向外部组织提交的报告的数量。

对这些指标进行趋势分析以确定业绩变化。

附　录

A. 国内某核电厂经验反馈流程示例

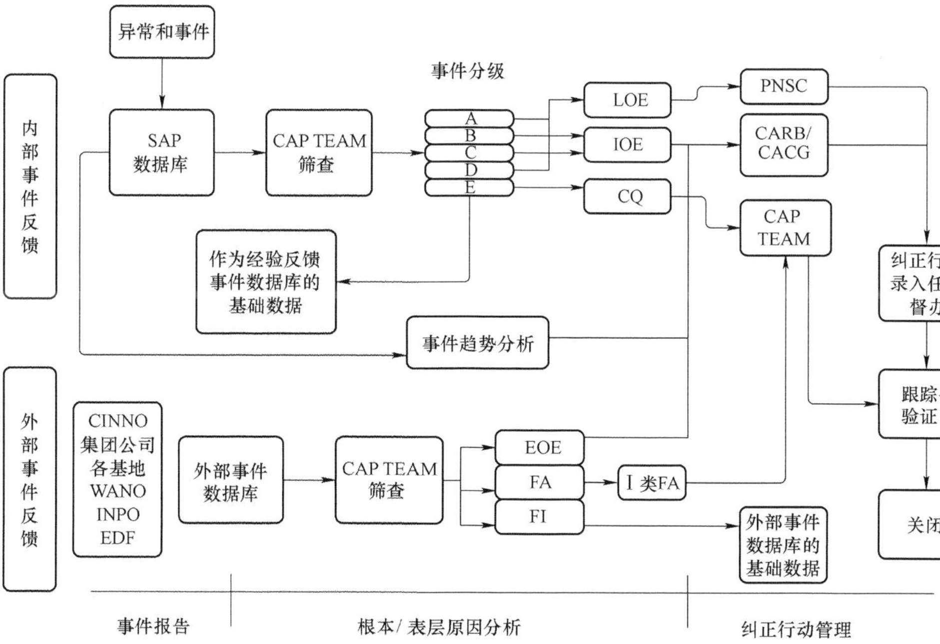

核电厂经验反馈流程示例

B. 国内某核电厂《异常和事件 NG 通知单报告准则》示例

说明：各领域的准则是依据各领域主要活动经常发现的问题进行分类，各专业人员发现符合其他领域准则的异常和事件时也有义务在 SAP 系统中填报异常情况。

1 运行领域偏差报告准则

1.1 设备状态（跑、冒、滴、漏、振动、温度、噪声、隔离情况等）不符合下列要求的事件：

1.1.1 标牌完整、无泄漏；

1.1.2 无异常振动、无异常声响；

1.1.3 无异常气味、无异物；

1.1.4 临时脚手架有固定措施；

—固定牢靠，防止倒塌或在地震时倾翻；

—无挤压、刮碰系统设备及妨碍设备正常动作；

—警示标识完整，不超期。

1.2 厂房安全状态（通风、照明、消防、通道、防火门等）不符合下列要求的事件（该类缺陷也可通过清单式管理，便于集中消缺）：

1.2.1 照明完好；

1.2.2 护栏、盖板完好；

1.2.3 无跌落、滑、绊、碰撞危险；

1.2.4 转动部件防护完好；

1.2.5 无易碰裸露带电体；

1.2.6 无易碰裸露高温部件；

1.2.7 洗眼器、淋浴器可用。

1.3 现场环境整洁不符合下列要求的事件：

1.3.1 设备清洁；

1.3.2 地面干净；

1.3.3 无杂物、临时物品存放受控；

1.3.4 油漆完好；

1.3.5 保温层完好；

1.3.6 房间、通道标识完好。

1.4 消防管理不符合下列要求的事件：

1.4.1 消防设施完好；

1.4.2 防火门关闭，但防火门门锁问题直接联系专业处理；

1.4.3 防火屏障完整；

1.4.4 消防通道畅通；

1.4.5　无易燃物非法堆放；

1.4.6　无违章动火作业。

1.5　交接班不符合下列管理规定的事件：按交接班的管理规定进行交接班准备，应有交接班记录；信息传递应完整；班前会应简短，介绍主要关键点。

1.6　运行活动不符合下列管理规定的事件：按要求完成各种操作、监盘和定期试验；值班日志中的记录应完整、规范；运行文件、图纸、各种记录交接清楚、保存完整；现场巡视到位，个人防护用品配戴齐全。

1.7　隔离活动不符合下列管理规定的事件：隔离边界设置完整、合理；各类许可证准备、实施、发放及解除应符合管理规定。

1.8　许可证管理不符合下列管理规定的事件：许可证的中止、延期、丢失、修改及工作负责人更换应符合管理规定；行政隔离、运行隔离状态清楚。

1.9　系统、设备状态与机组要求状态不符合的事件。

1.10　人员行为不符合运行行为规范管理要求的事件。

1.11　人因偏差或者失误导致的任何不符合预期的事件。

1.12　任何不符合其他相关管理规定的事件。

1.13　其他任何符合 24 h 事件报告准则的事件。

2　维修偏差报告准则

2.1　任何符合 LOE/IOE 标准的事件。

2.2　工作包审查时发现的准备缺陷。

2.3　准备时发现上游文件、标准存在偏差的事件。

2.4　现场巡检或工作时发现的系统设备的异常或预期外的缺陷。

2.5　违反工作过程相关规定的事件。

2.6　违反“四禁一严”要求的事件。

2.7　违反数据记录、QC 签点等质量管理要求的事件。

2.8　工业安全及消防相关事件。

2.8.1　在电厂内工作过程中发生的已经产生人身伤害等后果的事件；

2.8.2　不符合工业安全及消防规定的设备状态事件；

2.8.3　违反电厂消防规定的行为，诸如违章的动火作业、防火屏障开启/开孔作业、使用易燃、可燃液体、气体意外泄漏、排放的事件；

2.8.4　引起火警系统报警的异常事件；

2.8.5　任何引起灭火行动的事件；

2.8.6　违反工业安全规定的人的不安全行为事件。

2.9　辐射防护相关事件。

2.9.1　人员内污染事件；

2.9.2　单日剂量超过调查水平的事件；

2.9.3 必须由职业医疗中心处置的体表沾污事件；

2.9.4 造成地面沾污的意外事件；

2.9.5 不符合放射性废物包装或转运要求的事件；

2.9.6 违反辐射防护规定的事件。

2.10 违反电厂授权管理相关要求的事件。

2.11 工作过程中发现的备件或工具不可用等异常事件。

2.12 本规则没有覆盖到，但项目经理、经理或科长要求报告的事件。

3 技术领域偏差报告准则

3.1 设计。

3.1.1 批准生效的改造初步设计文件中设计方案出现偏差；

3.1.2 批准生效的改造详细设计文件中详细设计存在错漏；

3.1.3 设计审查范围不够，受影响的部门未审查改造设计文件；

3.1.4 改造未进行设计验证；

3.1.5 核安全相关的技术工作未提交安工审查；

3.1.6 批准生效的工程评价报告存在技术错误。

3.2 采购。

3.2.1 采购技术规范存在错漏，导致采购设备无法使用；

3.2.2 备件存在质量缺陷，验收时发现备件不可用；

3.2.3 备件存在质量缺陷，现场使用发现备件不可用；

3.2.4 合同支付环节发生重复支付，造成财务损失；

3.2.5 数据维护质量缺陷，导致备件采购错误或领用错误；

3.2.6 物资发放、保养操作不规范，导致备件不可用。

3.3 试验。

3.3.1 功能试验验证不全，不满足设计要求；

3.3.2 试验文件步骤不当，造成试验不合格；

3.3.3 试验验收标准错误，导致设备损坏或系统运行错误；

3.3.4 试验仪器选择不当，导致测量结果无效；

3.3.5 数据分析不足，试验结果错误。

3.4 文档。

3.4.1 文件分发错误，用户使用造成错误后果；

3.4.2 文件错误生效，用户使用造成错误后果；

3.4.3 保密文档管理不当，造成泄密；

3.4.4 文档系统无法正常运行，造成文件无法使用；

3.4.5 档案库房发生消防误喷或影响库房安全事件。

3.5 本规则没有覆盖到，经理、科长要求报告的技术领域偏差事件。

4　电厂人因事件报告准则。

4.1　在电厂内工作过程中人员不按要求或不按规定执行的事件。

4.2　一切违反电厂规章制度、管理要求及程序的事件。

4.3　电厂内工作过程中人员疏忽、错失的事件。

4.4　工作过程中交流（书面、口头）失效的事件。

4.5　工作过程中监督缺失、验证失效的事件。

4.6　在电厂工作过程中走错间隔的事件。

4.7　文件准备错误、文件使用错误或执行错误的事件。

4.8　工作交接失效的事件。

4.9　误碰设备或踩踏设备的事件。

4.10　安装错误（包括：拆接线错误、装反、装错、漏装、多装）的事件。

4.11　落物或异物事件。

4.12　备件或材料用错的事件。

4.13　无票作业、记录缺失的事件。

4.14　与工业安全、消防相关的人因事件。

A. 在电厂内工作过程中发生的人身伤亡事件；

B. 违反工业安全规定的人的行为的事件；

C. 在上下班途中或在核电工地范围内（征地范围内）所发生的交通意外事件；

D. 任何严重违反电厂消防规定的行为，诸如违章的动火作业、放火屏障开启/开孔作业、使用易燃、可燃液体、气体意外泄漏、排放的事件；

E. 任何引起火警系统报警的事件（包括反复出现的误报警，但经批准的动火作业等情况除外）；

F. 任何引起灭火行动的事件。

4.15　辐射防护相关的人因事件：

A. 人员受照剂量超过允许值；

B. 由职业医疗中心处置的体表沾污；

C. 体内沾污超过 1%ALI 的事件（ALI：内照射年限值）；

D. 造成地面沾污的意外事件；

E. 放射性固体废物密封包装不符合标准要求，致使表面剂量超出法规要求的事件；

F. 违反放射源管理规定的事件；

G. 其他导致辐射风险增大的异常；

H. 违反辐射防护规定的事件。

4.16　本规则没有覆盖到，但经理或值长要求报告的事件。

5 通用准则

5.1 核安全相关。

5.1.1 任何符合 LOE/IOE 标准的事件；

5.1.2 偏离技术规范或涉及基准的事件；

5.1.3 妨碍或可能妨碍构筑物或系统设备实现其安全功能的事件；

5.1.4 威胁到电厂的安全，妨碍或可能妨碍值班人员完成安全运行的事件；

5.1.5 技术规范所要求的 QSR 系统或其设备的非计划不可用；

5.1.6 QSR 系统设备上反复出现的异常报警或以外偏差；

5.1.7 通过正常排放途径或正常通风系统的意外放射性排放，引起 KRT 报警；

5.1.8 放射性物质非定量的或无监督渠道的排放；

5.1.9 一回路冷却剂意外泄漏

5.1.10 核安全保护系统设备意外动作；

5.1.11 应急状态诊断（DEC 规程）或应急规程所用的报警器或探测器的失效；

5.1.12 系统整定值偏离技术规范；

5.1.13 引起非计划性停堆或需要延长停堆时间的事件；

5.1.14 对核安全标准有影响或潜在影响的事件；

5.1.15 可能挑战设计基准的事件。

5.2 电厂可用性。

5.2.1 与电厂运行相关的系统设备的非计划不可用；

5.2.2 在电厂系统设备上反复出现的报警或意外偏差；

5.2.3 要求非计划性降功率运行的事件；

5.2.4 引起非计划性停机或需要延长停机时间的任何事件；

5.2.5 妨碍或可能妨碍构筑物或系统设备正常运行的事件；

5.2.6 电厂系统（如 ADG，STR，AHP 等）安全阀动作。

5.3 工业安全相关事件。

5.3.1 在电厂内工作过程中发生的需要医生处置的人身伤亡事件；

5.3.2 违反工业安全规定的人的行为和不符合工业安全规定的设备状态事件；

5.3.3 在上下班途中或在核电工地范围内（征地范围内）所发生的交通意外事件；

5.3.4 任何严重违反电厂消防规定的行为，诸如违章的动火作业、放火屏障开启/开孔作业、使用易燃、可燃液体、气体意外泄漏、排放的事件；

5.3.5 任何引起火警系统报警的事件（包括反复出现的误报警，但经批准的动火作业等情况除外）；

5.3.6 任何引起灭火行动的事件；

5.3.7 电厂设施内发生的火灾事件；

5.3.8 消防系统非计划不可用事件，包括系统误动作事件；

5.3.9　消防系统定期试验、预防性维修、报警监督失控事件。

5.4　辐射防护相关事件。

5.4.1　人员受照剂量超过允许值；

5.4.2　必须由职业医疗中心处置的体表沾污；

5.4.3　体内沾污超过 1%ALI 的事件（ALI：内照射年限值）；

5.4.4　造成地面沾污的意外事件；

5.4.5　放射性固体废物密封包装不符合标准要求，致使表面剂量超出法规要求的事件；

5.4.6　流体放射性废物泄漏事件；

5.4.7　在控制区或排放控制区内的放射性物质失控事件；

5.4.8　违反放射源管理规定的事件；

5.4.9　其他导致辐射风险增大的异常；

5.4.10　违反辐射防护规定的事件。

5.5　其他。

5.5.1　现场设施或备用设施被盗或损坏；

5.5.2　对电厂配套服务设施有影响的事件；

5.5.3　外部因素对电厂造成潜在威胁的未遂事件；

5.5.4　本规则没有覆盖到，但项目经理、经理或值长要求报告的事件。

C.《核电厂事件调查分级准则》举例

参照 EDF 事件分级准则，结合经验反馈工作实践，从核安全、工业安全、辐射防护、机组可用率和环境等方面，根据事件后果和风险的严重程度，按从高到低的顺序把事件调查级别分为 A/B/C/D/E 五级，不同级别的事件按照对应流程进行处理，一个事件适用多条准则时，按最高级别事件的流程进行调查，当出现以下情况时，需要将事件上升一个层级进行分析：

- 初定重发事件；
- 同一部门 1 年内发生 2 起及以上同类人因事件（如走错间隔、误碰）；
- 原因不明的事件；
- 涉及组织管理、体系、文化因素事件。

A 级准则：A 级事件是指存在重大后果或风险的事件。准则如下：

核安全相关：

A.1　INES 1 级及以上的执照运行事件。

A.2　两台及以上机组同时非计划性停机停堆事件。

工业安全：

A.3　造成人员死亡或者一次发生人员重伤 3 人及以上的事件。

A.4　一次造成人员死亡或直接财产损失超过 300 万的火灾事故。

机组可用率：

A.5　非计划影响可用率超过 5 个等效满功率当量日的事件。

A.6　重大设备损坏事件（一次造成人民币 5 000 万元及以上直接经济损失）。

B 级准则：B 级事件是指存在较大后果或风险的事件。准则如下：

核安全相关：

B.1　INES 0 级执照运行事件。

B.2　单台机组非计划性停机停堆事件。

B.3　功率运行期间尚未违反技术规范要求但需要机组状态后撤的事件。

工业安全相关：

B.4　造成 1 人重伤或者一次发生人员轻伤 3 人及以上或其他具有潜在生命危险的事件。

B.5　出现明火燃烧，消防队出动灭火，且造成人员重伤及以上或直接财产损失超过 100 万的火灾事故。

机组可用率相关：

B.6　非计划影响可用率超过 1 个等效满功率当量日的事件。

B.7　较大设备损坏事件（一次造成人民币 1 000 万元及以上直接经济损失）。

B.8　非预期与电网解列事件。

B.9　导致大修关键路径被推迟 48 h 及以上的事件。

辐射防护相关：

B.10　个人年累计剂量≥20 mSv 事件。

环境相关：

B.11　对公众或环境造成一定影响需要展开调查的环境相关事件。

B.12　未遵守国家或政府监管机构相关管理规定的环境排放事件。

C 级准则：C 级事件是指存在一般后果或风险的事件。准则如下：

核安全相关：

C.1　反应性控制异常，但未违反技术规范要求的事件。

C.2　核安全系统整定值偏离或系统参数异常但尚未违反 GOR 要求的影响较大的事件。

C.3　一回路化学监测（如 ^{131}I）证明有燃料破损的事件。

C.4　堆芯或 RX，KX 水池发现异物，定级为 FME 1 级的事件。

C.5　导致燃料组件、控制棒组件及其他堆内构件受损的事件。

C.6　一回路温度、压力或反应性的意外快速变化但尚未违反技术规范的事件。

C.7　可能影响系统实现下列功能的事件：

a. 保护三道屏障完整性；

b. 反应性控制；

c. 堆芯冷却；

d. 专设安全设施的重要设备实现其功能；

e. 柴油机功能。

C.8　潜在停堆、机组后撤风险的设备或人因事件。

C.9　非预期的反应堆保护系统、设备动作但尚未满足运行事件界定准则的事件。

C.10　一回路冷却剂泄漏到二回路（泄漏率小于技术规范限值）的事件。

C.11　乏燃料水池泄漏或温度异常变化事件。

C.12　在反应堆稳定运行工况下，确认一回路冷却剂泄漏率超过 100 L/h 的事件。

C.13　引起化学取样的缺陷或化学控制参数长时间超限值对核安全有潜在影响的事件。

工业安全相关：

C.14　突破保卫边界影响电厂安全的事件。

C.15　火灾事故。

C.16　电气系统或油系统起火。

C.17　已造成人身伤害的医疗处置的人员轻伤及以上的事件或存在潜在严重人身伤害的严重未遂事件（损失工时事故（LWC）及以上）。

C.18　厂区内的运输或吊装事故。

C.19　消防：

a. 重大火灾未遂事件；

b. 氢、油系统的较为严重的泄漏（依据相关程序定义）；

c. 主要消防系统失控不可用超过 24 h；

d. 消防系统误动引发或潜在引发的重要设备（重要敏感区）不可用或人身伤害事件。

C.20　以下违反工业安全规定的事件：

a. 无特种工证或证件过期进行特种作业的；

b. 工作人员不满足电厂授权要求进行特殊作业；

c. 特种设备没有按期检验的；

d. 未采取有效措施的且已出现较大伤害风险的作业（如起重作业违反“十不吊”，高处作业未采取防坠措施，带压堵漏未采取防烫措施等）；

e. 存在严重安全后果的违规操作或行为。

C.21　作业过程中安全防护装置发生故障，经经验反馈工作小组或安全部门认定存在严重安全后果的事件。

机组可用率：

C.22　潜在跳机或解列的设备或人因事件。

C.23　导致大修关键路径被推迟 8 h 及以上但小于 48 h 的事件。

C.24　导致电厂 220 kV 备用电源非计划不可用的事件。

C.25　非预期导致负荷变化的设备故障或意外动作事件。

C.26　高压线路出现经专业部门确认为较严重故障事件。

C.27　任何非核安全系统上发生的共模事件。

C.28　重要系统或设备内发现异物影响较大的事件。

C.29　重复出现的关键敏感（CCM）设备或第一组 I0 设备故障事件。

C.30　人为产生非计划第二组 I0，造成较大后果的事件。

C.31　并网三次及以上不成功事件。

C.32　RCP、RRA、RCV 及 VVP 的卸压阀意外打开但尚未满足运行事件界定准则的事件。

辐射防护相关：

C.33　任何大于豁免值的放射性物质非正常的处于辐射防护管理体系以外的放射性物质失控事件。

C.34　内照射待积剂量≥1.5 mSv 的事件。

C.35　同一作业现场需送 2 个人次或以上到职业医疗中心处置的体表沾污事件。

C.36　单日个人剂量≥2 mSv，且经过调查确认是不合理的照射事件。

C.37　控制区内非计划厂房、地面污染水平≥4 Bq/cm^2，且面积≥10 m^2 的事件。

C.38　厂内（控制区外）发生地面污染水平≥0.8 Bq/cm^2，且面积≥1 m^2 的事件。

环境相关：

C.39　排放引起非预期的 KRT 一级报警或任何未经定量而排放的事件。

C.40　未遵守电厂相关管理规定的环境排放事件。

其他：

C.41　以下违反工作过程管理的事件：

a. 工作过程中发现的隔离边界不正确、不完整，造成严重后果；

b. 走错间隔并且已经开始工作，造成严重后果；

c. 无票工作（包括持非相应工作票），造成严重后果；

d. 操作工作许可证范围以外的设备，造成严重后果。

C.42　重大应急准备缺陷或应急演习、响应有重大缺陷的事件。

C.43　影响较大的管理缺陷事件。

C.44　违反质量管理要求事件：

a. 现场无规程操作，造成较大后果；

b. 现场未记录相关数据，事后伪造记录；

c. 越点工作（W 点 QC 人员同意除外）；

d. QC 点提前签字或未进行现场验证而事后补签。

D 级准则：D 级事件是指存在较小后果或风险的事件。准则如下：

核安全相关：

D.1　人为因素导致 I0 设备非计划性不可用超过技术规范要求后撤时间期限或维修时间期限 50%的事件。

D.2　核安全相关重要定期试验（如反应堆保护/专设安全试验等）两次及以上不合格的事件。

D.3　引起化学控制参数长时间超期望值对核安全有潜在影响的事件。

工业安全相关：

D.4　作业过程中安全防护装置发生故障，经经验反馈工作小组或安全部门认定存在一般安全后果的事件。

机组可用率相关：

D.5　6.6 kV 电源切换中发生的导致倒电不成功事件。

D.6　人为产生非计划第二组 I0，未造成实质后果的事件。

D.7　非预期出现 5 个第二组不可叠加 I0 的事件。

D.8　一个非核安全相关定期试验（如汽轮机/发电机保护试验等）连续三次不合格的事件。

D.9　直接导致二回路重要系统设备（如 APP/CEX/APA/GST 等）故障或跳闸事件。

D.10　二回路系统重要安全阀动作（如 AHP/GSS/STR 等）事件。

D.11　重要供电开关（电气或仪表）非预期断开事件。

D.12　关键设备严重老化或腐蚀超出预期事件。

D.13　设备、设施、专用工具出现严重缺陷事件。

D.14　任何引起化学取样的缺陷或化学控制参数长时间偏离而对设备建康有影响的事件。

D.15　影响安全生产或管理运作的计算机系统故障事件。

辐射防护相关：

D.16　在控制区内要求专门行动或专门调查的放射性释放或扩散事件。

D.17　无辐射许可证或违反辐射许可证要求从事高辐射风险作业的事件。

D.18　在预期的维修和检查中由于事故或其他非计划的事件情况下发生的导致单人受照剂量超过 0.1 mSv 的非计划照射事件。

D.19　违反辐射防护规定（包括控制区管理、高辐射风险工作、放射源、射线探伤、放射性物质运输与储存、辐射防护用品、剂量监测和管理等）经调查确认导致辐射风险增大的事件。

D.20　系统、设备辐射水平出现预期以外的升高且导致场所剂量率达到 2 mSv/h。

D.21　颈部以上污染事件。

其他：

D.22　以下违反工作过程管理的事件。

a. 工作过程中发现的隔离边界不正确、不完整，未对电厂及人员产生影响；

b. 走错间隔并且已经开始工作，但未造成后果；

c. 无票工作（包括持非相应工作票），但未造成后果；

d. 操作工作许可证范围以外的设备，但未造成后果。

D.23　突破管理、安全屏障的事件。

D.24　人因重复性维修工作事件。

D.25　生产活动不当导致设备状态与要求状态不符的有影响的事件（如在线不正确、不完整；短接、装反、接反、标牌错误、漏装等）。

D.26　违反质量管理要求事件：

a. 未按要求记录，必须重新解体才能确认；

b. CCM 关键参数未现场进行检查。

E 级准则：E 级事件是指不满足上述准则，后果或风险可接受的事件，包括 CQ 事件及其他不做分析的异常及事件。

D. 某核电厂《企业信息化系统（SAP）中异常类 NG 通知单填报》示例

1）异常类 NG 通知单填写规范和要求

（1）NG 通知单填写内容包括：

标题、功能位置、工作类型、长描述、计划工厂、主工作中心、报告者、请求条件、趋势和历史编码。

（2）《工作类型编码》填写规范

在填写配合类、需求类等非缺陷性质的工作申请通知单时，选择工作类型编码："EXPR 需求类"或"SUPR 配合类"等；填写设备相关缺陷性质的通知单才选择工作类型编码"AANS 未确定故障类型"。良好实践类型的通知单选择【N－OE：经验反馈】类。说明详见下表：

1	N－ASMT 评估与巡视	管理层巡视使用
2	N－EQPR 设备故障	"AANS 未确定故障类型"，最常使用，但只在有设备相关缺陷性质的通知单才选择
		"EXPR 需求类"NG，标题描述为"配合：×××××"（配合类 NG 指由主工单发出的工作需求。如搭制脚手架/SARS、拆装法兰/电线/限位/保温/仪表、测厚、运输、油漆、机加工等。）
		"SUPR 支持类"NG，标题描述为"支持：×××××"。（适用于不因设备缺陷而需要开展的工作。如经验反馈、巡视保驾等管理需求等要求的现场检查、试验等设备故障和配合通知单外需开展工作的申请。）
3	N－FIRE 火灾事件及未遂	常用"FANM 火灾异常"，用于现场发现火灾隐患等
4	N－NCR 不符合项	各项都有使用，通知单标题前为 NCR

续表

5	N－OE 经验反馈	常用“OEIN 内部经验”，为除工业安全、消防、辐射防护、电厂保卫以外的人因事件。也用于填入良好实践
6	N－RADPR 辐射防护事件	常用“RPAN 辐射防护异常、表面污染”等
7	N－SAFET 工业安全事件	常用“ISAN 工业安全异常”，用于报告现场工业安全的问题

（3）长描述等内容填写规范

具体化：填写该事件的：时间、地点、人员/设备、过程、现象、影响或可能影响、后果（尽量量化和客观描述，而不是主观印象）、采取行动等，如有附件需要在长文本里注明；

专业化：描述事件时，尽量采用定量的描述替代感性的描述，例如：用长×宽×深度（高度）描述空间或面积大小，用滴/分、L/h 描述流量等。

主工作中心：填写该事件的责任部门或归口处理部门。

报告者：两位或三位专业代码＋姓名＋联系方式（如果两位专业码不能具体到专业可以填写三位专业码）这中间不能出现空格、斜杠等，例如：化学环保部张三应填写“OC 张三 652123”。

（4）请求条件

① 填写故障处理建议状态，日常填写“N”，大修填写大修轮次，如“ND101”，工程建设阶段的异常事件请求条件填写工程建设阶段码，如“土建安装”“单系统调试”“EESR”“TOB”“TOM”“TOTO”“BHO”“冷试”“热试”。

② 备注：分阶段状态填写事件，有利于事件的统计分析和向后续机组不同阶段进行有利反馈。

（5）趋势和历史填写规范

① 不是报告异常事件或故障缺陷的 NG 通知单，不应填写趋势和历史编码。趋势编码是用来统计故障和异常事件信息的。

② 对于报告异常事件或故障缺陷的 NG 通知单必须填写趋势和历史编码，以便统计分析电厂设备和人因状况。

③ 对于人因编码 NG－HUMAN 的意思是：指执行工作存在失误的主体（人），而非异常事件发现人。

④ 趋势和历史编码按照管理规定填写，若确实没有合适编码对应，可暂时不填，趋势和历史编码应尽可能完善。

⑤ 异常事件需在事件发现后 24 h 内在 SAP 中进行填报，安全及环保异常事件的填报时间要求根据《安全及环保异常事件的报告、调查和统计》程序规定的时限进行报告。

2）异常和事件 NG 通知单审查

各部门经验反馈工程师或经理指派人员必须对本部门员工创建的异常或事件 NG

通知单进行审查并要求在工作日或节假日后的 24 h 内完成，按照本程序要求校核通知单内容和确保编码完整、正确。

审查 NG 通知单时注意：

补充趋势和历史编码：如果创建人编码填写不完整，则由审查人完善。

协助经理或协调工程师校核并更改主工作中心。

3）NG 通知单批准

各主工作中心责任单位经理或指派人员对本单位所负责的 NG 通知单进行批准。

批准 NG 通知单时注意：

审查通知单内容时，根据所了解的情况，对通知单进行信息补充，如果工作中心填写错误，则更改工作中心。

更改通知单状态（APPV，HOLD 或 RJCT）表示对通知单同意或退回。

如需要可修改趋势和历史编码。

4）异常和事件 NG 通知单筛选及问题跟踪

CAP TEAM 每工作日筛选所有异常和事件 NG 通知单，根据事件是否填报、事件描述完整性及真实性、报告时间判定是否存在瞒报、迟报、谎报、漏报情况，并根据事件准则确定事件处理类型：LOE、IOE、CAPT 关注（CQ）及一般事件（注：LOE 由 STA 界定）。

不需要创建 NC 通知单的也没有其他工单关联的 NG 通知单由各主工作中心关闭。

CAP Team 通过 OUTLOOK 发出事件筛选日报，并在日报中提出需要关注的问题；

各专业部门在收到关注事件调查单后应尽快安排人员进行事件调查，并及时填写事件关注单，见附录 C，反馈调查信息；

审查反馈信息、确认所采取的纠正行动合理并将其通告生产管理层及责任部门经理；

如有需要 CAP Team 也可对关注事件进行跟踪调查；

对于 0 级 LOE 事件，由于法规要求 1 个月内完成报告上报，先按 C 级事件要求进行调查，原则上分析深度尽量达到根本原因要求，最终由 PNSC 决议是否启动重大事件独立调查。

5）NG 通知单关闭

NG 通知单由工作中心负责处理和关闭。所在工作中心经验反馈工程师或 NG 通知单关闭人在关闭该通知单前还需按照以下要求执行相关操作：

检查、修改趋势和历史编码；

补充、填写“NG－GEN－5 设备故障原因类型”和“NG－GEN－A 设备故障修复类型”趋势和历史编码。

第 3 章 外部信息的识别与报告

3.1 识别的目的

外部信息是提高核电厂安全及可靠性流程中的重要信息来源。通过系统化方式收集外部事件信息，并对外部信息进行识别分析，以确保所有与安全相关的重大事项及所有相关经验教训均得到考虑。

核电行业为了提高机组运行的安全性和可靠性，都在努力收集更多外部事件信息。随着外部事件信息的增多，事件识别能力需要加强，外部信息的范围正从事件级别降低至对安全影响较微甚至无影响的异常现象。还包括其他小事件，例如影响可靠性、环保、运输、辐射防护、工业安全和人员表现的事件。

外部信息流程主要工作是信息的识别，即识别外部信息事件或良好实践。识别目的是为外部信息流程提供信息输入，以作进一步评估和采取纠正行动，减少事件发生或再发生的可能性，同时通过执行良好实践提高安全业绩。

3.2 外部信息来源

外部信息来源主要有以下途径：

- 国际组织——WANO、INPO、IAEA、EDF 等；
- 业主集团——WOG、FROG、COG、GEOG；
- 核安全监管机构；
- 供应商—电厂设备或部件的国家级制造商或国际制造商；
- 国家级机构的监查和同行评审；
- 公司级信息，或公司之间的交流；
- 国际、国内电厂事件报告和信息；
- 国际会议、专题讨论会、研讨会等；

- 专业出版社的出版物和期刊——Nucnet，核子周刊；
- 其他渠道的事件报告和信息。

良好实践信息是外部经验信息的另一个来源，例如 WANO 同行评审、IAEA OSMIR 数据库、传送给其他运营机构的公司内部检查（监查）资料。也可从非核行业公司学到的经验教训中实现改进，如航空、航海、重工业等行业。

外部信息内容物的举例：

- WANO OE 计划——ENR（事件通知报告）、EAR（事件分析报告）、MER（各种事件报告）、ETR（事件主题报告）、SER（重要事件报告）、SOER（重要经验反馈报告）、良好实践、速递和同行评审；
- INPO SEE－IN 计划——重大事件评估；
- IRS 报告—— IAEA 和 OECD/NEA 联合服务；
- IAEA 核事件网络系统（NEWS）
- 供应商出版物和公告——服务信息函（SIL）、技术公告（TB）、核安全建议函（NSAL）等；
- 监管机构文件；
- 业主集团报告；
- 电厂间事件报告及信息交流；
- 出版社出版物和期刊；
- IAEA－NEWS/WANO/INPO 基于网络的论坛。

3.3 外部信息识别筛选原则

根据以下识别原则筛选外部信息，做到外部信息对本核电单位的有效传递。

- 涉及核安全、机组可用率（紧急停堆和降功率）及可靠性、放射性外泄/辐照超标、人员不利影响的重要实际和潜在后果的核电厂或核电公司事件或趋势；
- 有可能在本核电单位发生，核岛部分选择与本核电单位类似的堆型及其他类似设计或设备的堆型（如类似仪控电气设备）；
- 提供机组重要管理和技术问题等解决的良好实践；
- 由相同的制造商或供货商提供的设备或其他产品的反馈；
- 重要的人因事件和管理良好实践；
- 对核电厂安全生产运行有重大影响的事件。

3.4 外部信息识别筛选流程

1）经验反馈工程师/助理工程师定期从 WANO/CINNO 等网站收集事件信息。

2）经验反馈工程师/助理工程汇总外部事件信息后，定期组织翻译。

3）经验反馈工程师/助理工程师收到外部事件译文后，定期将译文内容整理成外部事件筛选简表。

4）经验反馈主任工程师/副主任工程师定期对外部事件筛选简表的信息校核及分析，提出初步反馈要点及反馈形式建议。

5）定期召开群厂纠正行动审查小组（CAPT）会议审查外部事件关注信息，汇总反馈建议及资料，经过编校审批后，输出给电厂经验反馈部门。电厂经验反馈部门根据群厂外部事件筛选结果建议，按电厂经验反馈标准化运作管理，并在群厂经验反馈系统进行跟踪闭环管理，详见图 3－1。

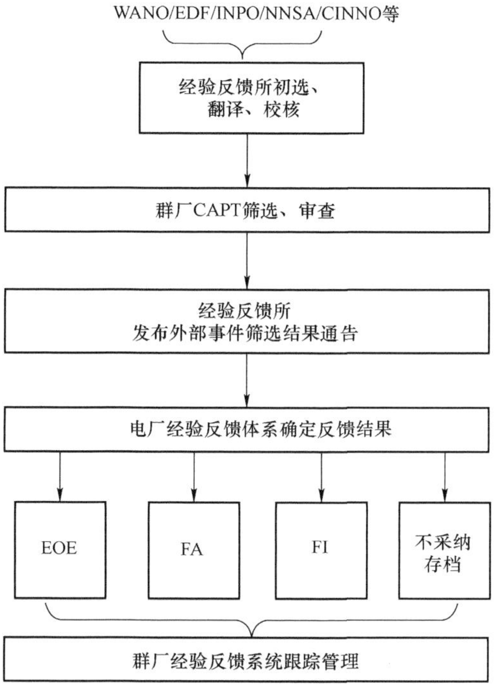

图 3－1　外部信息识别流程

3.5　外部信息获取举例

外部信息来源分为国外来源和国内来源，国外来源主要使用 WANO 举例；国内来源以 CINNO 举例。

国外外部事件获取以 WANO 为例，流程如下：

步骤 1：登录 WANO 网站（https：//members.wano.org），点击 OE Datebase，进入图 3－2。

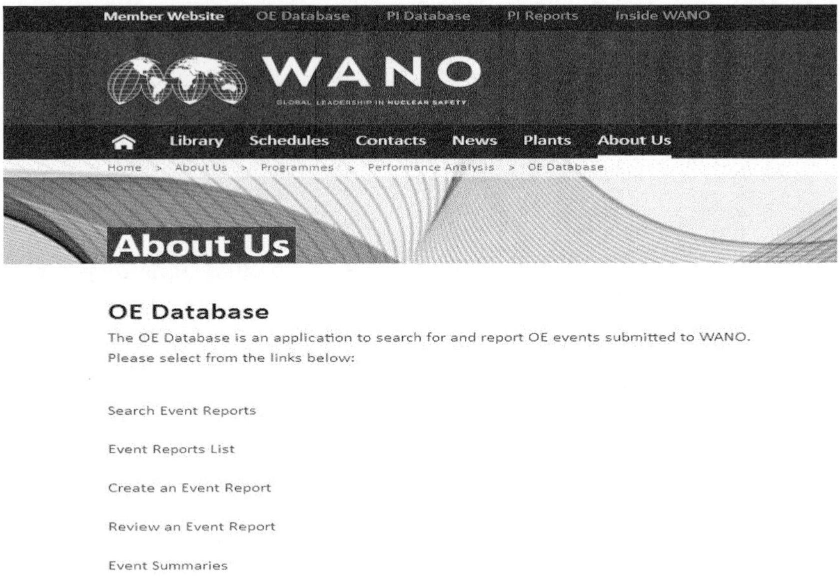

图 3－2　OE Datebase

步骤 2：点击 Seach Event Reports，进入图 3－3，在该页面可以根据 Event Date、Published Date、Event Number、WANO Centre、WANO Member、WANO Company、Station、Reactor Type、Significance、INES Level 等选项来选择事件类型。

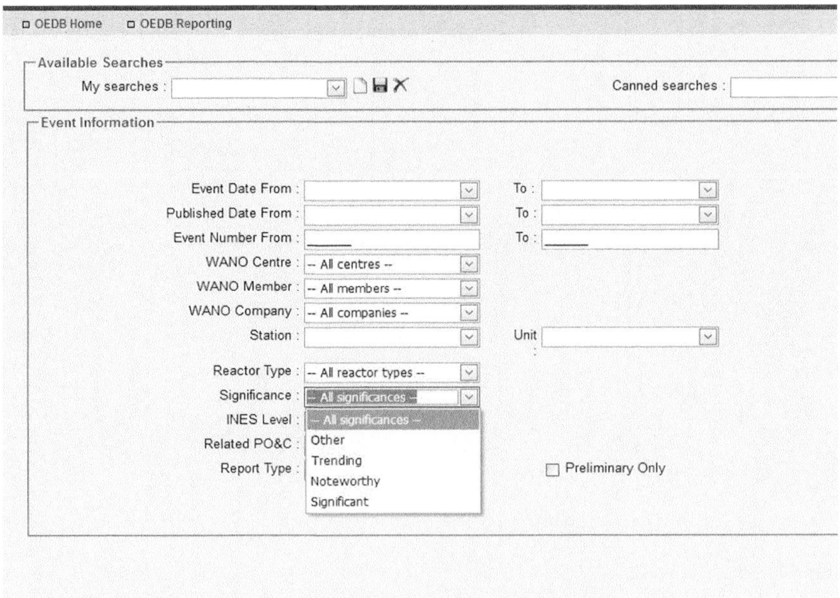

图 3－3　Seach Event Reports

步骤 3：以重要性 Significance 为例，WANO 事件分为 significant、noteworthy、trending 和 other 四个等级，根据不同事件等级筛选，见图 3－4～图 3－7。

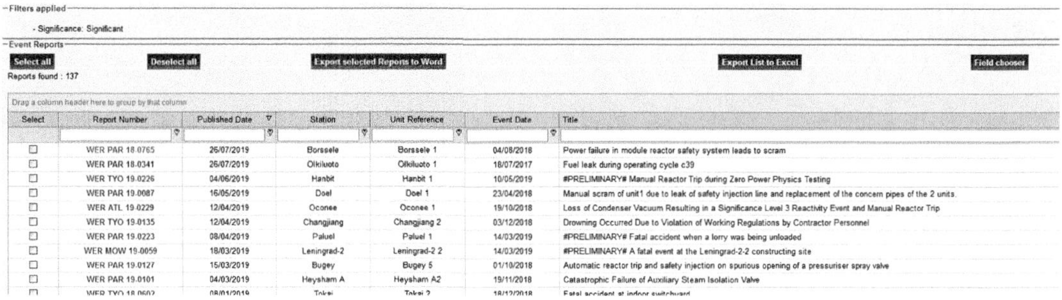

Select	Report Number	Published Date	Station	Unit Reference	Event Date	Title
☐	WER PAR 18-0765	26/07/2019	Borssele	Borssele 1	04/08/2018	Power failure in module reactor safety system leads to scram
☐	WER PAR 18-0341	26/07/2019	Olkiluoto	Olkiluoto 1	18/07/2017	Fuel leak during operating cycle c39
☐	WER TYO 19-0226	04/06/2019	Hanbit	Hanbit 1	10/05/2019	#PRELIMINARY# Manual Reactor Trip during Zero Power Physics Testing
☐	WER PAR 19-0087	16/05/2019	Doel	Doel 1	23/04/2018	Manual scram of unit1 due to leak of safety injection line and replacement of the concern pipes of the 2 units.
☐	WER ATL 19-0229	12/04/2019	Oconee	Oconee 1	19/10/2018	Loss of Condenser Vacuum Resulting in a Significance Level 3 Reactivity Event and Manual Reactor Trip
☐	WER TYO 19-0135	12/04/2019	Changjiang	Changjiang 2	03/12/2018	Drowning Occurred Due to Violation of Working Regulations by Contractor Personnel
☐	WER PAR 19-0223	08/04/2019	Paluel	Paluel 1	14/03/2019	#PRELIMINARY# Fatal accident when a lorry was being unloaded
☐	WER MOW 19-0059	18/03/2019	Leningrad-2	Leningrad-2 2	14/03/2019	#PRELIMINARY# A fatal event at the Leningrad-2-2 constructing site
☐	WER PAR 19-0127	15/03/2019	Bugey	Bugey 5	01/10/2018	Automatic reactor trip and safety injection on spurious opening of a pressuriser spray valve
☐	WER PAR 19-0101	04/03/2019	Heysham A	Heysham A2	19/11/2018	Catastrophic Failure of Auxiliary Steam Isolation Valve
☐	WER TYO 18-0602	08/01/2019	Tokai	Tokai 2	18/12/2018	Fatal accident at indoor switchyard

图 3－4　significant

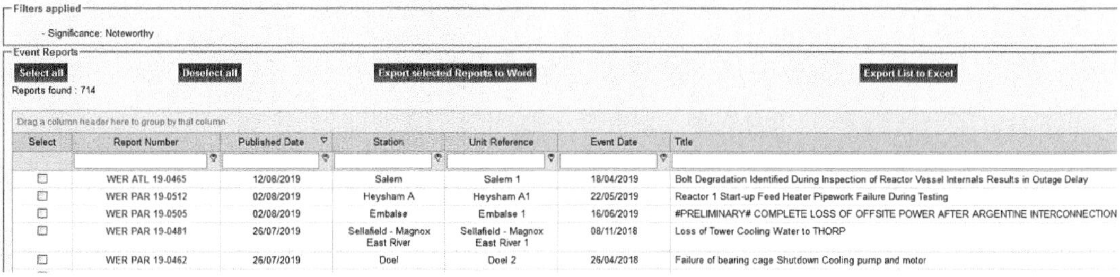

Select	Report Number	Published Date	Station	Unit Reference	Event Date	Title
☐	WER ATL 19-0465	12/08/2019	Salem	Salem 1	18/04/2019	Bolt Degradation Identified During Inspection of Reactor Vessel Internals Results in Outage Delay
☐	WER PAR 19-0512	02/08/2019	Heysham A	Heysham A1	22/05/2019	Reactor 1 Start-up Feed Heater Pipework Failure During Testing
☐	WER PAR 19-0505	02/08/2019	Embalse	Embalse 1	16/06/2019	#PRELIMINARY# COMPLETE LOSS OF OFFSITE POWER AFTER ARGENTINE INTERCONNECTION
☐	WER PAR 19-0481	26/07/2019	Sellafield - Magnox East River	Sellafield - Magnox East River 1	08/11/2018	Loss of Tower Cooling Water to THORP
☐	WER PAR 19-0462	26/07/2019	Doel	Doel 2	26/04/2018	Failure of bearing cage Shutdown Cooling pump and motor

图 3－5　noteworthy

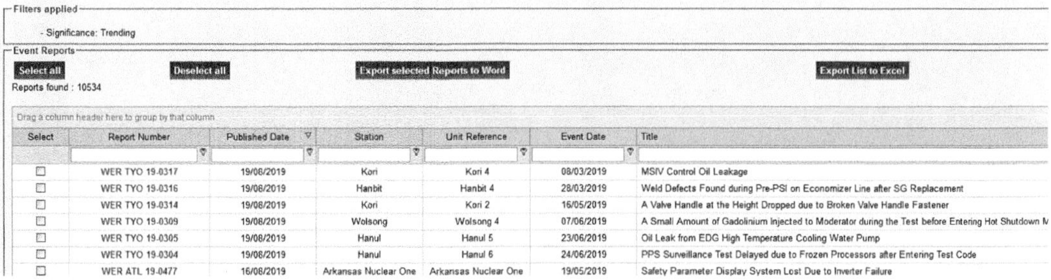

Select	Report Number	Published Date	Station	Unit Reference	Event Date	Title
☐	WER TYO 19-0317	19/08/2019	Kori	Kori 4	08/03/2019	MSIV Control Oil Leakage
☐	WER TYO 19-0316	19/08/2019	Hanbit	Hanbit 4	28/03/2019	Weld Defects Found during Pre-PSI on Economizer Line after SG Replacement
☐	WER TYO 19-0314	19/08/2019	Kori	Kori 2	16/05/2019	A Valve Handle at the Height Dropped due to Broken Valve Handle Fastener
☐	WER TYO 19-0309	19/08/2019	Wolsong	Wolsong 4	07/06/2019	A Small Amount of Gadolinium Injected to Moderator during the Test before Entering Hot Shutdown M
☐	WER TYO 19-0305	19/08/2019	Hanul	Hanul 5	23/06/2019	Oil Leak from EDG High Temperature Cooling Water Pump
☐	WER TYO 19-0304	19/08/2019	Hanul	Hanul 6	24/06/2019	PPS Surveillance Test Delayed due to Frozen Processors after Entering Test Code
☐	WER ATL 19-0477	16/08/2019	Arkansas Nuclear One	Arkansas Nuclear One	19/05/2019	Safety Parameter Display System Lost Due to Inverter Failure

图 3－6　trending

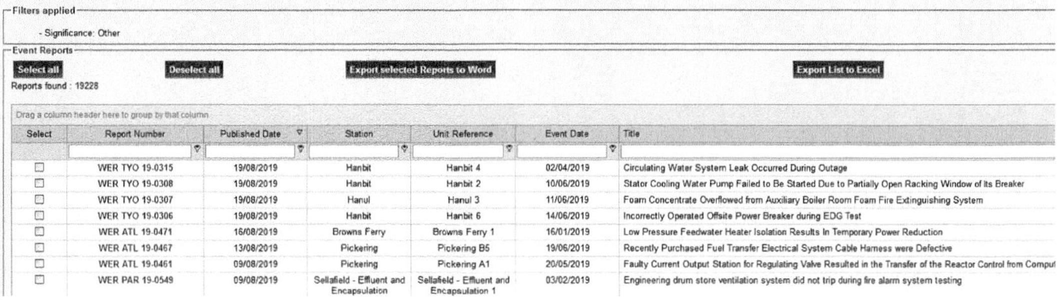

Select	Report Number	Published Date	Station	Unit Reference	Event Date	Title
☐	WER TYO 19-0315	19/08/2019	Hanbit	Hanbit 4	02/04/2019	Circulating Water System Leak Occurred During Outage
☐	WER TYO 19-0308	19/08/2019	Hanbit	Hanbit 2	10/06/2019	Stator Cooling Water Pump Failed to Be Started Due to Partially Open Racking Window of Its Breaker
☐	WER TYO 19-0307	19/08/2019	Hanul	Hanul 3	11/06/2019	Foam Concentrate Overflowed from Auxiliary Boiler Room Foam Fire Extinguishing System
☐	WER TYO 19-0306	19/08/2019	Hanbit	Hanbit 6	14/06/2019	Incorrectly Operated Offsite Power Breaker during EDG Test
☐	WER ATL 19-0471	16/08/2019	Browns Ferry	Browns Ferry 1	16/01/2019	Low Pressure Feedwater Heater Isolation Results In Temporary Power Reduction
☐	WER ATL 19-0467	13/08/2019	Pickering	Pickering B5	19/06/2019	Recently Purchased Fuel Transfer Electrical System Cable Harness were Defective
☐	WER ATL 19-0461	09/08/2019	Pickering	Pickering A1	20/05/2019	Faulty Current Output Station for Regulating Valve Resulted in the Transfer of the Reactor Control from Comput
☐	WER PAR 19-0549	09/08/2019	Sellafield - Effluent and Encapsulation	Sellafield - Effluent and Encapsulation 1	03/02/2019	Engineering drum store ventilation system did not trip during fire alarm system testing

图 3－7　other

步骤 4：下载汇总 significant、noteworthy、trending 和 other 等级的外部事件信息，见图 3－8。

Report Number	Published Date	Station	Unit Reference	Centre	Country/Region	Type	Event Date	Title
WER PAR 19-0449	2019/7/26	Almaraz	Almaraz 2	Paris	Spain	PWR	2019/4/5	Exceeding the controlled leakage value due to degradation of the seal injection
WER ATL 19-0477	2019/8/16	Arkansas Nuclear One	Arkansas Nuclear One 1	Atlanta Centre	UNITED STATES	PWR	2019/5/19	Safety Parameter Display System Lost Due to Inverter Failure
WER PAR 19-0450	2019/7/26	Asco	Asco 2	Paris	Spain	PWR	2018/10/18	Action time associated to a hot leg RTD inoperability exceeded
WER PAR 19-0524	2019/8/9	Atucha	Atucha 2	Paris	Argentin	PHWR	2019/5/7	52 days lost time accident due to
WER PAR 19-0451	2019/7/26	Atucha	Atucha 2	Paris	Argentina	PHWR	2019/2/19	Automatic SCRAM after external grid perturbation.
WER PAR 19-0525	2019/8/9	Belleville	Belleville 1	Paris	France	PWR	2019/1/10	Unavailability of two trains of the
WER MOW 19-0237	2019/8/18	Beloyarsk	Beloyarsk 4	Moscow	Russia	FBR	2019/8/18	#PRELIMINARY# Unit 4 Beloyarsk NPP disconnected from the grid.

significant　noteworthy　trending　other

就绪

图 3－8　WANO 事件汇总

国内外部事件获取，以 CINNO 核电营运信息网为例：

步骤 1：登录 CINNO 网站 http://www.cinno.org.cn/login.jsp，输入账号密码，见图 3－9。

图 3－9　登录 CINNO 网站

步骤 2：进入 CINNO 网主页面，核电营运信息网主要分为 8 个模块：运行事件、内部事件、定期报告、专题工作组、建设经验反馈、国外信息、业绩指标、软课题，见图 3－10。

步骤 3：需要关注的国内外部信息主要来源于运行事件和内部事件模块，对运行事件报告和内部事件进行汇总整理，见图 3－11。

对上述收集到的国外和国内外部事件根据识别原则进行筛选，汇总整理成外部事件简表，见图 3－12。

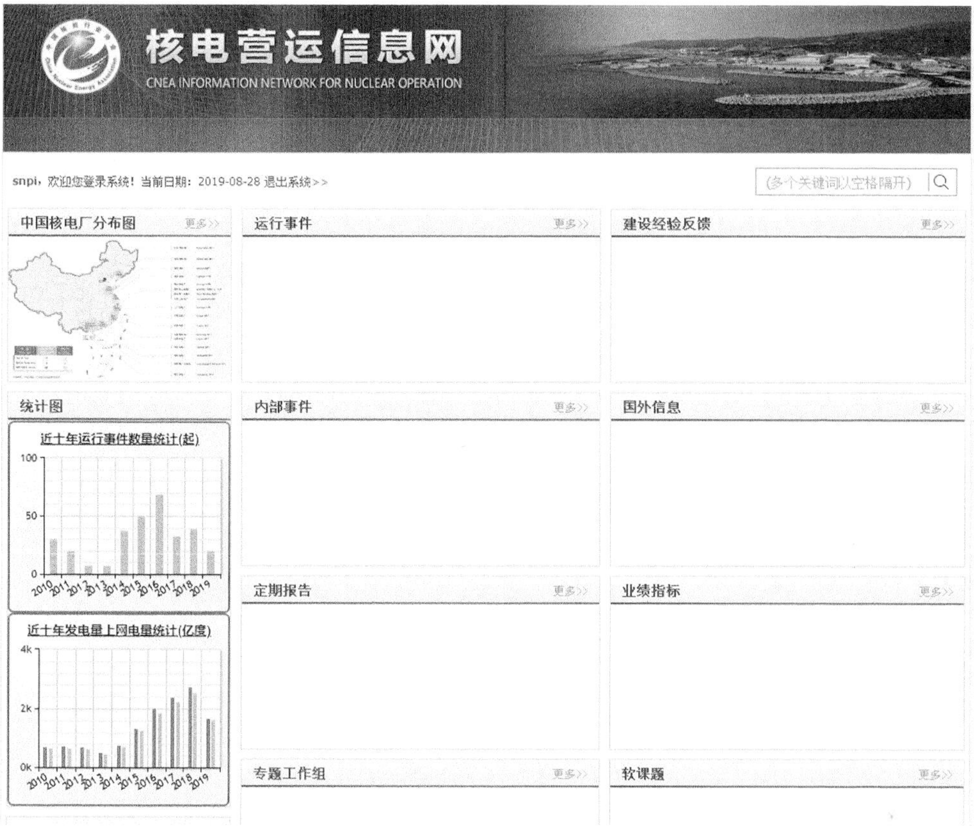

图 3－10　CINNO 主页面

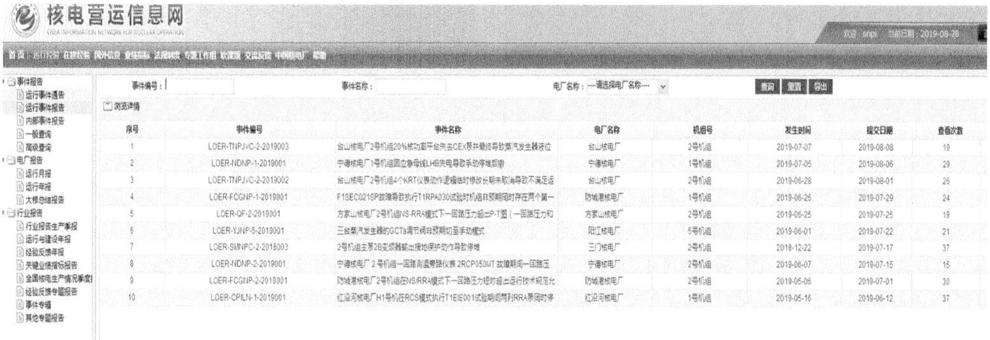

图 3－11　CINNO 运行事件模块

对于报告中的外部事件，经验反馈主任工程师/副主任工程师定期对外部事件筛选简表的信息校核及分析，提出初步反馈要点及反馈形式建议，见图 3－13。

本周外部事件筛选 CGN-JYFK-BG-2019035

本周 SNPI 经验反馈研究所收集 EDF 事件信息 16 份，WANO 事件信息 9 份、其他国际同行（INPO/EPRI/NRC/IAEA/IRS/FROG 等）的事件信息 0 份，NNSA 事件信息 0 份，CINNO 事件信息 10 份，其他国内同行事件信息 0 份，良好实践 1 份。本周共计收集 36 份报告。

SNPI 经验反馈研究所共筛选 28 份报告进行反馈。

	EDF	WANO	其他国际同行	NNSA	CINNO	其他国内同行	良好实践
本周收集	16	9	0	0	10	0	1
本周筛选	7	9	0	0	10	0	1
本周筛选	27						
2019 年累计	435	228	2	15	40	7	16
2019 年总计		667					

图 3－12　外部事件简表

序号	事件分级	编号	事件主题	事件来源	事件内容摘要	关注中心	电厂建议行动	群厂建议行动
1		tReport_WER ATL 19-0177-译文	2018 年 12 月 30 日 Point Beach 电厂 1 号机组因循环水泵的油漆/涂层剥落导致冷凝器水箱结垢，造成功率意外下降 美国压水堆	WANO	事件描述： 2018 年 12 月 30 日，发现冷凝器之间的温差和压差增大，冷凝器热阱的温度也在升高，提示冷凝器可能出现了结垢现象。于是做出了一个保守性决定，降低机组的功率，以应对冷凝器结垢现象。机组的功率被降至 46.5%，以便建立起对取水水箱进行清洁和检查的条件。从水箱内取出的油漆/涂层是造成冷凝器性能下降的原因。在之前对水箱进行的检查中并未发现涂层损坏的迹象。检查和清洁工作所造成的电力生产损失达到 13 235 MWeHRS。 事件后果： 非瞬态停堆，造成电力生产损失或对大修产生影响。 事件原因： 产生冷凝器结垢的原因是循环水泵的油漆/涂层剥落，聚积在水箱内。造成涂层损坏的具体原因尚不清楚；在之前对水箱进行的检查中并未发现涂层损坏的迹象。 纠正行动： 对冷凝器的取水水箱进行检查，对组件上的油漆/涂层进行清洁。计划在下一次换料大修期间对泵做进一步的检查，以便确定泵的涂层是否损坏。 原文：tReport_WER ATL 19-0177.doc　tReport_WER ATL 19-0177-译文.doc	机械、防腐、大修中心、寿命中心	建议 FI	建议 FI

图 3－13　外部事件简表反馈要点及反馈形式建议

3.6　重要外部事件的识别分析

示例 1：

事件主题：EDF1300 MWe 核电厂备用柴油机冷却水膨胀箱金属支架抗震等级不符

合要求。

事件描述：

继 2017 年 4 月 28 日宣布了 12 个核反应站内备用柴油发电机的某些金属结构的基础锚固设计不够牢靠的一级安全事件之后，EDF 总局决定深入分析，将检查范围扩展至核区域内的所有 20 个 1 300 MWe 核电厂。本次检查的目的是核实备用柴油发电机冷却回路膨胀箱支架的整体状态和抗震能力。另外，EDF 扩大了核查范围，柴油机运行所需要的所有“附属”设备也都成为了检查对象，见图 3－14。

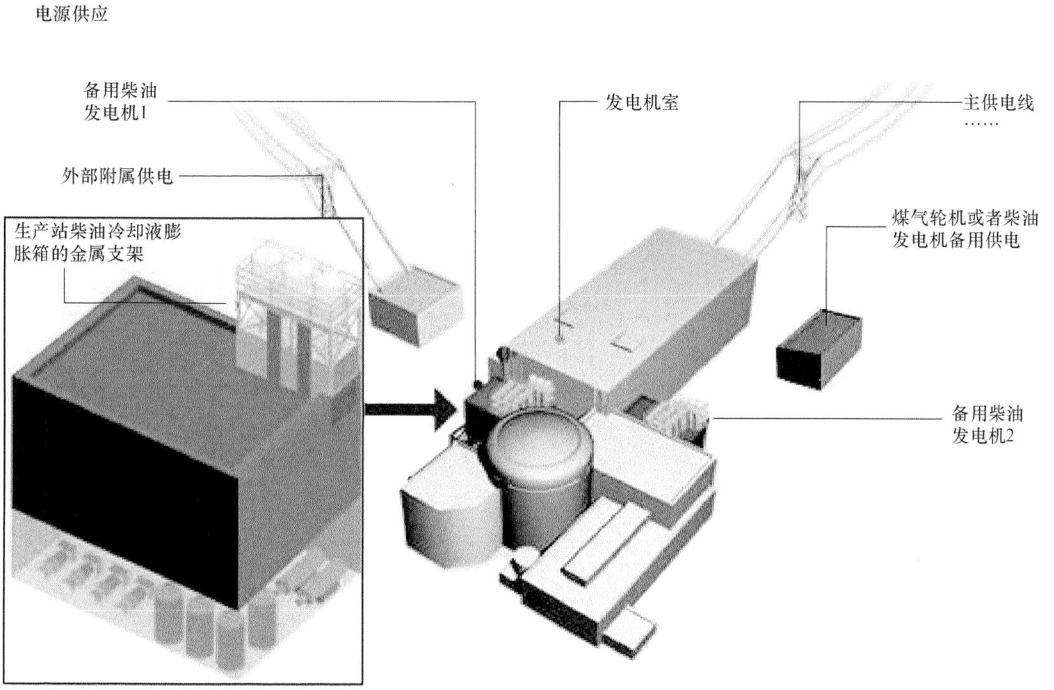

图 3－14　柴油机附属设备

事件后果：

分析结果显示，在 Paluel 的 1、2、3、4 号机组和 Penly 的 1、2 号机组，Flamanville 的 1、2 号机组以及 Golfech 的 2 号机组内，在发生震级超过过去一千年内核电厂附近发生的所有地震等级的地震（也就是 SMHV 震级）的情况下，这些膨胀箱的金属支架将没有足够的抗震牢靠度。

因此，EDF 于 2017 年 6 月 20 日向核安全局（ASN）声明这是一项可以说是“普遍的”重大安全隐患事件，因为四个核电厂都存在这个隐患，按照国际核类分级标准 INES，属于二级安全事件。

原因分析：

设计缺陷。

纠正行动：

1）相关生产站点的备用柴油机冷却回路的膨胀箱金属支架自此进行了加固。

2）每个 1 300 MWe 生产站内的单个柴油机整改需要三周时间才能结束，两台柴油机的整改则需要六周时间。

国内核电厂（以代号表示）对比分析结果：

1 号核电厂对比分析：

1 号核电厂 6 台机组的膨胀水箱是 RCC－P 3 级，RCC－M 3 级，抗震 1F 类。该核电厂的膨胀水箱坐落在楼板平台，通过锚固螺栓连接，与事件提到的钢结构平台完全不同；该核电厂的膨胀水箱采用支架结构安装在墙面，整个支架结构有抗震计算报告，并且现场与图纸一致，不存在 EDF 反馈的问题。

2 号核电厂对比分析：

2 号核电厂 6 台机组的膨胀水箱是 RCC－P 3 级，RCC－M 3 级，抗震 1F 类。膨胀水箱采用支架结构安装在墙面，整个支架结构有抗震计算报告，并且现场与图纸一致，不存在 EDF 反馈的问题。

3 号核电厂对比分析：

3 号核电厂 1～4 号机组膨胀水箱是 RCC－P 3 级，RCC－M 3 级，抗震 1F 类。其水箱设置在楼板上，水箱经过抗震分析，强度满足要求，不存在 EDF 反馈的问题。

4 号核电厂对比分析：

4 号核电厂 1～4 号机组膨胀水箱是 RCC－P 3 级，RCC－M 3 级，抗震 1F 类。其水箱设置在楼板上，水箱经过抗震分析，强度满足要求，不存在 EDF 反馈的问题。

5 号核电厂对比分析：

5 号核电厂 1，2 号机组膨胀水箱是 RCC－P 3 级，RCC－M 3 级，抗震 1F 类。其水箱设置在楼板上，水箱经过抗震分析，强度满足要求，不存在 EDF 反馈的问题。

6 号核电厂对比分析：

6 号核电厂高低温水膨胀水箱的设计是 RCC－M 3 级，抗震 SC1 类。水箱的现场支架与图纸一致，并且水箱经过抗震分析，强度满足要求，不存在 EDF 反馈的问题。

分析结论汇总：

以上核电厂应急柴油机的膨胀水箱都是安装在厂房内部，与 EDF 的 1 300 MWe 的厂房外置钢结构平台完全不同，并且膨胀水箱都是 RCC－M 3 级，抗震 1F 类，其设备经过抗震分析，满足抗震要求。

以上核电厂的应急柴油机膨胀水箱均满足规范要求，不存在 EDF 反馈的问题。

示例 2：

事件主题：反应堆液位仪器密封部分通风球腐蚀热接点热电偶泄漏。

事件描述：在 2016 年 12 月 20 日，Hanul 5 号机组全功率运行，反应堆功率为 100%，电力为 1 054 MWe，检测到在反应堆容器液位仪密封部分的热接点热电偶

（HJTC）发生泄漏，泄漏量小（约 0.055 gpm，极限为 10 gpm），手动跳闸了反应堆以进行安全维护。该电厂根据一般作业程序（GOP）保持了安全状态，并且在安全壳建筑物外没有发现放射性物质。

调查显示，反应堆液位仪器密封部分的泄漏是由通风球的腐蚀引起的。因此，更换了新的通风球，并对通风球进行了详细的检查。

事件后果：

为了在 HJTC 中保持由于通风球的腐蚀造成泄漏的冷却剂，反应堆被手动跳闸并保持在安全状态。泄漏没有引起硼酸腐蚀，设备的完整性无异常。放射性影响评估显示，此次泄漏事件对环境没有影响，维修期间工人的保护措施是适当的。导致扩大的检查，包括类似的设备和零件。对安全等级为 S 的部件的选择进行了适当性评估，评估结果为现有的 HJTC 密封件（7 件）和潜在的污染部件（21 件）从 S 级提升到了 A 级。该事件导致 46 天计划外中断。

原因分析：

直接原因：通风球腐蚀。

1）仔细的目视检查发现，通风球的表面受到严重腐蚀，从与盲孔轮毂座侧面的接触部分检测到泄漏。

2）组成分析表明，通风球是由碳钢制成的，与其规格不一致。

根本原因：

采购管理不良，没有检查采购零件的材料，因为与采购相关的质量文件只要求产品保修，不需要任何材料报告。四个采购的物品中，有一个就是碳钢球。

促成事故的原因：

1）对设备重要性的意识不足，在质量分类过程中，零件故障后果对工厂的影响（设备重要性和引起冷却液泄漏的可能性）未得到充分考虑。

2）S 类材料采购管理不力，在采购过程中，由于缺乏对采购要求（质量要求，技术要求等）的审查，因此存在错误的可能性，没有第三方审查的程序。

纠正行动：

1）在 HJTC 和 CEDM 排放之后检查泄漏检测设备的泄漏（每次燃料添加中断）

- 检测设备泄漏的开发已经完成。
- 泄漏试验在 158 kg/cm^2 的压力下进行。

2）修改维护程序。

- 对 HJTC 的整装/拆卸程序进行了审查。在该程序中添加了用于部件条件和密封表面包装程序的检查表。HJTC 排气检查表被删除并单独管理。
- 当 RCS 压力达到 28 100 kg/cm^2 和 158 kg/cm^2 时，增加检查泄漏的程序。

3）在 CEDM（73 个位置）和 HJTC（2 个位置）排放之后，在 158 kg/cm^2 的压力下对泄漏进行目视检查和压力泄漏测试。

4）检查存在 RCS 压力（158 kg/cm^2）影响的设备（315 项）中使用的材料（566 个位置）的质量等级。

5）检查存在 RSC 压力界限的所有设备部件（283 项）的材料上，是否合理分配了质量等级。

6）检查机械区内安全等级设备（4 737 项）质量等级的适用性。

- 潜在受污染的部件（21 项）从 S 级升至 A 级。

7）评估 HJTC 的密封件质量等级，从 S 级提升到 A 级。

- 对象：排气球，O 形圈，密封圈，密封环。

8）修改质量等级管理的标准指导。

- 对质量等级 A 和 S 的分类标准进行细分（包括设备重要性和导致冷却液泄漏的可能性）。
- 澄清了设备功能损失的定义。

9）对压力界限设备密封件采购和物料管理的重要性进行培训。

10）加强自备材料的采购和库存管理（维护指导，电气设备维护工作管理指导）。

- 下订单时使用新的检查清单（由第三方进行审核）。
- 仔细检查库存管理情况（由两个监督小组进行维护和分工）。

11）修改标准程序（标准维护，材料清单登记/更改）。

- 当 S 类材料被注册为新的或更改的材料时，质量部门应另外审查。

12）加强 HJTC 密封件采购管理。

13）应从原始制造商处购买。

- 如果不能从原始制造商处购买，质量文件提交要求得到强化，包括材料报告。

14）为购买可能导致冷却液泄漏的小型密封件制定最佳方案。

- 应选择项目和适当的采购量。
- 应以最小包装单位购买。

15）在材料质量（国内制造商的金属部件）性能差异的情况下，在收货检查中必须要求材料报告来检查材料的质量，不管质量等级如何。

- 建立一个强制附上材料报告的基础机制。
- 在撰写购买规范时，将其包含在反映此强制性要求的程序中。

16）标准化韩国标准核电厂（KSNP）的 CEDM 和 HJTC 材料质量等级。

- 对象：HJTC（11 项），CEDM（7 项）。

17） 再次检查质量等级的分类是否适合位于运行核电厂的已经被归类为质量等级 A 或 S 的安全级设备零件。

18） 修改设计变更文件的写作准则。

- 应分配部件的质量等级，或在编写设计更改文档时提供质量等级的基础。

国内核电厂对比分析总结：

韩国 Hanul 蔚珍核电厂 5 号机组（PWR）反应堆，堆型为 System 80+，是第三代革新型先进 PWR 核电厂。在韩国有 8 个 System 80+反应堆，拥有自己独特的设计特点。其水位检测采用堆芯冷却不足（ICC）监测装置，其反应堆水位监测 ICC 装置利用热接点热电偶（HJTC）来监测反应堆压力容器水位。

示例 1 中 6 个核电厂 RCP 系统承压下的水位测量与其设计完全不同，承压下的水位测量：在正常热态运行工况下，反应堆压力容器和冷却剂管道都充满水，整个 RCP 系统中只有稳压器上部存在汽空间，因此 RCP 的水位等同于稳压器的水位，此时 RCP 系统水位由稳压器水位传感器 RCP007/008/011 MN 测量。

分析结论：上述 6 个核电厂与 Hanul5 号机组的反应堆堆型不同，反应堆压力容器设计不同，上述核电厂的反应堆上封头并未设计液位仪，其 RCP 系统承压下的水位测量也是通过稳压器的水位传感器进行测量。综合结论该经验反馈不适用上述 6 个核电厂。

3.7 外部事件的报告

为了加强核电单位的经验信息交流，核电厂需要把本单位发生的符合上报规定的事件上报给外部平台。外部事件报告分为两部分，向国内平台机构报告和向国外平台报告。国内平台机构主要为中国核能行业协会核电营运信息网（以下简称“CINNO 网”）、核安全局和能源局；国外平台主要为 WANO 平台。下面以 WANO 和 CINNO 为例说明报送流程。

3.7.1 WANO 事件报送说明

向国外平台报送主要向 WANO 平台报送，按照 WANO 针对核电经验反馈反馈的要求，核电运营公司将本公司内发生的重要事件向其报告，在世界核电同行间共享。事件外报包括外报事件选择准则、事件外报质量要求和报送事件流程。

（1）事件外报选择准则

1）符合 WANO 事件报告准则的事件（详见附录 1）；

2）符合 IAEA 发布的《国际核事故分级（INES）》事件报告准则的事件（详见附录 2）；

3）外报事件所涉及的问题应具有普遍意义，对外部电厂具有参考和借鉴价值的事件（包括：设备损坏、人因失误、程序缺陷等）；

4）管理层确定外报的事件。

（2）报送事件质量准则

1）事件报告在事件发生或者发现时间后 140 天内；

2）重大事件需要在 30 天内报送初级 WER；

3）事件报告中明确后果或潜在风险；

4）有基本技术基础的非事件相关人员可以清楚地理解；

5）对缩略语、编码以及单位进行详细注解；

6）事件的原因清晰，符合逻辑。

（3）WANO 对外报事件及时性要求

1）每台机组每年报 1 个以上事件；

2）每台机组连续 12 个月内报 1 个以上事件；

3）事件发生后 20 周内报给 WANO。

（4）外报事件报告的内容要求

以 WANO 要求格式编写，叙述足够详细，直接原因及根本原因明了，易于理解，采用 WANO 编码。

外报 WANO 报告评分机制：WANO 平台会根据事件外报等情况，在报告及时性、缩略语应用、报告的可读性、事件后果的描述，事件原因的描述方面进行打分，通过分值大小来评判报告质量的好坏。

事件报告的及时性、缩略语、可读性、后果描述和原因描述要求，见表 3－1～表 3－5：

表 3－1　事件报告及时性要求

标准	得分
100 天内报告	4
101 天到 140 天内	3
141 天到 170 天内	2
171 天到 200 天内	1
大于 200 天	0

表 3－2　事件报告缩略语要求

标准	得分
无未经解释的缩略语被使用	2
未经解释的缩略语属于通用的缩略语	1.5
有缩略语未经解释，且重复使用	1
未经解释的缩略语影响到对事件报告理解	0.5
未经解释的缩略语影响到对事件报告的理解，无法正常阅读和理解事件报告	0

表 3－3　事件报告可读性要求

标准	得分
事件报告易懂，且行文规范，附有根本原因分析报告、附图等有助于理解的支持性附件	2
事件报告基本上可理解，但局部存在不清晰或矛盾的地方	1.5
事件报告可理解，但是缺乏支持性的附件	1
事件报告不易理解，或信息矛盾含糊	0.5
需要由区域中心进一步澄清或更正，以得到基本的理解	0

表 3-4 事件报告后面描述要求

标准	得分
事件后果描述清楚，且事件后果编码选择正确	2
事件后果描述不清楚，但是通过理解事件报告可以理解；或者事件描述清楚，但是事件编码选择错误	1.5
事件后果描述不清楚，但是通过阅读事件报告可以大概确定	1
事件后果不符合经验反馈手册中报告准则	0.5
事件报告没有包括后果描述，或通过阅读事件后果描述无法确定事件的真正后果	0

表 3-5 事件报告原因描述要求

标准	得分
根本原因和直接原因均很好地描述了	2
根本原因和直接原因均相对好地描述了，且通过常识判断是正确的	1.5
根本原因和直接原因的描述不完整，不易理解或者不符合逻辑	1
根本原因或直接原因不符合实际	0.5
事件报告没有包括原因分析	0

（5）报送 WANO 事件流程：

1）经验反馈部门从已发生事件报告中初步选出拟外报的事件；

2）纠正行动协调小组组长确定需外报的事件；

3）相关部门根据 WANO 报告要求整理事件报告并翻译成英文；

4）纠正行动协调小组组长审查签字；

5）上报管理层批准；

6）报告批准后，由相关部门上报 WANO 平台。

（6）WANO 报告要求举例说明：

电厂： Flamanvie
机组： 1
日期： 2017 年 4 月 18 日

> 事件日期：
> 确保其符合概要/明

> 标题：
> - 应简略，采用小写字母
> - 无缩写词（SCRAM 除外）
> - 无日期
> - 准确说明事件

标题：由于蒸汽发生器水位很低，反应堆自动紧急停堆。

报告状态：

> 编制初步报告：
> - 如果事件发生时间≤30 天，编制初步报告
> - 在 140 天内更新至最终版本

概要	概要（最长4行至6行）： ● 给出机组（而非电厂）和事件日期 ● 发生的事情的概要（包含主要原因） ● 功率状态（满功率、停堆和停运） ● 涉及的安全级设备或其他设备？ ● 区分真实物理环境和乱真信号 ● 如果是停堆，是怎样发生的（受控或手动/自动紧急停堆），持续了多长时间？ ● 解释所有缩写词	● 开始时的功率？功率变化后的功率？没有停堆情况下的功率损耗？ ● 受影响设备的功能？ ● 说明设备类型、型号和制造商 ● 是否违反了技术规范或许可条件或其他要求？ ● 接收的剂量是多少？ ● 作为一个段落，无行间距

2017 年 4 月 18 日，1 号机组处于 20 bar 和 40℃的中间停堆模式，在拆下为在停堆过程中调节蒸汽发生器而安装的蒸汽发生器水位信号模拟机时，工人将错误的给水流量控制水位传感器设置到了安全位置。由于蒸汽发生器水位信号很低，反应堆自动紧急停堆。这次反应堆自动紧急停堆是人为错误造成的。这是因为维护工作跟踪文件遗漏了一个步骤，并且未遵守关于安全位置（而非禁用位置）的程序。

事件描述	说明： ● 正文中没有表格、图表、图形或图片（在末尾作为附录附上） ● 如果需要复制/粘贴文本，那么应“粘贴无格式文本” ● 说明受影响设备的详情 ● 解释所有缩写词 ● 电厂初始模式和电厂最终模式（如果适用） ● 如果采用电厂术语，那么应该使用简短短语来解释其意思 ● 明确地说明电厂瞬态是紧急停堆，还是受控停堆 ● 不应使用系统编号，而应拼写出系统名称。不能想当然地认为读者知道电厂的设计和电厂识别编号

起始状态：余热排出系统处于连接状态（AN/RRA）的中间停堆（20 bar，40℃），事件的时间顺序：为强制停堆大修安排并计划了蒸汽发生器水位模拟器的安装及拆卸，但在进度计划上没有标记上反应堆自动紧急停堆的风险。进度计划的进程和各项活动导致了重新安排所述模拟机的拆卸，但没有修改同时为 3 台蒸汽发生器编写的工作包。在 4 月 18 日上午结束时，推迟了蒸汽发生器 1 上模拟机的拆卸工作，并在下午开始时启动了所述拆卸工作，而未召开任何工前会。工人通过将蒸汽发生器水位传感器设置到反应堆保护采集及处理单元（UATP）中的安全位置，而不是设置在禁用位置，来开展这项活动。对于 UATP3，工作监督员亲自在 UATP 的前端开展工作，而他的同事在后面放下电压发生器。这个团队没有按照程序第 3 步的规定，开展技术检查。工作监督员在工作包的第 3 步和第 4 步上签字，3 台蒸汽发生器均如此。由于第 4 步已签字，认为 UATP3 已完成，工作小组继续完成 UATP4，并将蒸汽发生器水位传感器设置到安全位置。在将 UATP4 上的水位传感器更改至禁用位置之前，该团队本应将水位传感器更改至 UATP3 上的测量位置。14 时 54 分，由于非常低的蒸汽发生器水位，反应堆自动紧急停堆，值班人员执行了异常运行规程，并且仪控技术人员更改了 UATP3 和 UATP4 上水位传感器的安全位置。17 时 16 分，重新闭合了反应堆自动紧急停堆各断路器，并且值班人员接管该机组，将其设置到了安全状态。

事件后果	事件后果： ● 两个小节：实际后果和潜在后果 ● 包括停运时间、功率降低情况（以确定事件的重要性）和违反运行限制状态（LCO）的情况 ● 发电量损失（满功率运行的时期） ● 说明是否打算随后更新报告

实际后果：将 2 个蒸汽发生器水位传感器设置在安全位置的实际后果是，配置反应堆自动紧急停堆信号，并启动辅助给水泵，让水流入蒸汽发生器。恰当执行了该顺序。鉴于该机组处于中间停堆模式（20 bar 和 40℃），并且反应堆自动紧急停堆信号未造成任何热工水力瞬态。

潜在后果：未产生任何潜在后果：在反应堆自动紧急停堆顺序中，可能会出现技术意外事件。然而，对该瞬态而言，对于锁定最反活性控制棒组件及所有设备布置的各项负反应性裕量系数，安全要求是可用的。因此，只会产生轻微的潜在安全后果。

分析/评论	分析/评论： ● 直接原因/明显原因 ● 根本原因（如果适用）

这次事件的主要原因如下：出现了人为错误，未遵守编制的程序提纲（各传感器的抑制位置），未填写专家评估报告，并且仅完成了部分技术检查工作。还观察到了组织失灵情况：① 工作包或工作计划编制错误：在进度安排过程中，未将这些活动标记为有反应堆自动紧急停堆风险的活动。② 未召开工前会：未召开通常为该活动规定的工前会。③ 进度安排偏差：未按照原来的安排来开展这些活动，一方面是在两个不同的日期拆卸这些模拟机的，另一方面是在未宣布中止的情况下，将上午的活动推迟到这一天的晚些时候。④ 时间压力、紧急情况、应召值班和意外事件：将进度计划上的上午的活动推迟，产生了需在下午完成所有工作的时间压力。⑤ 文件难以使用：由于工作包原来是为同时拆下 3 台蒸汽发生器上的水位模拟机编制的，不适合于单独采取这些措施。

纠正措施	纠正措施： ● 即时措施/临时措施 ● 长期纠正措施

由电厂采取的纠正措施如下：① 发送了快速反馈报告（RER）至其他现场，也发送给了公司核能工程部和维护支持部。② 让参与人员向管理人员汇报，将现场时钟重新设置到零，编制一份关于反应堆自动紧急停堆快速跟踪工作联系单，并将其分发给所有团队。③ 将这些活动标记为有反应堆自动紧急停堆风险的活动。④ 修改工作包和风险评估，更好地应用人体工程学，以指示禁用位置，以作为应对反应堆自动紧急停堆风险的一项应对措施。

附录	附录： ● 应在此插入图形、图纸、图片和表格

带编码的字段	带编码的字段： ● 确保代码与正文中所写的一致 ● 代码完整且正确

字段	代码	事件描述
类型	01	异常电厂瞬态或事件
事件后果	02	电厂瞬态
系统	215	辅助给水和应急给水
组件	122	水位
状态	155	次临界温度和冷却剂温度＜93℃（包括冷停堆工况）
活动	10	计划维护/预防性维护
组别	130	仪表
直接原因	0802	错误
	0102	工前会不恰当/未开展
	0211	未开展独立检查，或者未有效地开展独立检查
根本原因	0306	完成任务的时间压力
	0700	书面程序和文件
	0906	工作包未能满足所有行政要求
	0907	未能识别出进度安排冲突
因果要素	0217	缺乏质疑态度
	0804	监督人员参与任务的程度太深

其他建议：
- 不得将同一个事件输入两次。如果你需要更新一个事件，那么你应进行修订。
- 在修订返回以进行修改的报告时，应将 WANO 的意见设置为红色字体，并在必要时加上你的所做的修改。
- OE WANO Paris Centre 可以做一些小的修改（不影响整体理解的一些小的更改），而无需申请修订。
- 如果事件≤30 天，那么应该仅将报告输入为初步报告。应在 140 天内将初步报告更新为最终版本。

（7）WANO 外报事件填报流程：

步骤 1：登录 WANO 网站，选择 OE Datebase，再选择 Create an Event Report，创建一个事件，见图 3－15。

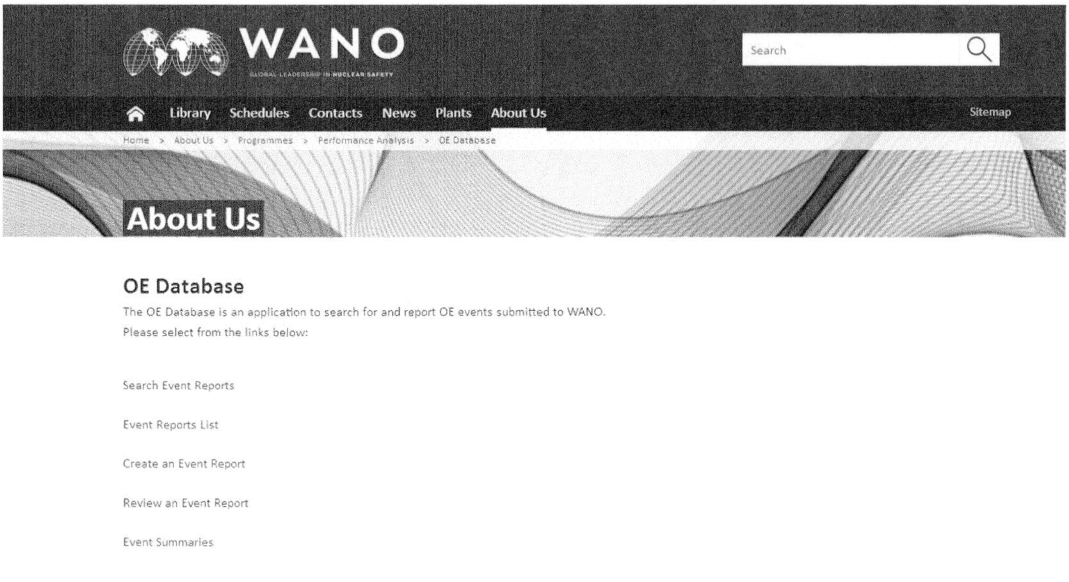

图 3－15　WANO 页面

步骤 2：选择事发电厂 Station 和事发时间 Event Date，见图 3－16。

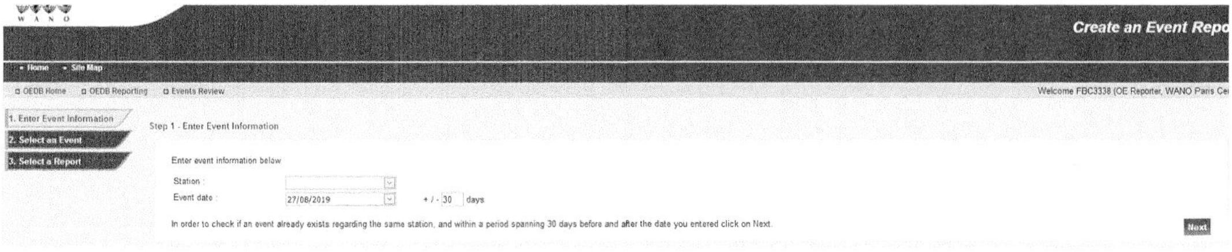

图 3－16　发电厂和事发时间

步骤 3：输入事件 Event Information，包括 Title 和 Summary，见图 3－17。

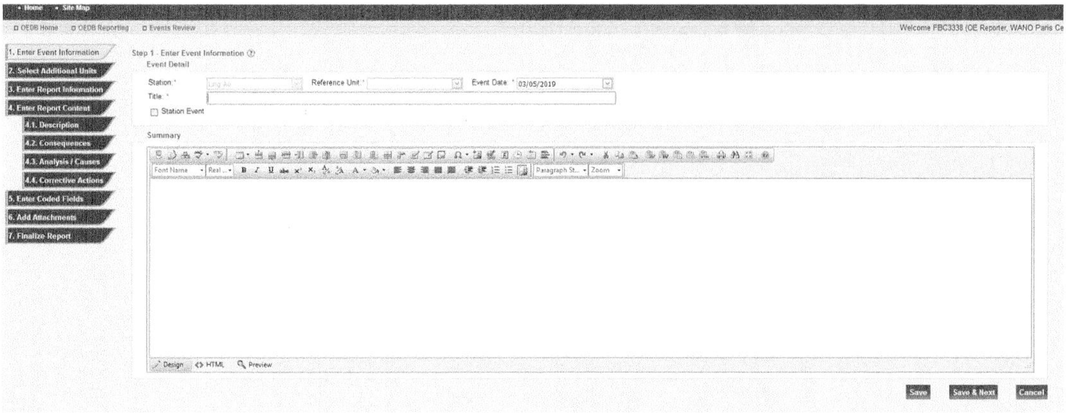

图 3－17　Enter Event Information

步骤 4：选择事发电厂堆型 Reactor Type 和事发机组，见图 3－18。

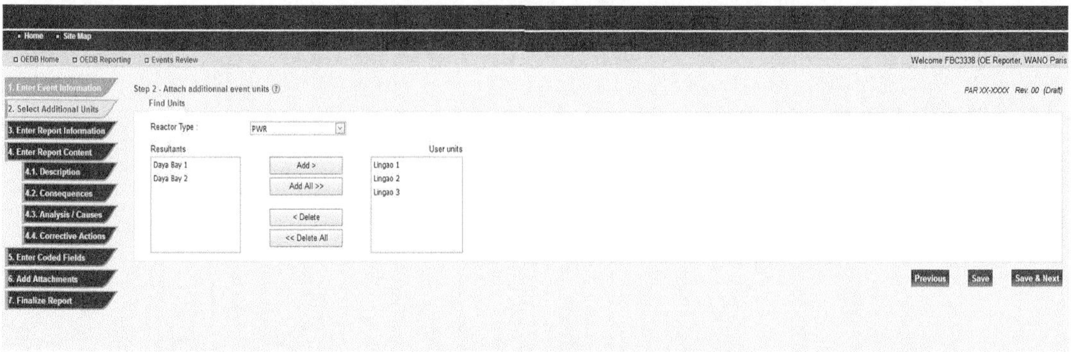

图 3－18　发电厂堆型 Reactor Type 和事发机组

步骤 5：输入报告信息，见图 3－19。

图 3－19　报告信息

步骤 6：输入事件描述 Enter Report Description，见图 3－20。

图 3－20　Enter Report Description

步骤 7：输入事件结果，见图 3－21。

图 3－21　输入事件结果

步骤 8：输入事件原因，见图 3－22。

图 3－22　输入事件原因

步骤 9：输入事件纠正行动，见图 3－23。

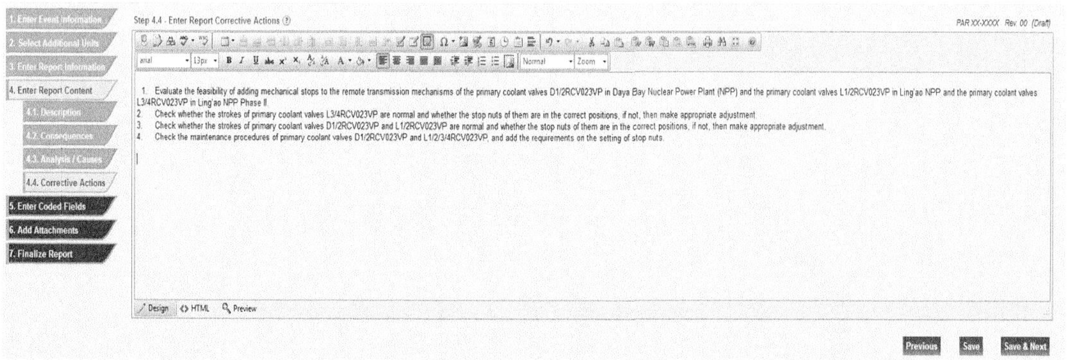

图 3－23　输入事件纠正行动

步骤 10：输入事件编码，见图 3－24。

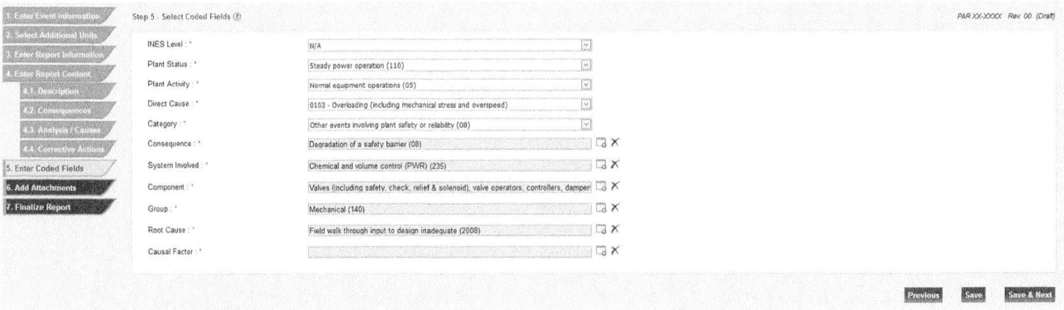

图 3－24　输入事件编码

步骤 11：上传附件并提交事件报告，见图 3－25。

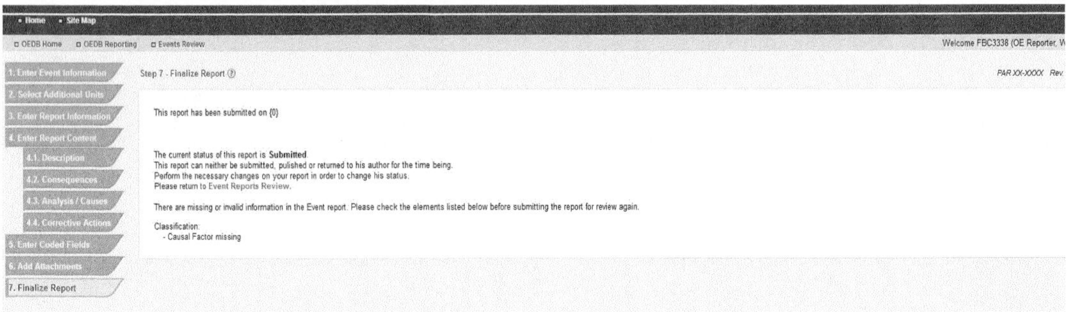

图 3－25　上传附件并提交事件报告

3.7.2　CINNO 事件报送说明

各核电营运单位需要把以下信息报送至 CINNO 网的信息类别：运行事件通告、运行事件报告、内部事件报告、运行月报、运行年报、WANO 指标和大修总结报告共七类。CINNO 网从报送数量和及时性方面进行评分，便于对事件报送进行管理。CINNO 事件报送要求见表 3－6。

表 3－6　CINNO 事件报送要求

信息类别	开始提交时间	提交的时限要求
运行事件通告（所有运行事件必须填报）	机组首次装料后	两周内提交事件通告
运行事件报告报告（所有运行事件必须填报）	机组首次装料后	两月内提交事件报告
内部事件报告（每台机组每年不少于 10 起；对新投运机组，要求报送数量按照商运开始月份折算）	机组商运后	及时填报（不要在年底集中提交）评分规则中规定及时提交指内部事件发生日期到提交日期在两个月之内
运行月报	机组首次装料后	下月 10 号之前
运行年报	机组首次装料后	下一年 3 月 31 日之前

续表

信息类别	开始提交时间	提交的时限要求
WANO 指标月度数据	机组商运后	下个月 10 号之前
大修总结报告	NA	大修结束后 3 个月

（1）CINNO 网报送流程：

步骤 1：首先登录 CINNO 网站 http://www.cinno.org.cn/login.jsp，登录账号密码，见图 3－26。

图 3－26　CINNO 登录页面

步骤 2：进入到 CINNO 网主页面，见图 3－27。

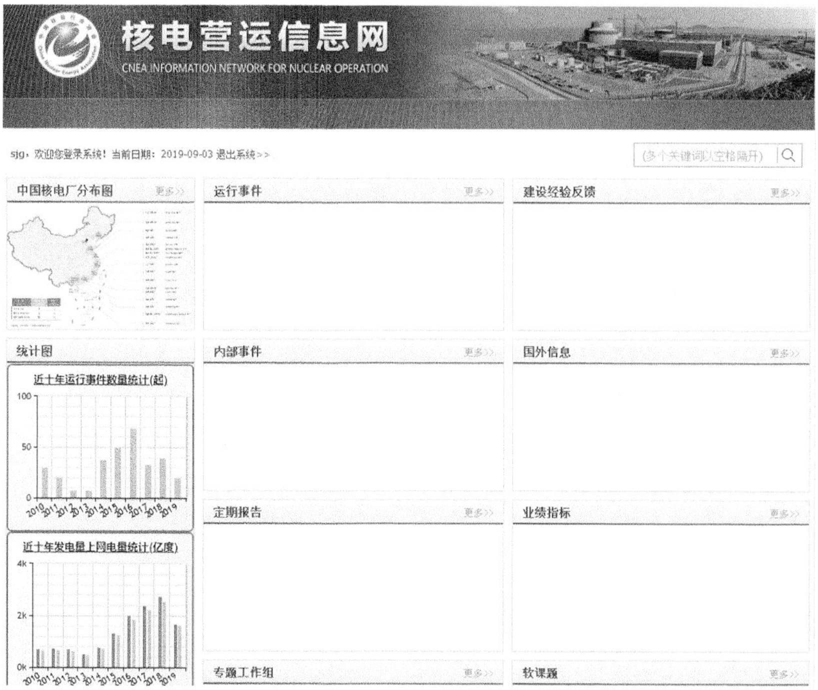

图 3－27　CINNO 主页面

步骤 3：进入事件填报页面，根据所要报送事件类型选择运行事件通告填报、运行事件报告填报、内部事件报告填报等，见图 3－28。

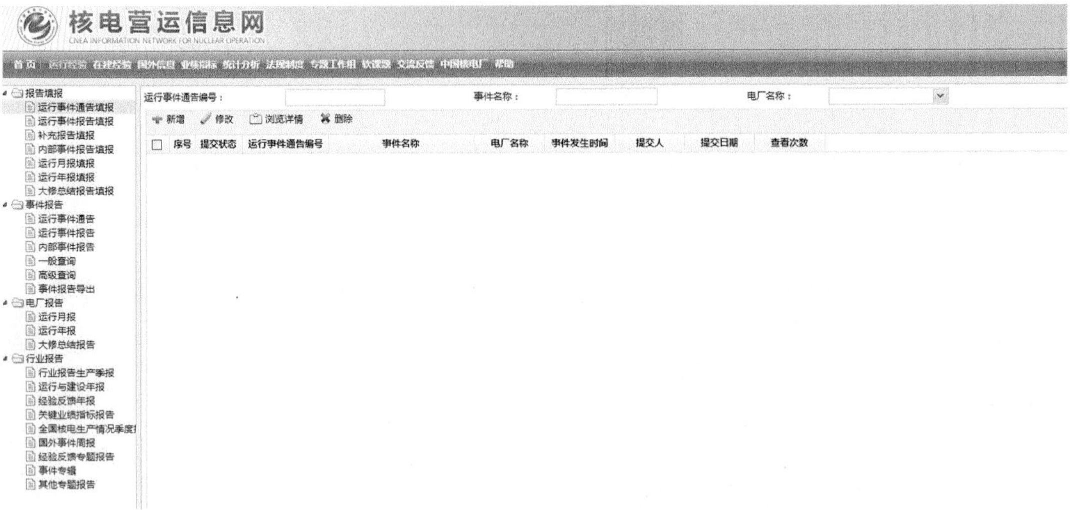

图 3－28　CINNO 填报类型选择页面

步骤 4：进入事件填报页面，报送内部事件为例。根据要求需要填报电厂名称、事件发生日期、事件名称、事件描述、事件后果、事件原因、纠正行动等，见图 3－29。

图 3－29　内部事件填报页面

附录 1：WANO 事件报告准则

在确定报告准则过程中存在的问题不应该妨碍电厂报告与电厂安全、可靠性相关的事件，由核电单位自己判断事件的原因和后果是否引起其他成员的兴趣。特别地，当事件的 INES 级别达到 1 级或更高时，应将事件报告给 WANO。

（1）异常的电厂瞬态或事件

电厂或机组运行工况发生改变，导致或涉及以下任何情况的：

1）要求反应堆紧急停堆，包括机组在启动或停机的状态下的紧急停堆，无论此时反应堆是否达临界。无须报告正常停堆或试验程序要求的反应堆紧急停堆。

2）排出反应堆余热的能力受到威胁，如在丧失电源或余热排出能力期间。

3）导致设备损坏的事件，如阀门或者主要管线。

4）由异常的外部状况引起的事件，如地震、火灾、洪水、暴风雨雪、飞机撞击、气体爆炸或其他外部因素。

5）由于异常或应急规程里没有说明必要的行动或操纵员误判断当前状况导致需要采取异常行动来管理的事件。

6）与安全分析相违背或者运行规程未覆盖到的瞬态。

7）操纵人员行为不当、设备设计或改造问题导致影响堆芯反应性控制或余热排出的事件。

8）多个设备发生故障或人员出现失误，影响了瞬态的严重性，例如直接导致停堆的故障或失误。

9）严重妨碍操纵员控制或减轻事件严重性及其后果的能力的电厂工况。

（2）安全系统故障或不恰当的运行

由于下列任一因素，导致在试验或电厂瞬态期间安全系统执行其功能的能力严重下降的：

1）设备（如泵）不能启动或不能连续运转。

2）启动回路或设备启动逻辑未能按预期动作。

3）设备在线或设定值错误导致其无法完成其预期功能，如阀门不在正确位置。

4）主控室操纵员不正确地操作设备或不当行为导致瞬态恶化，如过早地终止对瞬态的响应。

5）闪电引起的损坏、其他设备造成的物理影响、侵蚀、洪水、火灾或者支持系统失效导致瞬态或增加瞬态的严重性。

6）反应堆安全系统非计划的动作。

7）某安全系统不可用。

（3）重大设备损坏

导致电厂重大设备损坏并出现下列故障：

1）非计划停机或降功率运行超过 48 个等效满功率运行小时。

2）需要对设备主要零部件进行更换或大修，如蒸汽发生器，汽轮机，反应堆冷却剂泵。

3）因燃料棒破损导致的停堆。

（4）人员过量辐照或严重受伤

涉及和影响人员的事件导致以下情况：

1）电离辐射照射超过监管限值或非计划照射超过电厂的规定限值的。

2）与工作相关的事故（非疾病）导致如下一种或多种情况的：

死亡；

人员住院治疗；

需要厂外医务人员支援；

造成残废的，并且值得其他电厂从中吸取经验教训的；

人员因放射性污染而受到伤害的。

（5）非预期的或不可控的放射性释放或放射性污染

1）放射性气体或液体的排放超过监管单位或电厂管理规定的厂内外限值。

成员单位或区域中心也鼓励报告放射性释放没有超过法规规定的厂内外限值的事件（如果认为该事件的经验教训值得其他成员单位学习）。

2）电厂的非计划放射性物质释放超过了电厂或监管单位规定的管理控制限值。

3）超出了电厂在控制区和监测区之外的管理限值的放射性污染物的非计划扩散（例如，被污染的人员跑到了厂外，在厂外或非控制区发现污染物或放射性溢出液）。

（6）燃料操作或储存事件

燃料操作或储存事件涉及以下任一情况的：

1）核燃料组件或其他堆芯部件（如燃料棒、控制棒或可燃毒物棒）损坏导致燃料棒中的放射性释放或引起燃料组件不可用。

2）在需要浸没燃料的地方（如乏燃料池，燃料运输通道，反应堆换料水池）发生非计划或不可控地跑水。

3）在乏燃料转移或存储过程中丧失冷却，导致或可能导致燃料组件故障。这包括了燃料在传输机、燃料装运罐及燃料贮存设备（包括干式贮存箱）中的情况。

（7）在建造、调试、运行或改造期间发现设计或设计基准、分析、制造、建造、安装、运输、运行、配置管理、人一机接口、试验、维修、规程或培训材料方面存在不足。

1）制造、建造、安装、运输、运行、配置管理、人一机接口、试验、维修、规程或培训材料方面的不足给核安全、工业安全或放射性安全带来了威胁，降低了安全裕度或电厂可靠性。

2）电厂建造、运行或改造中的质量事件或缺陷。例如：

对建造或改造质量有不利影响的事件（始发事件可以是外部或内部的，未遂事件，系统或部件降级、失效或不可用，或审查经验反馈时的发现）；

严重影响建造进度的事件，包括返工；

使用了在制造、鉴定或存储期间未经严格质量控制的部件或材料。

3）在建造和改造（包括新建）期间发现和解决的事件。这些事件包括但不限于涉及安装和制造、资质认证和培训、材料和设备、人员安全、起重吊装以及供应链的问题。使用以下指南来确定是否应该上报：

对你们来说需要知道的很重要的状况（如果该状况在其他在建电厂发生过）；

确实或可能显著影响（正面的和负面的）建造质量、进度、预算或人员安全的状况；

供应商提供了仿造的（即任意部件、零件或材料是仿制品或替代品，或是把旧元件当作新的，或在未获得合法权利或授权的情况下修复的物品。）或欺诈（指任意部件、零件或材料不达标准，却有意地宣称其符合产品工艺或设计规格书，或伪造证明提供的物品）的物项、标准件或部件；

有利于预防发生建造质量、进度计划、预算和人员安全等问题的信息；

针对建造问题开发出的唯一解决方案；

记录的缺陷对满足和遵守检查、试验、分析或验收准则可能有不利影响；

已经进行了全面的根本原因调查的状况，且该状况与建造质量和人员安全有关。

4）可能导致运行或安全裕度降低，甚至可能引发核燃料或堆芯失效，或放射性释放的设计缺陷：

设计假设、设计基准、超设计基准分析或设计管理存在缺陷；

威胁或修订了某一项设计假设基准（设计极端温度，地震级别等）；

任何原因导致威胁了基本安全功能（反应性，热量排出，屏障）；

可能导致运行或安全裕度降低的材料或部件缺陷（包括核燃料）；

在改造流程或程序文件上存在缺陷；

备品备件管理或资质认证上存在缺陷；

未分析考虑的设备失效或新的失效模式；

存在威胁设计基准假设的充分性的新信息；

需要针对设计基准尺度或超设计基准分析存在的缺陷采取纠正行动（安全壳通风，消氢等）；

任何运行模式下的可能威胁机组运行及降低安全裕度的未遂事件；

用于缓解超设计基准事件的功能存在缺陷。

以上事件报告准则与实际的电厂后果无关。可能导致后果的缺陷也应报告。

（8）其他对电厂安全或可靠性有影响的事件：

1）涉及电厂的安全性或可靠性，或者其原因或后果对其他电厂有借鉴意义的事件。

2）核燃料发生泄漏。

3）导致核安全或设备可靠性受到威胁的人员绩效事件。

4）没有有效利用现有的 OE 文件促成了事件的发生，如 SER 或 SOER。

5）引起非计划停堆或汽轮机功率变化达到或超过 10%的事件。由于负荷跟踪或试验而要求功率变化的事件不需要报告，例如汽轮机阀门活动试验或并网操作引起的降功率或升功率，除非该行动导致了异常情况。

6）导致反应堆功率增加，超出了技术规格书定义的 100%额定功率的非计划反应性事件。

7）导致反应堆功率增加超过 1%或降低超过 3%的非计划的反应性事件。

8）反应堆临界状态时发生非计划半停堆或部分紧急停堆。

9）由于进入异常或应急运行规程，要求汽轮发电机自动或手动停机。不需要报告正常停堆或试验规程要求的汽轮发电机停机。

10）非计划的反应堆停堆，不管事件发生时反应堆处于何种功率水平。例如，在启堆期间发生设备故障，导致反应堆停堆。

11）进入应急计划或类似行动计划。

12）违反技术规格书，且要求向监管机构上报的事件。

13）损失了等效一天及以上的满功率发电量。

14）大修延期时间超过 24 h。

15）与部件或设备、运行、设计等有关的可能影响其他电厂的事件。

16）若实际发生则满足事件准则的未遂事件，例如人员伤害、非计划放射性照射、可能对燃料或重要安全设备造成损害的未遂事件。

17）造成后果的火灾或吸烟事件。

如不确定事件是否符合事件上报准则，则也应上报。

附录 2：INES 事件分级准则

INES 将事件分类为 7 级：较高的级别（4－7）被定为“事故”，较低的级别（1－3）为“事件”。不具有安全意义的事件被归类为分级表以下的 0 级，定为“偏差”。分级表如下表所示：

分级	影响方面		
	厂外影响	厂内影响	对纵深防御的影响
7 特大事故	大量释放：大范围的健康和环境影响		
6 重大事故	明显释放：可能要全面执行计划的相应措施		
5 具有厂外风险的事故	有限释放：可能要求部分执行计划的相应措施	反应堆堆芯/放射性屏障受到严重损坏	
4 无明显厂外风险的事故	少量释放：公众受到相当于规定限制的照射	反应堆堆芯/放射性屏障受到明显损坏/有工作人员受到致死剂量的照射	

续表

分级	影响方面		
	厂外影响	厂内影响	对纵深防御的影响
3 重大事件	极少量释放：公众受到规定限值一小部分的照射	污染严重扩散/有工作人员发生急性健康效应	接近发生事故安全保护层全部失效
2 事件		污染明显扩散/有工作人员受到过量照射	安全措施明显失效
1 异常			超出规定运行范围的异常情况
0 偏差	无安全意义		

在国内核电行业，执照运行事件一般定级在 0 级及以上，内部运行事件一般定级在 0 级以下，所以国内执照运行事件都是要上报 WANO 的。

第4章 核电厂事件调查与分析

4.1 事件调查的技术方法

4.1.1 任务分析法

任务分析着眼于更好地了解在正确实施活动时，涉及哪些重要的要素。主要工作包括：收集关于某具体任务实施的运行程序数据，以及任务其他方面的信息，例如工作的状态、系统设备、必要技能和知识、安全和环境因素、参考程序文件等。

任务分析分两步：

① 事件推演：研究怎样通过程序和其他文档的评审、拟定提问、潜在问题的识别、电厂任务的模拟（如可能）来完成任务。

② 现场复现：任务重演，以确定任务实际上应如何执行并识别出潜在问题。

这些步骤的目的是：

① 熟悉任务，了解与任务执行有关的潜在难点；

② 识别出已经完成情况和应该完成情况之间的差距。

任务分析的第一部分“任务应如何执行”是个复杂而耗时的过程。一般说来，团队和程序中的主题专业知识（例如书面程序）使得无需全面、详细地进行任务分析，而是通常利用工作指令过程、工前会、程序和收尾活动来创建一个非常简单的分析，了解任务应怎样执行。事件推演能使调查员很好地了解任务，帮助其确定稍后访谈中要提出的问题。对不熟悉任务的分析师来说会有所帮助。

任务分析第二部分“实际上任务是怎样执行的”几乎总是作为事件相关人因问题调查工具。从事件相关人员的观点来查看事件，这一点绝对至关重要。为了实现这一目标，您必须能够站在相关人员的立场上。事件通过现场复现，许多人因和环境问题几乎就无法识别，而这些问题通常在核电厂事件中起到非常重要的作用。

现场复现的特征包括：

① 与事件所涉及的人员重演任务过程；

② 如果无法找到事件所涉及的人员，则与正常情况下实施该任务的其他人员进行重演；

③ 事件后该区域的进出可能受限；

④ 记录下实际重演和程序步骤之间的差异；

⑤ 识别出与物理环境和人机界面相关的促因，这一点将非常有用。

应用：任务分析中，比较了要求的任务执行方式和实际执行方式后，其输出通常成为变动分析的输入信息。

4.1.2　变动分析

变动分析是指系统性地识别和分析任何可能对被调查问题造成影响的变动。该工具旨在确定：与过去成功案例相比有什么变化；所引入的变动是否导致了这些后果；以及变动在事件中的影响。

从该工具的名称可以看出，变动分析以“变动（或差异）可能导致执行偏差”这一概念为基础。其先决条件是：存在着适当的比较依据。其次要求充分确定偏离条件和正确条件，然后对两者进行比较，从而识别出变动或差异。这一过程中发现的任何变动将成为整体偏离的一个潜在原因。

可用于比较的情况通常有三类。首先，如果在以前已经执行过的任务或操作中出现偏离，则过去的经验可作为依据。其次，如果有其他某任务或操作与该偏离状态相似，则可利用该任务或操作。最后，如必要，可利用详细模型或任务模拟法（包括受控的事件重构）。

最终结果是一份全面描述偏离状态的特征清单。如果偏离状态有充分说明，就可以与选定的正确状态进行详细比较。标出每项差异，以便进一步调查。从本质上说，各个差异（或差异的某种组合）是事件的潜在原因。

用变动分析法识别出来的原因通常是单个偏离的直接原因；变动分析法无法查到根本原因。然而有些重大的直接原因模糊不清或隐藏不明，而变动分析可能是唯一一种能够发现这些原因的方法。

图 4－1 是变动分析中的六大重要步骤。表 4－1 是变动分析工作表。变动分析首个步骤是定义“无事件状态”，并与所调查事件发生时所处状态相比较。

一旦明确“事件”或“无事件”状态，应加以分析，确定二者之间的具体差异。然后评估每种差异对事件的影响，并将其作为原因分析的输入，以确定该变动不重要，还是该问题的直接、促成、根本和/或程序性原因。

变动分析工具的特征包括：

① 适用于怀疑某变动导致了事件；

② 不会直接找出根本原因；

③ 需要用其他工具合用。

变动分析提供的线索有助于精确查明不当行动。

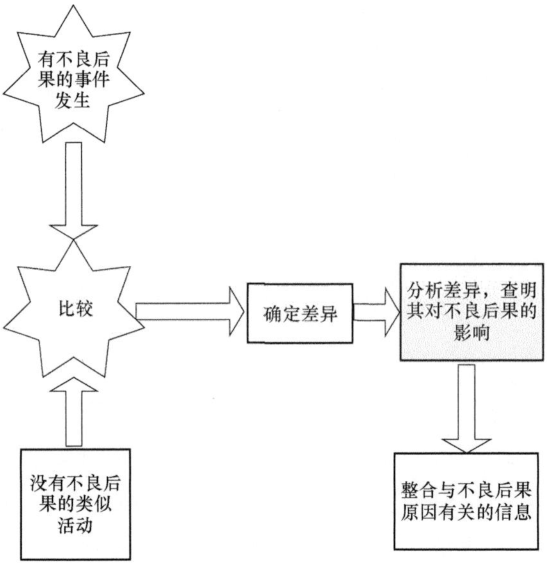

图 4－1 变动分析中的六大重要步骤

表 4－1 变动分析工作表

变动因素	差异/变动	影响	需回答的问题
何事（状态、事件、活动、设备）			
何时（发生、识别、电厂状态、计划）			
何地（实际位置、环境状态）			
何法（工作实践、疏忽、多余行动、无序程序）			
何人（涉及人员、培训、资质、监督）			

应用：大多数情况下，如果以前成功完成过某任务或其中某些内容时，可采用该分析工具。

因此对于大部分有故障发生的事件来说，一定是有什么发生了变化。变动分析是调查早期所使用的一种技术，可为更全面的调查工具提供输入。

4.1.3 屏障分析

危险代表潜在的有害条件，必须保护目标（人员、设备和环境）不受其影响。屏障分析即以此概念为基础。对人员的危害可能包括：辐射、电能、化学或生物制剂或不良的环境条件。对设备的危害可能包括人因错误、磨损造成的损坏或自然现象。（物理或组织）屏障用于保护和/或保证目标在指定范围内或条件中活动，而无论是否存在危险。屏障通常设计在系统中，或用于活动中，以保护人员、设备、信息等。

屏障分析旨在识别出缺失或遗漏的屏障。屏障分析还能表明哪些屏障成功地防止了问题造成更严重后果。

屏障分析分 5 步实施。第一步是识别出危险和目标。第二步是识别出本来可以保护目标免受危险的所有屏障。第三步是评估每个屏障是怎样执行任务的，即：该屏障成功还是失效？如果是失效屏障，第四步是查明为什么失效。利用原因分析法分析每个失效或缺失的屏障，从而确定对事件后果的影响。

该工具可作为编制纠正行动的基础。纠正行动可优化现有失效屏障，或在屏障缺失的地方建立屏障，见图 4-2。

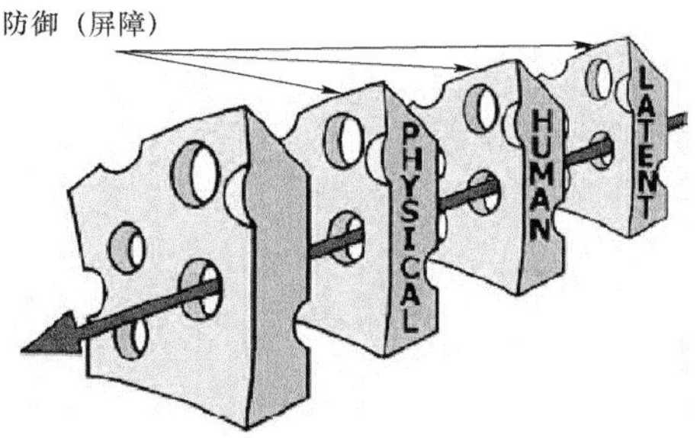

图 4-2　屏障分析事件模型（瑞士奶酪模型）

屏障分析工具的特征：

① 可用于评估纵深防御；

② 需要有在被分析区域有着丰富技术经验的人员；

③ 最好与其他方法联合使用。

4.1.4　原因因素图分析

原因因素图（ECF）分析是一种工具，目前广泛应用于各核电厂事件分析工作中。

这是一种系统性的事件分析工具，有助于收集、组织和描述事件信息；验证其他分析技术得出的信息；撰写事件调查报告并绘制插图；向管理层简要报告调查结果。

首先应启用 ECF 图，并在整个根本原因调查期间更新该图。该图按时间线提供了事件的图形显示，并突出了问题及其原因。该工具的使用方式是连续询问“是什么”“怎么样”和“为什么”。该工具有助于按时间顺序识别出哪些已知，哪些需要了解，从而帮助确定未来调查方向。

ECF 图（见图 4-3）由符号构成。这些符号代表着导致所调查问题的重要事件和条件。ECF 图中的事件是指在某个具体时间点上，与所调查问题有关的某个行动或偶发事件。条件则是影响着 ECF 图中事件先后顺序的状态或境况。图中所用符号并不重要。可以区分事件、情况、原因及其关联性的任何符号集或其他方法，例如色标，都可用于图中。

在创建 ECF 图时，重大事件按时间顺序从左至右线性排列。通常，最方便的方法是将重大事件作为起始点，从该点重新构建事前和事后顺序。那么，添加对事件造成影响的次级事件、促因和条件，可进一步扩展 ECF 图，从而确定事件是如何发生的。随着更多的信息被发现，该图被更新，从而随着调查的推进，产生一个连续的图示。ECF 分析法通常与其他几种事件调查工具和技术（例如访谈、任务分析、变动分析和屏障分析）联合使用。

事件和起因图的特征：

① 图形显示法简要记录了整个事件；

② 将整个案例分解成一系列偶发事件；

③ 以时间顺序显示从开始到结果的准确事件顺序；

④ 允许添加屏障、条件、次要事件和可能事件；

⑤ 便于与从不同来源中收集到的信息相整合；

⑥ 可用于简单和复杂问题的解决方案；

⑦ 绘制图形后，许多起因变得明显；

⑧ 以结构化方式呈交信息。

应用：该方法总是用于事件调查。使用时，无论初始事件是设备故障还是人因，均可采用事件时间线或顺序。

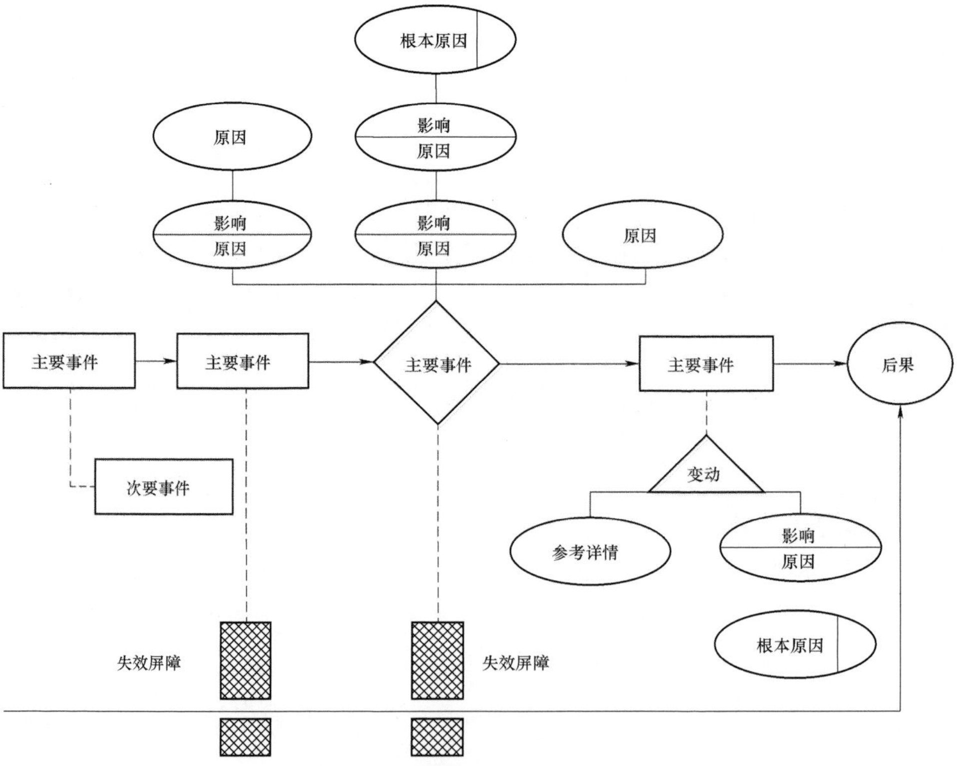

图 4-3　事件及成因（ECF）图

4.1.5　因果分析

该工具旨在通过查核因果关系来识别根本原因。其执行方式是连续询问发生了什么后果和为什么，从最近一次故障/缺陷反推，从而找出原因。

因果工具的使用都是从最重要事件开始，然后确定其原因。接着再确定该事件原因的原因，持续该因果链，直至查不到其他原因。然后确定是否满足根本原因标准，从而对这些原因进行校验。

根据收集到的信息，可以创建因果图（CED），也即所谓的鱼骨图（图 4–4）。这是这样一种工具：基于预先定义的可能原因分类，以图形方式识别并组织某问题的多个可能原因。

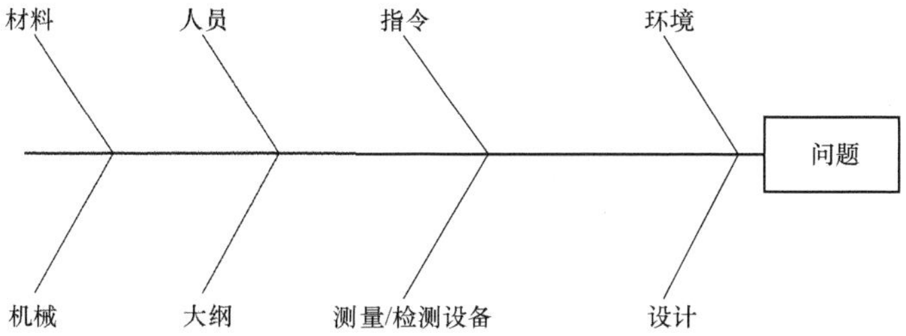

图 4–4　因果图（鱼骨图）示例

创建 CED 时，通常在图形右侧中间位置的方框中填写主要问题。一根名为“脊柱”或“脊骨”的直线，从主框侧开始，向左延伸。各个分支从该脊柱线上分离出来，每个分支代表着主要问题的一个原因或后果。而每个分支也可以有自己的分支。

因果分析的特征为：

① 连续询问并回答“为什么”问题；

② 何时停止：可以在运营组织内部纠正的最深层次原因为止；

③ 以直接方式到达事件的基本原因；

④ 与故障树相似，但只显示真正的故障分支；

应用：因果分析通常用于解决人因和设备故障所引发的事件。对于大部分由人因问题引发的事件，在事件调查后期使用此工具通常要容易些。由于其逻辑性和关系，因果分析并不适合作为一种人因问题的主要调查工具来使用。人因问题对事件通常有多种影响，并且往往要到调查后期才会被查明。

4.1.6　故障树分析

故障树分析是更详细调查因果关系的一种工具，它直观地描绘了被调查不良状态发生的所有可能途径。故障树分析以故障树解析图方式创建了事件重构模型。故障树旨在列出所有可能的故障机理，并通过科学研究验证或否认可能的原因，直至确定事件真正的引发机制。对于设备引发的事件，建议采用故障树分析法。

要创建故障树，要为顶上事件选择一个不良系统故障，例如安全系统故障。顶上事件通过逻辑门和/或更基本事件与更基本故障事件相关联。持续这一过程，直至事件无法再扩展。以图 4-5 中"突发火灾"顶上事件故障树为例。通过进一步调查和演绎推论，消除该问题下可能但不切实际的，以及无事实根据的途径/原由，直到只剩下真正的故障途径。

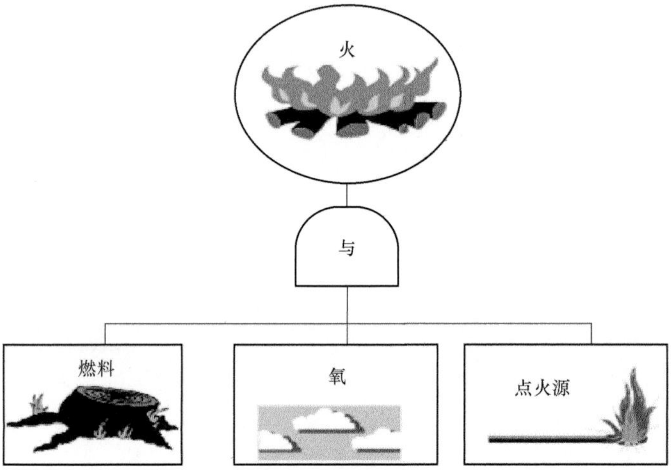

图 4-5　简单的故障树示例

故障树分析工具特征包括：

① 顶上事件为重大事件；

② 与 ECF 图示法和因果分析法相似，但列出了所有分支；

③ 通常用于有多种可能场景的复杂问题的图解；

④ 也适用于表示潜在的未遂事件。

在故障树分析法的其他特征中，值得提出的是：故障树鼓励使用者就某类问题反复询问"5 个为什么"，并在一个图中评估多个可能的问题原因（与鱼骨图上的人力、方法、材料和机械框图相似）。故障树更像是一个基于经验的工具，即：没有预定的问题来帮助使用者为某个树创建分支。

优势：

评估与设备故障有关的事件时推荐使用 FTA，但也可以用于人因相关事件的分析。如果早期采用，有助于识别出调查中首先应关注的领域。为故障树加上注解，以跟踪调查进展，同时一些可能的故障途径可不予考虑。该树也可在临近调查结束时使用，以确保已包含所有可能的场景。对于质量缺陷等重发问题，在故障排查中故障树可能非常有用，因为这类问题通常有共同的原因和子因集合。

局限性：

① 故障树分析法在设计上更适合于识别事件是“怎样”发生的，而不是“为什么”发生。例如，故障树可能明确指向事件链（继电器因过电流工况而发生故障）中的始发故障，但如果我们想要知道为什么存在过电流工况，就需要更深层次的检查；

② 该技术的成功应用依赖于识别出所分析问题的“所有”可信解释。某些情况下可能需要主题专家的帮助，以确保全面分析。

在下列情况下，故障树通常会失效：

① 在查找各层级中多个问题原因时，未以专业方式使用；

② 存在多层级潜在原因，应按每种问题分类整理；

③ 这是观点驱动式工具，故障树通常是因果图和流程的混合体；但在这种情况下，使用者容易失去头绪，无法查明具体的根本原因。

另外，故障树发展到最后终端时，使用者通常会发现：问题根源是管理系统中相同的常见薄弱点（例如培训不足、员工流动过多、沟通不良、程序设计不足），很少发现实际根本原因的各种组合。

4.1.7 事件树分析

该工具用于从初始事件中识别出潜在后果。事件树分析（ETA）是个归纳程序，显示了初始事件、其他事件或因素产生的所有可能后果。它考虑了安装的安全屏障是否发挥了功能。可以识别出设计和程序中的薄弱点，也可以确定意外事件造成的多种后果的概率。

可能需要其他分析，包括确定不理想结果的后果。事件树模型可以单独开发，也可在事件树–故障树模型组合（用于更复杂的事件发展场景）中开发。

事件树构造和分析中的主要步骤：

1）识别（并定义）可能导致意外后果的相关初始事件。我们一向建议从可能导致不良事件发展的首个重大偏离（系统或设备故障、人因或过程扰动）开始。对于每起偶发事件，应识别：a）潜在进展；b）系统依赖性；c）条件系统响应。

2）识别出用于应对事件的屏障。应按被触发顺序列出与特定事件有关的屏障。这些屏障包括：自动检测系统（例如火灾检测）、自动安全系统（例如消防）、报警人员/操作员、程序和操作员行动、缓解屏障。其他偶发事件和/或因素及其屏障，也要尽量按照发生顺序列出。

构造事件树（见图 4–6 和图 4–7）。构造从初始事件（不是最终事件）开始，然后用各个树枝描述如果某个防御线成功（S）或失效（F）会发生什么事。在识别出重大后果或问题后停止分枝。

3）描述（潜在的）合成后果。

4）确定事件频率和事件树枝的（条件）概率。

5）识别出后果后，计算其概率/频率。

6）编辑并呈交分析结果。

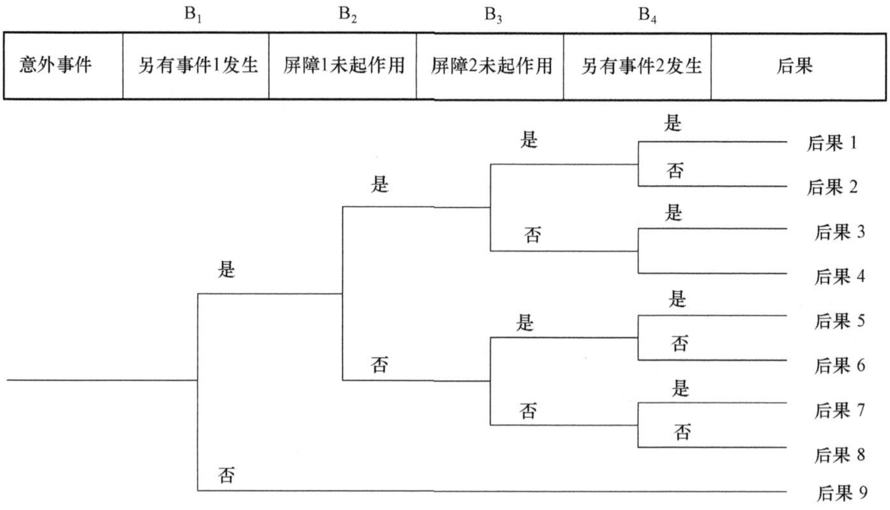

图 4－6　通用事件树简单示例

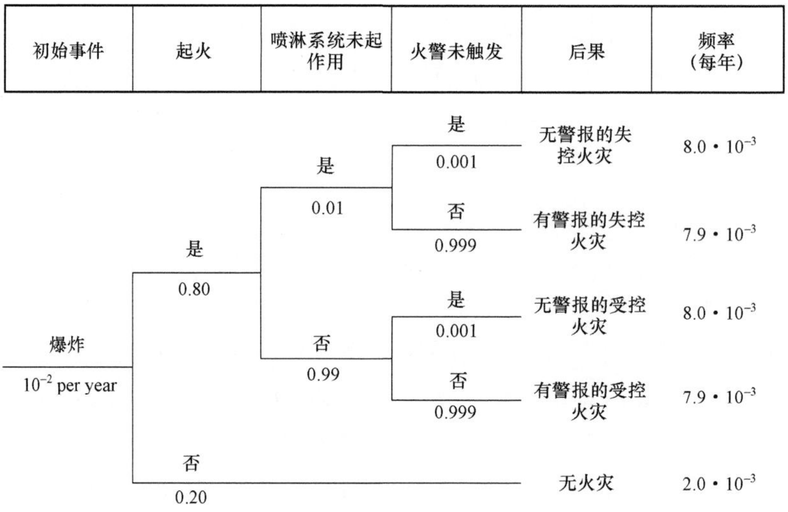

图 4－7　真实事件树的简单示例

应用：它适用于在根本原因分析和概率安全分析中评估事件的安全重要性。如果知道每道防御线的概率，则可利用事件树分析来定量确定各种后果的概率。

各种因素和“多米诺效应”之间的相关性难以用故障树建模，但可用事件树建模。事件树还能确定可采用的纠正行动的有效性：如果实施了建议的纠正行动，通过未来可能故障的定量分析，可防止事件重发。

4.1.8　五问法（为什么阶梯）

五问法是用于探索某问题下因果关系的提问技术。采用五问法的最终目的是确定某议题或问题的根本原因。五问法是指相继问 5 次“为什么”，真正的根本原因可以通过五问法分析，按照一系列“所以”陈述反向回溯。调查员应询问“为什么”直至走出调查范围，或者发现原因不在本组织的控制或期望范围内。虽然许多根本原因过程规定了应该询问的“为什么”次数，实际上“为什么”应一直问到从业务或现实角度来看，发现该问题的解决得不偿失为止。询问“为什么”可能可以持续到第 6、第 7 甚至更多层（见图 4－8）。

应鼓励调查员避开假设和逻辑陷阱，而是从后果开始，通过各级抽象化，沿着因果链随藤摸瓜，直至找到与原问题有关的根本原因。

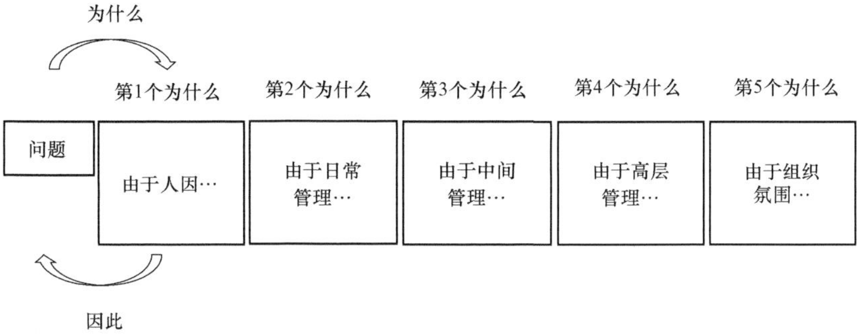

图 4－8　五问法过程实例

优点：

该技术适用于各种事件，可识别出组织薄弱点。这也是一种简单方法，用于质疑用其他方法查明的原因。

如果调查员知道如何正确地连续询问“为什么”，并且能够向最恰当的人员询问，那么就可为该问题查出至少一项根本原因。此方法费时较少，少至 5 min 就可完成五问法分析，且无需使用专用软件、活页纸或阅读材料。如果以可靠方式对同组人员反复询问，可使已经接受过询问的人员产生新的思路。

缺点：

虽然五问法对工程师或技术人员来说是种强大的工具，有助于查明问题的真正原因，但也倍受批评：作为分析根本原因的工具，它过于简单，无法达到确保查明原因所要求的深度。

原因包括：

① 调查员往往止步于症状而不是深入更低层次查明根本原因；

② 无法突破调查员现有知识范围——无法查出他们尚不知晓的原因；

③ 缺少支持，无法帮助调查员正确询问“为什么”；

④ 结果不可重复——对不同的人采用五问法，同一问题会得出不同原因；

⑤ 通常要孤立处理单个根本原因，而每次提问可能引出多个不同的根本原因。

此外，五问法通常只能为考虑中的问题识别出一个根本原因。对于某个给定问题，您需要重复五问法过程数次，以确保识别出了所有根本原因。要有效地进行询问，还要求询问者方面有更高技巧。该技术也不一定能为问题解决者指出类似问题的共有原因。该方法要求具备该问题领域的大量经验和技术知识，从而学会如何正确询问“为什么”，五问法技术并不是光问 5 次“为什么”那么简单。

4.1.9 共因分析

共因分析（CCA）为评估一组相关 CR（状态报告，例如与程序问题有关的所有 CR），找出可能的共同原因提供了一种系统性方法。

重大事件之前，通常有多个由相同起因导致的低级别事件。CCA 有助于识别出共同的起因；一旦完成了这些共同要素的根本原因分析并纠正了问题，应能防止相关重大事件的发生。CR 通常列出不当行动（IA）（例如：未按顺序实施程序步骤，电厂图纸中某零件缺失，填好的工作包未签字等）。CCA 有助于调查员识别出与每项 IA 有关的起因。一旦每份 CR 中确定了一项起因，就要识别出最重要的起因（例如使用帕累托法则）。然后对这一最重要的因素进行进一步分析，识别出应采取的纠正行动，以防止原问题重发（见图 4－9）。

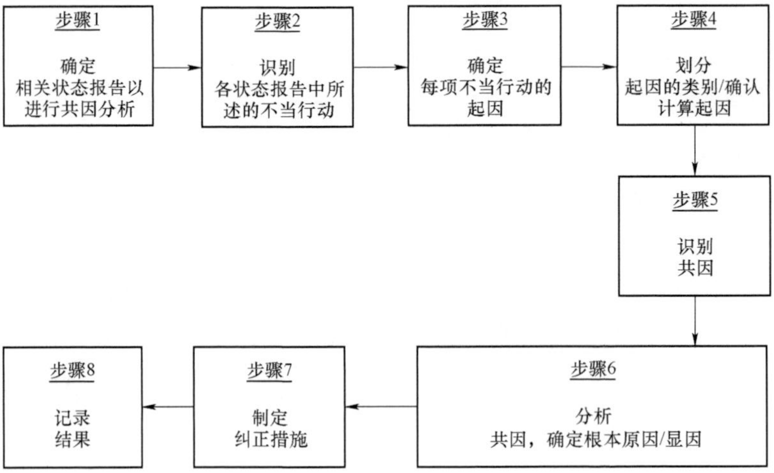

图 4－9 共因分析步骤

采用系统化编码方式有助于加快该过程。

优势：

CCA 是一个可以识别出组织、程序和个人潜在薄弱点的主动过程，而这些薄弱点可能是更重大事件的先兆。该方法适用于查找已知问题领域背后的驱动因素（例如人员污染问题中的不良趋势）。CCA 可用于大量分析 CR，以查找以前未发现的执行问题。

局限性：

CCA 过程中，调查员试着主要根据 OE 数据库中已有信息做出结论。如果被评估的 CR 过少，或者 OE 数据库中关于 CR 的信息不足或不准确，得到的结果是否正确可能会受到质疑。因此，成功识别出共因的概率依赖于两个因素：可用于分析的数据的数量和质量。

4.1.10　故障模式和影响分析

故障模式和影响分析（FMEA）是个识别出所有可能失效及其影响的分步程序，通常用于技术应用，但也可用于过程。FMEA 包括审查示意图、工程图、操作手册等，从而识别出最低层次的基本故障，接着确定其在较高层次上的影响。该方法也被视为一种归纳分析工具。该工具以一个一个的元素为基础，有条理地详细说明所有故障模式，并识别出它们对周围元素或整个系统产生的影响。

故障模式是过程或设备中的错误或缺陷，可以是潜在的，也可以是实际的。影响分析是指研究这些失效的后果。

按照失效后果的严重性，发生的频率，被检测出来的难易程度，对其进行优先级排序。这一工具有助于从优先级最高的失效开始，消除或减少缺陷或问题（见图 4－10）。

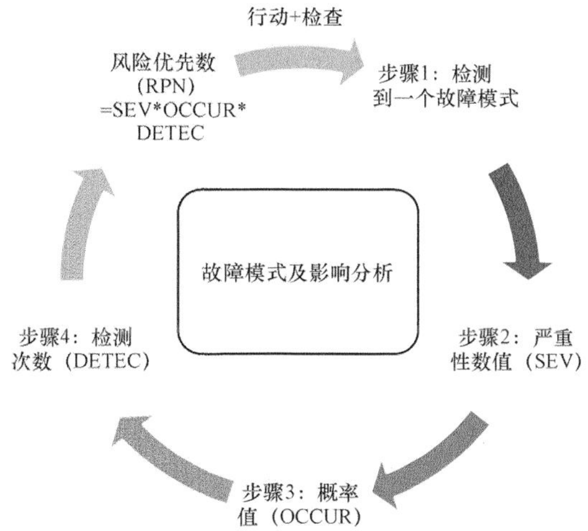

图 4－10　故障模式和影响分析

过程设计中采用 FMEA 来防止后续失效。稍后在程序的持续运行前和运行中，FMEA 用于控制。

FMEA 可用于：

① 在设计或重新设计过程、产品或服务时；

② 在以新方式使用已有过程、产品或服务时；

③ 为新的或修改后的过程编制控制方案；

④ 在为已有过程、产品或服务规划优化目标时；

⑤ 分析已有过程、产品或服务的失效时；

⑥ 定期贯穿过程、产品或服务的整个寿命；

⑦ 帮助查出其他 RCA 工具中的起因。

通用 FMEA 程序包括下列步骤：

① 由具备过程、产品或服务方面多种知识的人员组成跨功能小组。

② 识别出 FMEA 的范围。利用流程图来识别范围，并确保每个组员详细理解。

③ FMEA 表格顶端填入识别信息。其他信息将填入表格相应栏中。

④ 系统、设计、过程或服务功能范围和目的的识别，并用一个动词加一个名词表示。该范围通常分解为几个独立子系统、物项、零件、组件或过程步骤，并识别出每个步骤的功能。

⑤ 对于每个功能，应识别出可能发生失效的所有途径。这些是潜在故障模式。必要时应更详细地重新撰写功能，以确认该故障模式能导致该功能的丧失。

⑥ 对于每种故障模式，识别出对系统、相关系统、过程、相关过程或规定的所有后果。这些是潜在的失效影响。该失效发生时，跨功能小组应询问发生了什么。

⑦ 确定每个影响的严重程度，用严重度等级（或 S）来表示。严重度通常按 1～10 赋分，1 表示不严重，10 表示灾难性后果。如果故障模式不止一种影响，在 FMEA 表中只填写该模式的最高严重度等级。

⑧ 对于每种故障模式，确定所有潜在原因。应采用原因分析类工具，以及跨功能小组的最佳知识和经验。每种故障模式的所有可能原因都应列入 FMEA 表中。

⑨ 确定每种原因的发生频率（或 O）。这一定级估算了在该范围的寿命期间，这一原因导致失效的概率。发生频率通常按 1～10 赋分，其中 1 表示极不可能发生，而 10 表示不可避免。FMEA 表中应列出所有发生频率等级。

⑩ 对于每种原因，识别出当前屏障，即所采用的，防止失效发生的检测、程序或机制。这些屏障可以防止原因发生，降低发生的可能性，或者在已经发生原因后检测出失效。

⑪ 对于每种屏障，确定其可探测等级或 D。可探测等级是指在原因或其故障模式已经发生，但问题尚未出现之前，控制装置能检测出这些原因或故障模式的程度。探测度通常按 1～10 赋分，其中 1 是指控制装置绝对能够检测出问题，而 10 是指控制装置完全不能检测出问题（或者没有控制装置）。在 FMEA 表中，应列出所有探测度。

⑫ 风险优先数或 RPN 的计算，等于 S×O×D。关键性的计算：严重度乘以发生频率，即 S×O。这些数字为按照解决顺序排列潜在失效提供了指南。

⑬ 推荐行动的识别。这些行动可以是设计或过程变更，以降低严重度或发生频率。

这些行动可以是为了优化检测而增加的控制手段。行动责任人和目标完成日期应填入表中。

⑭ 一旦行动完成，应在 FMEA 表中填入结果和日期，以及新的 S、O 或 D 值以及新的 RPN。

优点：

以专业方式评估设备失效的可能原因。识别出所有可能的设备故障模式，分析其对该设备劣化的影响。这是确认原因，帮助确定最有效纠正行动的有效工具。

缺点：

① 该技术耗时较长，需要专业知识来有效地评估可能原因；

② 跨功能小组可能识别不出所有潜在原因；

③ 该技术不能独立使用；

④ 该技术无法展示所分析的具体故障模式以外的因果关系，因此难以用于复杂问题。

4.1.11　人因调查工具（人员绩效）

该工具是在已有工具和模型的理论基础上开发的，用于收集 4 种人因信息，包括（a）事件之前出现的行动错误；（b）未遂事件时的错误恢复机制；（c）导致行动错误的思维过程，以及（d）深层次原因。

如果把事件看成多种不同原因（可分为 4 类）的后果，可根据事件的顺序模型开发 HFIT 结构（见图 4–11）。事件即将发生前的行为为第一类，称为“行动错误”，由第一线人员实施。这些行动错误之前是对所处情况的注意力降低，这也是行动错误的部分原因，因此“情况意识”是第二类。情况意识的降低通常与工作环境对安全的“威胁”有关；或者，可能有一些情况在系统中已存在一定时间而未被识别或纠正（第 3 类）。如果在事件发生前发现并校正了错误或降低的情况意识（错误校正），则产生未遂结果。因此第 4 类名为“错误校正”，可能发生在行动错误或情况意识阶段。这 4 种总共包含 28 个要素。而行动错误元素可进一步分为 22 个“物项”，情况意识元素包含 21 个“物项”，而错误校正元素包含 7 个“物项”。12 个威胁元素可分为“子元素”（$n=43$）和“项目”（$n=271$）。

HFIT 工具的使用可以有多种方法：首先，是访谈法，即调查员依次对每位见证者询问所有问题。其次，可以在见证者访谈完成后再用此工具，即由调查员自己使用此工具，记住他们在访谈中发现的问题。最后，对于以前用其他调查工具调查过的事件，再用此工具回溯检查。

薄弱点：

用此工具获得的结果有矛盾之处。属于资源密集型工具。尤其是在大型国际组织中采用新工具时，其中一个主要问题看起来是成本和资源的影响。

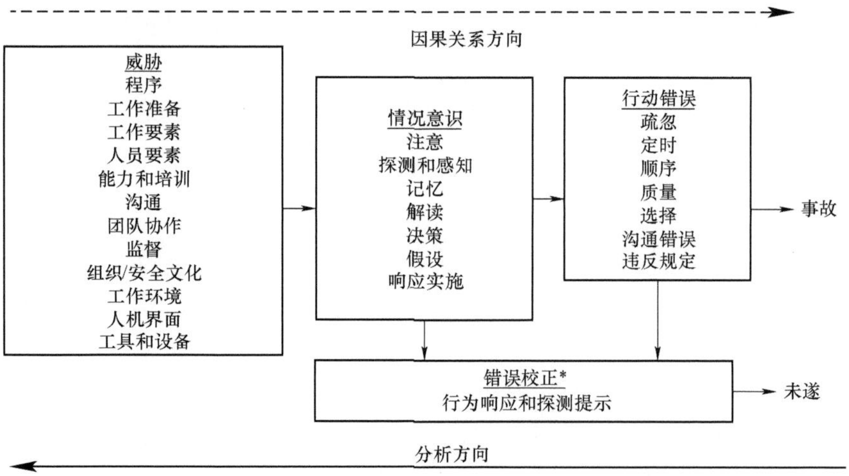

图 4-11　事件因果关系及分析方向 HFIT 模型

4.1.12　Kepner Tregoe 分析

需要对事件调查过程所有阶段进行全面分析时采用 Kepner-Tregoe 法。其优点在于能为信息的收集、组织和评估提供一套高效、系统性框架。该方法包含 4 大基本步骤：

① 情况鉴定，从而识别问题，确定优先级并规划后续步骤；

② 问题分析，准确描述问题，识别并评估原因并确认真正原因；（这一步与变动分析类似）。

③ 决策分析，阐明目的，评估替代方案，评价每个选项的风险，并做出最终决策；

④ 潜在问题分析，识别出可能因纠正行动而导致的安全降级，识别出这些问题的可能原因，采取预防性措施，并规划应急措施。最终步骤是确保在采用建议的纠正行动时，不会因为变动而导致其他系统安全性发生降级。

这 4 个步骤覆盖了事件调查过程的所有阶段，因此 Kepner-Tregoe 法不止用于起因分析。（Kepner-Tregoe 提供的）各个工作表分别关注于 4 大步骤中的某一步。这些工作表中包含了有助于分析的各个程序步骤。这种系统方法能防止忽略问题的任何方面。要使用 Kepner-Tregoe 法，需要正式培训。

Kepner-Tregoe 技术问题分析过程的各个步骤是：

① 问题描述。明确陈述偏差，或者陈述应该发生什么以及实际发生了什么，以此描述问题。为了明确陈述偏差，应收集信息回答下列问题：

- 偏差是什么？
- 偏差在哪里？
- 什么时候发生的偏差？
- 偏差发生到了哪种程度？

② 有了这些信息，为了明确了解偏差，下一步是编制“是”和“不是（未、没有）”比较图。该图应包含以下信息：偏差是什么，偏差在哪里，什么时候发生的偏差，偏差达到了何种程度，以及偏差不是什么，哪里没有偏差，什么时候未发生偏差，偏差未达到何种程度。

③ 列出可能原因。问题分析过程的第二个基本步骤是列出该偏差的可能原因。列出“是”和“不是（未、没有）”清单之间的差异和/或变动，即可生成该清单。然后调查这些差异或变动的原因。

④ 找出真正原因。问题分析过程的最后一个基本步骤是找出偏差的真正原因。该步骤检查可能原因清单，找出最可能的原因。其方法是将所有可能原因与观察到的偏差详情（“是/不是”图表）相比较。如果某原因可能产生所有这些观察到的偏差详情，则确定为可能原因。

明确了所有可能原因后，必须查明并验证真正原因，方法是对最可能原因进行进一步调查、实验、观察等。

用 Kepner-Tregoe 法进行根本原因分析时，确实能产生良好分析工具的基本效益。在确定所需信息，要提出的询问，和何时停止（例如识别出根本原因时）时，此方法为调查员提供了结构化导则。

该方法的主要缺点在于：如果执行根本原因的分析或其纠正行动的确定像是一个“思考”过程，则要求大量的技术培训，并且不断练习。此外，为了验证事件真正原因，可能需要大量时间、能量和资源。然而该方法确实为开发更详细的分析工具，找出反应堆电厂事件的根本原因提供了良好依据。

优势：该系统方法能防止忽略问题的任何方面。

劣势：专利技术，需要许可证，复杂，需要大量技术培训和不断的使用练习。此外，为了验证事件真正原因，可能需要大量时间、能量和资源。

4.2 国外成熟的原因分析方法介绍

4.2.1 人员绩效改进系统（HPES）

HPES 是美国核电运行研究所（INPO）于 1990 年开发的方法。其设计目的是直接针对核设施中人因相关问题的事件调查，广泛应用于核电业。这是一种用户友好方法，使用了大量图形。由于这些原因，其他各个组织出于其特定需要和要求，以本技术为基础开发了其他许多类似于 HPES 的方法，并进行了必要修订，例如：美国核管理委员会（US NRC）使用的 HPEP，瑞典 NPP 运营商的 MTO、韩国 NPP 运营商的 KHPES、日本 NPP 运营商的 JHPES，以及英国 NPP 运营商的 HPES。因此，为了进行优势和局限性评审，一般可考虑将这些方法归为一个方法“流派”。

HPES 法采用了任务分析、变动分析、屏障分析、因果分析和访谈法。事件相关信息在事件及起因图中以图形方式表示。综合事件及起因图显示了直接原因、根本原因、促因、失效屏障及其关联性和独立性。虽然本方法可用于所有类型的问题（技术、程序等），但更适用于确定人因问题。建议团队中有人因专家加入。但是由于这是系统化方法，非专家人员经过短期实践培训就能很好地实用这一方法。事件调查组成员要经常练习方法的使用并参加调查组，从而保持技术熟练。

HPES 法是个系统性过程，用于引导事件调查员首先了解发生了什么，然后再试着去了解原因。为了了解事件中的人因机制（或个人行为），需要查明事件是怎样发生的。为了查明原因，需要确定为什么会出现这种行为，还有哪些因素促成了该事件。以系统方式执行几个步骤（见本文档附件一），就是 HPES 法的使用。

① 任务分析。开始事件调查时，优先考虑的事项之一是尽可能确定需要实施的活动；

② 其他信息收集（例如访谈，巡查等）；

③ 变动分析此步骤旨在探索可能导致事件的潜在情感变化；

④ 屏障分析。

对于每个主要事件和主要影响，应审查任由其或促使其发生的条件。条件是指与可能影响事件进程的状态有关的情况。置于图中（椭圆框）的条件（原因）表明其与影响的关系。对于识别出来的每个条件，要询问为什么存在这种条件，即把条件作为影响来对待，从而确定原因。重复原因–影响过程，直到：

① 原因的纠正已超出组织的控制范围；

② 发现要纠正原因的话，得不偿失；

③ 主要影响得到充分解释；

④ 找不到其他原因来解释被调查的影响；

⑤ 进一步因果分析不会对纠正初始问题产生更多效益。

HPES 起因工作表为执行原因–影响过程，确定事件的实际起因和根本原因提供了指南。根据每条根本原因和失效屏障，识别出纠正行动。纠正行动必须满足下列标准：

① 纠正行动会防止事件重发吗？

② 公司有能力实施纠正行动吗？

此方法主要用于重大事件。HPES 系统有助于识别调查员开始未能想到的潜在促因。充分分析通常平均需要 200～300 人工时。可以用简化方式，较少资源来调查低层级事件。HPES 法具有下列优势：

① 虽然主要用于人因事件，但已证实同样适用于设备和设计相关问题；

② 可由非人因专家使用的系统性方法，在经过关于该方法的短期培训和练习后，可以获得相同结果；

③ 事件及起因图是一种强大的工具，可以用简单易懂的方式介绍事件的起源、根

本原因的发展和失效的屏障；

④ 利用事件及起因图，很容易编制出解决根本原因的纠正行动；

⑤ 单个事件调查的有效工具，许多 NPP 都有成熟的追踪记录；

⑥ 可灵活使用，需要时可以采用简化方式。对于未遂或低层级事件的显因分析来说特别有用，然后用于重大事件前兆趋势分析；

⑦ 已证明只要事件促因是培训和知识薄弱点时，用此工具来识别极为有效；

⑧ 可主动采用，在“易出错”条件和状态导致事件前就识别并纠正它们；

⑨ 以编码方式识别出特殊根本原因和起因，以便分析事件促因趋势。

局限性：

① 本方法不太适用于组织性和程序性因素。难以从单个事件调查中找出管理薄弱点；

② 整个过程的应用极为耗时，尤其是在人员访谈领域。

HPES 和相关技术现已被许多国家和组织所采用。此方法已证明可在各个 NPP 运营商和各种文化中成功应用，必要时可进行修改以满足当地要求。各个组织增加了对这些问题的关注，从而解决了该方法在管理和组织领域中的局限性。

4.2.2　韩国人员绩效改进系统（K–HPES）

KHNP（韩国水电与核电公司）基于 HPES 方法引入了 K–HPES 法（韩国版人员绩效改进系统）。随着根本原因分析法在 2007 年的细化，K–HPES 升级为基于 Web 的系统。

将 HPES 中的行业因素分析替换成操作员的认知模型，就得到 K–HPES 法。该模型利用一套校核项目来发现事件原因。

在此方法中，“事故”用一系列事件来描述，事件再向下追溯，查找根本原因。利用特征表和分类树可以选择一些原因并分类。然后再用屏障分析法进一步分析这些原因，最后与纠正行动相关联。

K–HPES 提供了一棵树和一个特征表。前者的第一层次有 9 个起因；后者则对原因分类。这 9 个起因包括：有缺陷的装置、环境、文档（例如程序）、任务管理、组织、知识、工作量、交流和态度。首层次的这些起因可以进一步分解，直到获得详细的起因。特征表用于查找发生人因错误的人员的功效因素。

4.2.3　日本人员绩效改进系统（J–HPES）

日本电力行业中央研究院（CRIEPI）于 1990 年开发了一种人因错误分析法，J–HPES（日本版 HPES）。HPES 法经充分变更后，成为 J–HPES，使之适用于日本环境。为了系统性地分析并评估核电厂发生的人因相关事件，开发了一个面向补救的系统。该方法特别关注于识别起因，并推导出具体的分层纠正行动建议。

J－HPES 流程包括 4 个阶段：

① 正确了解事件。

② 情况分析（收集人因数据）。

③ 因果分析。

④ 提出纠正行动。

因果分析阶段（阶段 3）适用于每种触发行为（定义为：事件中直接导致机械状态异常变化的人为行动）。该方法是用修改后的故障树启动向下搜索，直至达到最终基础起因。。这一因果关系图阐明了导致触发行为的直接起因，导致直接起因的间接原因，以及导致间接原因的潜在因素。

名为 HINT/J－HPES 的修订后的过程，包含 4 个阶段。HINT 不是缩略语，但要加在方法名称中。因为修订后的版本以基本的因果分析框架形式，包含了优化后的提示。阶段 1 和阶段 4 与原 J－HPES 相比没有变化。阶段 2 中采用了起因参照表，以及作为参考的基本框架，优化了信息收集。该框架也已用于因果分析（阶段 3）以指导向下进行管理因素搜索。分析起因，以图 4－13 所示格式，绘出因果关系图。

该方法主要由日本核电业采用。

识别了触发行为后，图 4－12 所示的人因错误事件分析基本框架用于因果分析。首先在作为工作层面的实施阶段，应检查与人员相关的因素。这些因素涉及工人或工作组成员。其次检查局部工作场所因素，例如任务要求和工作环境。之后检查工作控制方式，例如流程和工作包的编制。最后分析管理因素，例如培训、质量控制和安全文明。

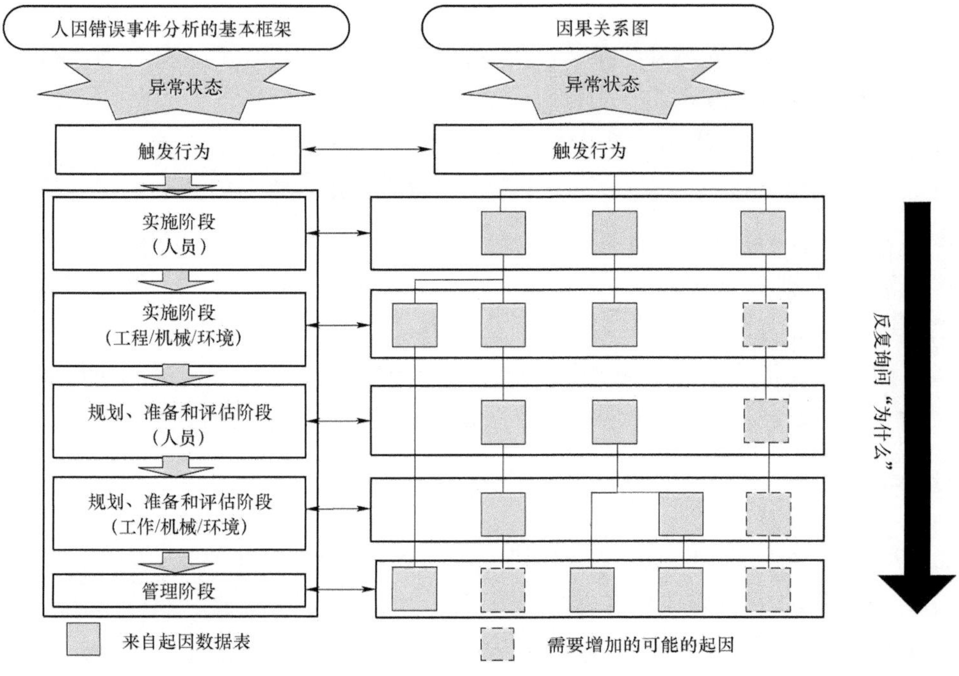

图 4－12　HINT/J－HPES 法

为了帮助人因知识不足的调查员识别出起因，基于此框架，总结了起因参考清单。

所需资源和技能：

需要有一个数名成员组成的调查组。组员接受过人因方法培训，组长具有管理经验。

4.2.4　人–技术–组织调查（MTO）

MTO 是个系统性理论，关注于人、技术和组织之间的互动。这是瑞典核电业所采用的 HPES 方法的修改版本。该方法采用了三个基本工具：事件和原因分析、屏障和变动分析。利用事件及成因流程图来构建过程。MTO 调查主要用于与人员和组织因素有关的重大事件。

在一个事件调查中，应同等关注人员、组织和技术因素，这是 MTO 分析的基础。如前所述，MTO 分析以三种常用工具的采用为基础：

① 利用事件图和原因图进行结构化分析；

② 描述事件是如何偏离较早事件或常见惯例的，进行变动分析；

③ 识别失效的或缺失的技术和行政屏障，进行屏障分析。

MTO 分析第一步是纵向编制事件顺序，用方框图描述事件顺序（见图 4–13）。然后分析师应识别出每起事件中可能的技术和人员原因，并在图中垂直于事件绘出这些原因。

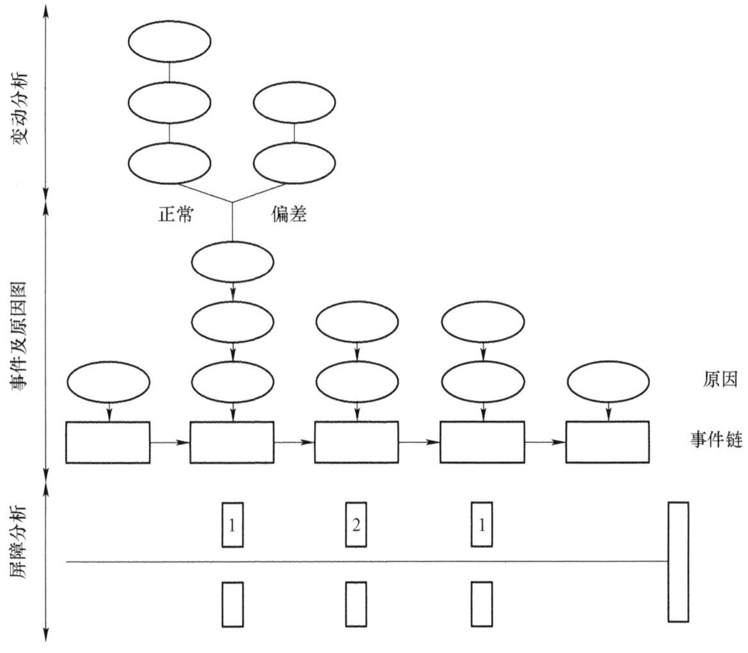

图 4–13　MTO 分析工作表

下一步是进行变动分析，即评估事件进展中的某些方面是如何偏离正常状态或普通实践的。同样在图中绘制正常状态和偏差。

调查员必须进一步分析在事件发展过程中，哪个技术、人员或组织屏障出现失效或缺失。调查员同样必须在图中事件下方绘出所有缺失或失效的屏障。分析中的基本问题有：

① 什么可以防范事件继续发展？

② 组织为了防范事件，过去曾做过什么？

MTO 分析中最后一个重要步骤是识别并提交建议。建议应尽量现实且具体；建议可以涉及技术、人员或组织。

4.2.5 人员绩效评估过程（HPEP）

人员绩效评估过程是一项为美国 NRC 检查员开发的资源。在审查关于人因的持照者问题和解决计划时，可采用这一过程。该过程分为两大部分。在识别、分析和解决人因问题中，第 I 部分介绍了审查持照者有效性的分步过程。第 I 部分还解决了识别和调查人因问题中的难题，描述了三种根本因分析技术，并讨论了有效纠正行动大纲的特征。第 II 部分包含 HPEP 原因树和模块。原因树是种筛选工具，可为人因问题识别出可能的原因范围。模块描述经常发现的人因问题原因，并提供实例。对于第 I 部分中识别出来的人因问题，第 II 部分用于帮助进行持照者根本原因分析和评估。

人因错误可能在某事件顺序中起几种不同作用：一个错误可能：

① 直接导致事件；

② 形成一些促成事件的条件，并与其他事件或条件一起，使得事件发生（例如本该关闭的阀门任其开启）；

③ 使某事件的后果更为严重；或者

④ 延迟事件的恢复。

人因错误通常促成事件而不是直接导致发生。实际上，单个人因错误很少直接造成重大事件，因为大部分涉及核过程的系统，在设计上具有容错性，即在设计上能防止单次人员作为（或不作为）造成具有重大后果的事件。有重大风险的事件往往涉及几个系统的缺陷，其中一些缺陷可能在事件发生前就存在了很长时间。例如系统初始安装中的错误可能为数月或数年后另一起触发事件的人因错误打下了基础。调查某事件所涉及人因错误，其重要性在于了解其发生原因，从而编制纠正行动以尽量减少重发的可能。另外，在这些错误导致事件之前检测并纠正错误形态，这一点也很重要。人因趋势是相同起因所产生的相关错误的形态。

HPEP 不替代已有的 NRC 检查程序。HPEP 的目的是在检测和解决人因问题时，帮助 NRC 人员审查所发现的持照者问题和解决计划的有效性。为评估持照者人因问题调查情况，根本原因分析和纠正行动提供了多种方法。

HPEP 第 I 部分包括：

① HPEP 概述；

② 人因问题审查；

③ 识别人员绩效问题及其原因；

④ 人因调查方法；

⑤ 评估持照者的根本原因分析；

⑥ 评估纠正行动大纲。

HPEP 第 II 部分包括：

① HPEP 原因树和模块概述；

② 适勤性；

③ 知识、技能和能力；

④ 注意力和动机；

⑤ 程序；

⑥ 工具和设备；

⑦ 人员配备；

⑧ 监督；

⑨ 人机界面；

⑩ 任务环境；

⑪ 沟通交流；

⑫ 协调和控制。

4.2.6 管理失误和风险树（MORT）

MORT 方法是一种用于调查事件的原因和促因的分析程序。MORT 方法反映了美国能源部为确保能源行业的高水平安全和质量保证所执行的“34 年计划”的核心理念。

MORT 最初是为分析具有核安全重要性的事件（其中显然会涉及组织和管理问题）而开发的一种方法，后来被用于更一般的事件调查和安全评估。MORT 方法分析某个组织有效管理其风险的功能。这些功能已得到一般性地描述；其重点是“什么”而不是“如何”，这使得 MORT 可以被应用于不同的行业。MORT 反映了一种理念，即认为管理安全的最有效方法就是使其成为企业管理和运营控制的一个组成部分。

根据 MORT 系统的理念，事件是因为没有采用充分的屏障和/或对不需要的能量转移进行控制，致使“能量通量”没有得到正确控制才引起的。它是基于通过几个相互连接的故障树进行分析，每个故障树都代表一个调查领域，并使用预先确定的检查清单填写故障树。利用一份预先确定的检查清单，其中包括大约 100 个一般问题和 200 个基本原因。这项技术的实施具有一定的复杂性，需要专家用户来完成调查，并且需要花费相对较高的工时和资源。此技术的某些版本已被注册为商业产品，并由软件支持以加快诊断。

MORT 方法包括三个步骤：

步骤 1：定义要分析的事件；

步骤 2：根据不需要的能量转移来描述每个事件的特征；

步骤 3：评估这样一个假设，即不需要的能量转移是在发生事件的活动中如何管理风险的结果。

使用一个被称为“能量追踪和屏障分析”的程序来支持步骤 1。在这一步骤中，分析人员试图识别一组完整的事件，并清楚地定义其中每一个事件。如果不首先进行能量追踪和屏障分析，即使是表面浅层次的分析，也很难使用 MORT。

在第 2 步中，分析人员调查了能量是如何与人或设备交换的。这种将事件描述为一系列“能量交换”的方式被提出作为科学分析事件的一种手段。在同一个调查中可能需要考虑几种不同的能量转移。在这一步骤中，分析人员的目标是了解伤害、损害或危险是如何发生的。

在第 3 步中，分析人员考虑如何管理活动。这个步骤涉及分析人员调查这些活动和资源特有的“就地”管理。分析人员也会调查“上游”原因，在其中寻找与事件相关的人员、设备、流程和程序的管理和设计决策。

4.2.7　通过组织学习来提高安全（SOL）

SOL（Sicherheit durch Organisationales Lernen）通过组织学习来提高安全最初是由柏林大学与 TÜV 合作开发的。它需要一个多专业的团队来确保获得广泛适用的方法。

SOL 方法包括对人以及技术、组织和管理因素的识别。在分析的第一阶段，收集事件数据，而不质疑其重要性（见图 4－14）。在第二阶段中，以事件要素的形式组织这些数据，作为人员、组织单位或系统执行的单个行动。然后，按时间顺序对每个因素（称为“行动者”）进行分类，并用图形化的行动者－行动－时间来表示。该方法使用一组预先确定的直接原因和促因。根据选定的直接原因，该方法提出了需要解决的问题，以帮助确定促因。将这些要素依次添加到图形化的行动者－行动－时间中，有助于推进调查和进一步收集信息。

SOL 方法使用逆向问题解决过程来分析事件。SOL 在两个标准化的过程步骤中采用事件分析的概念：（1）对实际事件情况的描述；（2）对促因的识别。

作为分析的第一步，首先构建了情景描述。通过访谈和文档分析收集描述事件所需的信息。一组问题有助于分析人员提出正确的问题，以便完全重建事件的过程。

收集到的信息被分解成一系列事件构建块，即事件被分解成一系列单个的微事件，以澄清和说明发生了什么。对于每个事件构建块，根据行动者（人和技术行动者）、行动、行动时间点、位置（操作发生的位置）和附加备注对信息进行分类。因此，一个事件是由不同行动者的一系列单个动作决定的。事件的起点（即第一个事件构建块）

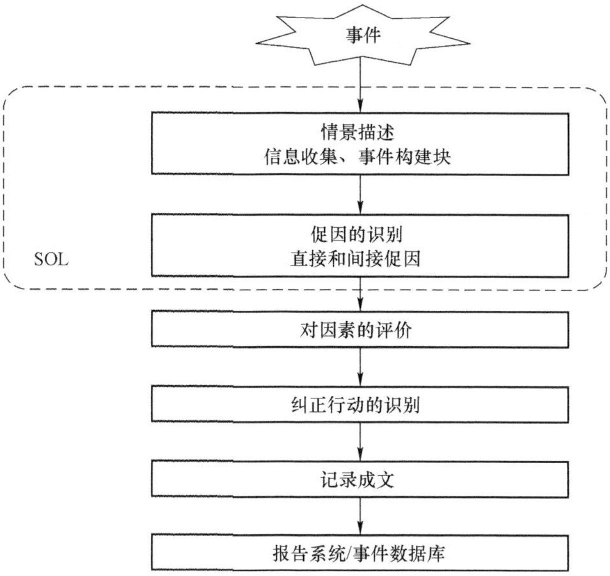

图 4-14　SOL 和 SOL-VE 分析程序

被定义为与保证的行动过程的第一个偏差。通过按正式程序和技术系统设计或基于事件分析人员评估的“正常”系统性能来对比这些动作，从而来识别这些偏差。端点（即最后一个事件构建块）被定义为安全系统状态的恢复。

情景描述仅说明可观察到的事实（发生的情况）。不应将未显示的行动以及关于潜在原因的假设纳入情境描述。每个事件构建块都以图形方式排列在时间-行动者图中，该图提供在对事件进行重新梳理后获得的有关事件的概述，并作为后续识别促因的重要信息来源。

按照以下方式进行促因的识别，即执行第二步：对每个事件构建块进行单独的分析。识别辅助系统可支持对潜在促因进行分类，这些促因涉及个人、技术、团队、组织和组织间的各个方面，以确保调查的范围充分。

为了支持对促因的识别，会给每个因素指定一个一般问题。例如，将“工作条件”因素转化为“工作条件是否会对操作员的绩效产生影响？”。对每一个因素都给出了几个具体的例子来支持分析人员，例如：对“工作条件”，例子就包括时间压力、噪声、热量、光线或干扰等。因此，为确保分析的全面性，该辅助系统包含了与可能的促因有关的一般性问题，这些因素涵盖了所有五个子系统。

由于假设一名事件分析人员可能不是一名专门的人因专家，因此该辅助系统还举例说明了促因的潜在影响，目的是刺激创造性的问题解决过程。这些例子非常具体，足以涵盖很多潜在促因，但并未详尽所有因素。为了保证分析的全面性，所有一般性问题都与其他问题联系在一起。这些所谓的交叉引用是有理论和经验基础的。如果一个问题的答案是肯定的，则该小组会被引导回答另一组问题，以确定其他潜在的促因。

促因大致分为直接因素和间接因素。分析过程从识别直接因素开始，这些直接因素与因交叉引用所产生的一些间接因素相关联。例如，如果识别出了直接因素“个人表现”，则会给出对间接因素，如“培训”的交叉引用。通过这些交叉引用，应能克服单一因果思维和主动错误的过度加权。最后，将识别出的所有促因添加到时间－行动者矩阵（见图 4－15）中，从而依次完成事件及其原因的重建。

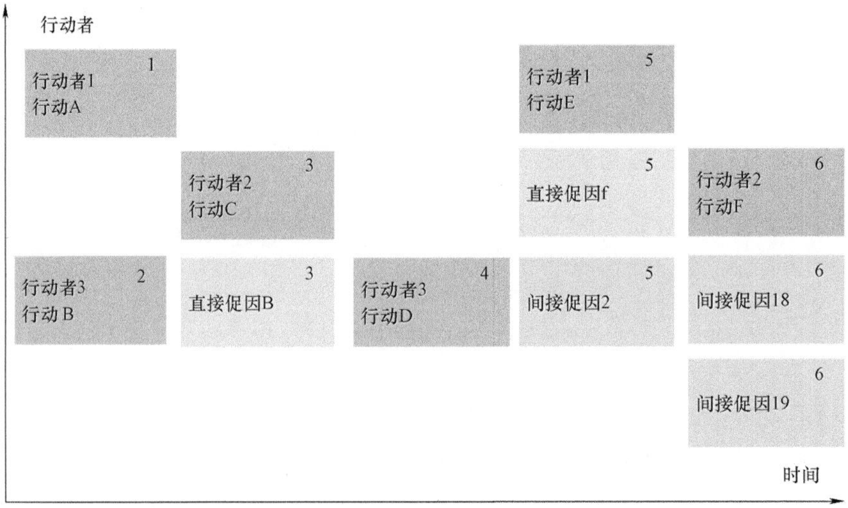

图 4－15　含有促因的 SOL 时间－行动者图示例

这是一套三条具体指导原则，其目的是支持事件分析过程，以确保其标准化的行为，同时调动专家知识和分析的创造性，这可以与逆向问题解决过程相比较：

1）描述情况的指导原则：事件被分解为一系列事件部分，即不同行动者（人或机器）的单个动作、事件构建块，在此阶段不应确定任何促因。

2）识别促因的指导原则：在描述情况时识别的每个单一行动（代表“事件构建块”）都应该通过问“为什么”来分析。

3）报告事件的指导原则：事件描述是对分析过程的全面记录，为核电厂内部组织学习提供了主要依据。该指导原则确保了所有核电厂报告的标准化；它包含了事件报告的作用、形式和编写信息，以及统计分析的促因分类信息。

SOL-VE（SOL-Versio Electronica）是一种基于计算机的事件分析软件工具，包括事件管理和数据库内的相关纠正行动。该应用程序包括数据库功能，允许对所有事件调查结果的各种根本原因进行趋势分析。

4.3　重大安全事件分析小组（ASSET）

ASSET 是国际原子能机构在 1991 年开发的一种方法，用于调查由国际原子能机构领导的小组进行的具有重大意义的与相关管理和组织问题有关的事件。由 ASSET 方法确定的问题和纠正行动通常处于高水平，更适用于管理政策和策略，具有普遍性。

根据 ASSET 方法，核电厂的工作过程有三个基本要素：人员、程序和设备。在执行工作流程中出现错误的原因必定是其中一个或多个基本要素存在缺陷。ASSET 方法基于以下逻辑：即事件总是由于潜在缺陷（直接原因），而且由于工厂监督计划的失效（根本原因）未能及时将其消除，导致因（人员、程序或设备）未能按预期执行而发生。在 ASSET 分析中，事件被分解成逻辑上相关的事件，这些事件可归因于人员、程序或设备的单一故障，并确定每个事件的直接原因和根本原因，以确定消除直接原因和根本原因的纠正行动。

ASSET 方法的基本方法如图 4－16 所示。

图 4－16　ASSET 方法

表 4－2 显示了事件根本原因分析表。根本原因分析的目的是准确地确定发生的事情和原因，从而有助于预防事件重发。根据 ASSET 方法，根本原因分析分为三个阶段，即：

① 调查：确定具体发生的事情，明确构成事件的所有情况及其时间和逻辑关系；

② 分析：对所选（或全部）事件进行分析；

③ 提出建议：确定建议所依据的纠正行动。

优点：

① 对一般事件的调查有用；

② 有助于调查具有相关管理和组织方面的安全重要性的单一事件；

③ 有助于对大量确定存在重发趋势的事件进行回顾性审查。

局限性：

① 使用了与其他技术不同的术语和根本原因定义；

② 由于该方法识别了管理、组织和更高政策问题方面的不足，因此需要具有实践经验的知识渊博的高级职员来进行分析；

表 4－2 事件根本原因分析表（空白）

<table>
<tr><td colspan="2">IAEA</td><td colspan="4">事件根本原因分析表</td><td colspan="6">ASSET</td></tr>
<tr><td colspan="2">事件标题：</td><td colspan="4"></td><td colspan="6">触发事件的失效引起的安全后果</td></tr>
<tr><td colspan="6">安全业绩
事件：什么未按预期执行？</td><td colspan="6" rowspan="2">电厂的纠正行动</td></tr>
<tr><td colspan="2">事件标题：</td><td colspan="4"></td></tr>
<tr><td colspan="2" rowspan="3">故障的性质</td><td></td><td>人员失误</td><td>操作过程中发生故障导致的事故</td><td></td><td colspan="2" rowspan="3">适当</td><td colspan="2" rowspan="3">综合</td><td colspan="2" rowspan="3">已实施</td></tr>
<tr><td></td><td>设备故障</td><td rowspan="2">通过定期测试发现的缺陷事件结果</td><td rowspan="2"></td></tr>
<tr><td></td><td>程序失效</td></tr>
<tr><td colspan="4">安全问题：
直接原因：为什么会发生？</td><td colspan="2">如何消除问题？
（ASSET 采取的纠正行动）</td><td>是</td><td>否</td><td>是</td><td>否</td><td>是</td><td>否</td></tr>
<tr><td colspan="2">未能按预期执行的要素的潜在缺陷</td><td colspan="2"></td><td colspan="2">Ⅰ</td><td></td><td></td><td></td><td></td><td></td><td></td></tr>
<tr><td colspan="2">存在潜在缺陷的原因：</td><td colspan="2" rowspan="3"></td><td colspan="2" rowspan="3">Ⅱ</td><td rowspan="3"></td><td rowspan="3"></td><td rowspan="3"></td><td rowspan="3"></td><td rowspan="3"></td><td rowspan="3"></td></tr>
<tr><td>操作之前不合格。质量控制差。</td><td></td></tr>
<tr><td>操作过程中资格降级。预防性维护差。</td><td></td></tr>
<tr><td colspan="4">安全文化：
根本原因：为什么没有得到预防？</td><td colspan="2">如何防止重发？（ASSET 采取的纠正行动）</td><td rowspan="4"></td><td rowspan="4"></td><td rowspan="4"></td><td rowspan="4"></td><td rowspan="4"></td><td rowspan="4"></td></tr>
<tr><td colspan="2">及时消除潜在缺陷的不足：</td><td colspan="2" rowspan="3"></td><td colspan="2" rowspan="3">Ⅲ</td></tr>
<tr><td>探测</td><td></td></tr>
<tr><td>恢复</td><td></td></tr>
<tr><td colspan="2">缺陷存在的原因在以下方面政策不当：</td><td colspan="2" rowspan="3"></td><td colspan="2" rowspan="3">Ⅳ</td><td rowspan="3"></td><td rowspan="3"></td><td rowspan="3"></td><td rowspan="3"></td><td rowspan="3"></td><td rowspan="3"></td></tr>
<tr><td>监控</td><td></td></tr>
<tr><td>反馈</td><td></td></tr>
</table>

③ ASSET 方法确定的问题和纠正行动通常处于高层级，与管理政策和策略更相关，具有普遍性。

这使得制定简洁、可衡量和可实现的纠正行动变得困难；

④ 国际原子能机构不再支持 ASSET 服务，因此，国际原子能机构可能不再提供 ASSET 方法的培训和进一步改进。

当将 ASSET 方法应用于安全重要性有限的离散事件时，会产生更高管理级别的根本原因，从而产生更多的全局性纠正行动。由于与高成本和所有权和责任心不足有关的问题，所以这类行动难以实施。现有经验表明，在这方面应用其他可用的方法比

ASSET 方法能更有效地处理离散事件。

4.3.1　TapRoot®

TapRooT®系统是将事件事实按时间顺序组织起来、调查和分析这些事实、确定原因、确定根本原因以及制定解决问题的纠正行动的过程和技术。

TapRoot®系统结合了归纳法和演绎法，对可确定的问题根本原因进行系统调查。该系统由软件支持，并提供可趋势化的事件/根本原因数据库和纠正行动管理数据库。

TapRoot®系统基于这样一个概念：即每个错误都可以被分类和处理。根据该系统，对每一事件的调查都应首先将问题的每一个因果因素归因于四个初始类别中的一个：a）人因困难；b）设备困难；c）自然灾害/破坏；d）其他。然后进行进一步分析，通过选择或消除足够详细的子类别来寻找根本原因，从而进一步挖掘出原因。

TapRooT®可用于设备故障排除和根本原因分析，它包括有 2 000 个设备故障排除表，可用于查找人因和设备相关问题的根本原因。

TapRooT®系统采用 7 步顺序流程，每个步骤都由软件工具根据屏障分析、变更分析、事件和因果因素分析进行辅助。这 7 个步骤和使用 SnapCharT®执行的事件的图形表示见图 4－17。

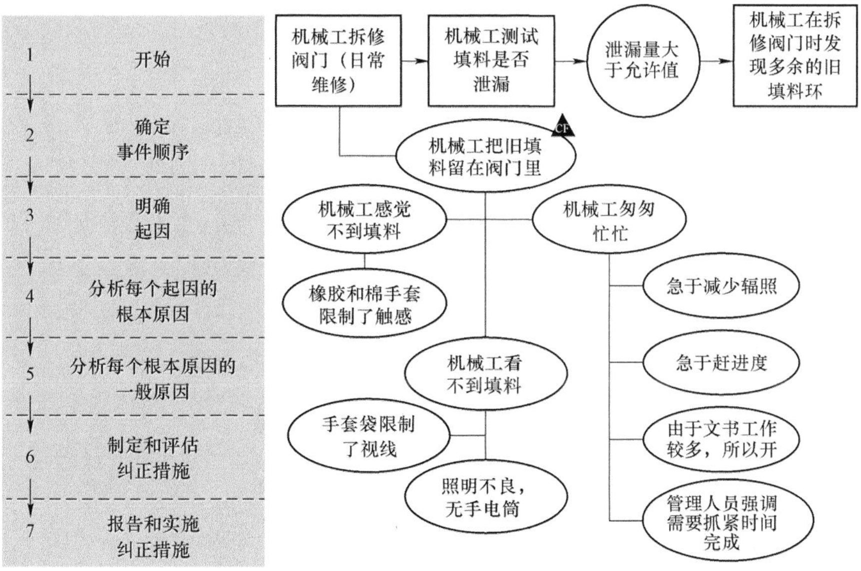

图 4－17　TapRooT®系统的 7 步顺序流程

4.3.2　阿波罗根本原因分析

阿波罗（Apollo）根本原因分析（ARCA）方法基于这样一个假设：即分析的目的不是寻找根本原因，而是找出最有效的解决方案来防止主要影响。这种解决问题的方法不使用任何预先定义的分组、分类方案或可能原因和因果因素的检查表，而是基于因果原理。它提供了四个基本假设，使我们能够以简单的结构化方式理解现实。

这四个假设如下：

① 因和果是一样的。

② 原因和结果是“无限连续体”的一部分。

③ 每种结果至少有两种以行动和条件形式呈现的原因。

④ 只有在时间和空间的同一点上存在其原因，结果才会存在。

阿波罗根本原因分析方法分为四个阶段：

① 定义问题。

② 创建“现实图”。

③ 确定有效的解决方案。

④ 实施最佳解决方案。

阿波罗根本原因分析（ARCA）从一个完整的问题定义开始，它应包括四个要素，体现为对以下问题的回答：a）问题是什么（主要影响，应防止重发）；b）何时发生；c）在哪里发生；d）问题的意义所在。

现实图有五个要素或步骤：

① 对于每一个主要影响，都应该询问“为什么”。

② 必须在行动和条件中调查主要影响的原因。

③ 所有原因都必须与“引起原因的因素”相关联。

④ 所有原因都必须有证据支持。

⑤ 每个原因路径都必须以符号“？”结束或者找到一个原因来中止。

执行这五个步骤可得出基本的因果集，该因果集由一个结果及其直接原因，即一个行为和一个或多个条件组成。然后将每个原因都视为结果，并重复五步过程，生成下一个基本因果集。通过继续进一步执行这一过程，将基本因果集结合起来，形成一般性现实的反映。有四个有效原因可中断现实图的扩展：a）达到所需条件，b）达到不受控制的情况，c）找到需要单独分析的新的主要影响，以及 d）找到更有成效的原因路径。

根据从现实图中确定的原因，确定预防重发的潜在有效解决方案。在对每个解决方案都进行审查之后，根据以下标准确定最佳解决方案：

① 防止发生；

② 在控制范围内；

③ 达到既定的目的和目标（不造成其他不可接受的问题，并为其成本提供合理的价值）。

4.3.3 REASON®

REASON®既是一种方法，也是一种系统软件。REASON®方法是一种标准操作程序，它指导调查人员在正确的时间提出正确的问题以获得正确的答案。

REASON®根本原因分析是一个要从多方面考虑的专业学科，它使用标准的、可重复的查询过程引导用户调查事件。这个流程指导用户根据因果事实按照逻辑重构事件。此调查方法不是基于列表或模板中预先确定的问题，而是基于事实本身的性质创建一系列问题的过程。REASON®流程确保询问某个事件在逻辑上所需要的问题。在此过程之后，将创建该事件的树形模型。

该树形模型以图形方式表示事件的事实，并描述这些事实如何连接成网络，以生成正在调查的整个事件。该树形模型还指出了可能中断因果网络的解决方案，从而实现对不需要的事件的预防。

这种方法通常会调查导致事件的系统失效（组织失效），也可能有助于回答事件的系统性“原因”，以及补充回答“如何”和“何时”。

4.3.4 PROACT®

PROACT®是一种提供工具来记录、验证、报告和跟踪调查结果和建议的方法。该方法确定了某个组织最重大的年度损失，并提供了工具来确定所有原因，然后消除其在未来的重发性。最终结果是，它构建了一个业务案例，其中事件是基于投资回报率（ROI）的根本原因分析的最佳候选事件。

PROACT®逻辑树是因果关系的一种表达，它表示一种不希望出现的结果。这些因果关系用事实证据加以证实，见图 4－18 所示。

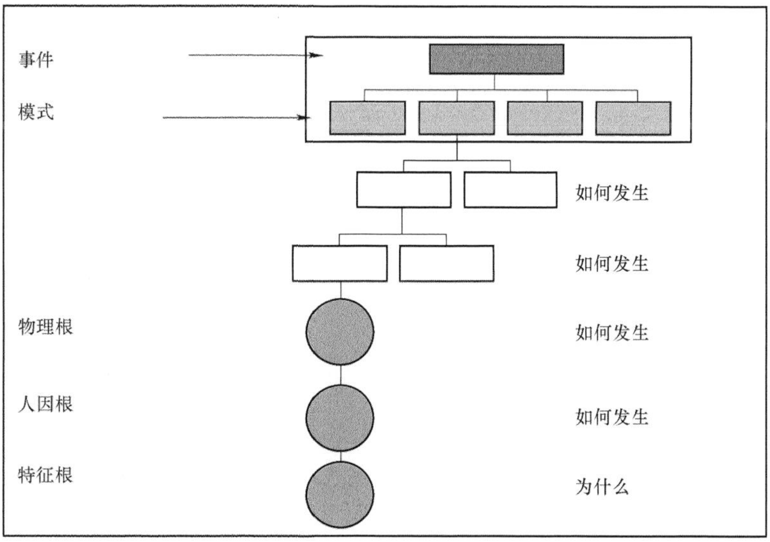

图 4－18　PROACT®逻辑树的结构

PROACT®软件允许：

① 用户预览并选择最符合任何故障分析相关条件的适当模板；

② 用户深入研究任何故障机理下发生的事情；

③ 在分析事件时所见的因果关系中发现相关原因的多层次细节；

④ 将图形结构和文本的删除或修改作为新的/额外的故障原因进行识别和发现。

MORT 图表上的每个主题在预先提供的一组问题中都有相应的问题。MORT 中的问题按特定的顺序提出，该顺序旨在帮助用户澄清事件周围的事实（图 4-19）。分析人员专注于事件的背景，确定哪些主题是相关的，并将手册中的问题作为资源来安排他/她自己的调查。与调查中应用的大多数分析形式一样，MORT 帮助分析人员构建他们所知道的结构，并确定他们需要找出什么；大多数是后者。MORT 分析的重点是分析人员的调查和思考。

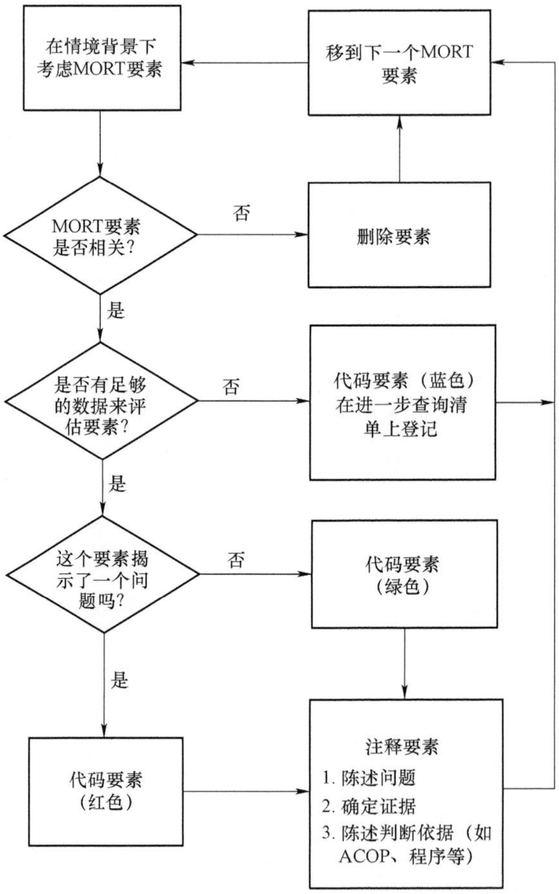

图 4-19 利用 MORT 图表的工作顺序

MORT 是一种经过验证的免费使用的方法。它着眼于整个管理结构，使用细化的故障树，并放弃多达 1 500 个潜在的原因。MORT 使用屏障分析并确定管理层所承担的风险。有计算机化版本可用。MORT 很容易适应于简单事件的快速分析。

局限性：

① 由于存在大量的任务分析，一些人认为它们是复杂、昂贵和耗时的分析；

② 某些版本的 MORT 和相应的软件是一种商业产品，需要付费才能使用；

③ 不适合核电厂工作人员在日常调查中使用。

第 5 章 纠正行动制定与执行

5.1 基本要求

纠正行动是指核电厂在运行、维修、技术支持等所有生产及生产准备中发生的执照运行事件（LOER）、内部运行事件报告（IOER）、关注事件（CQ）、外部运行事件报告（EOER）、外部事件反馈单（FA）和二级分析报告等电厂事件报告所产生的全部纠正行动。

各核电厂设有自己的经验反馈（OE）流程，如图 5-1 所示。OE 流程包括内外部经验反馈，纳入了所得的经验教训，用以提高电厂的运行安全和可靠性。图 5-1 为典型经验反馈图示例。经验反馈流程的各个环节对减少核电厂偏差管理流程都很重要，但纠正行动是其中最重要也是最后一环节，通过纠正行动对原因及其他可能的影响加以纠正，从而避免事件重发并改进核电厂相关工作的质量以不断提高核电厂的运行业绩。

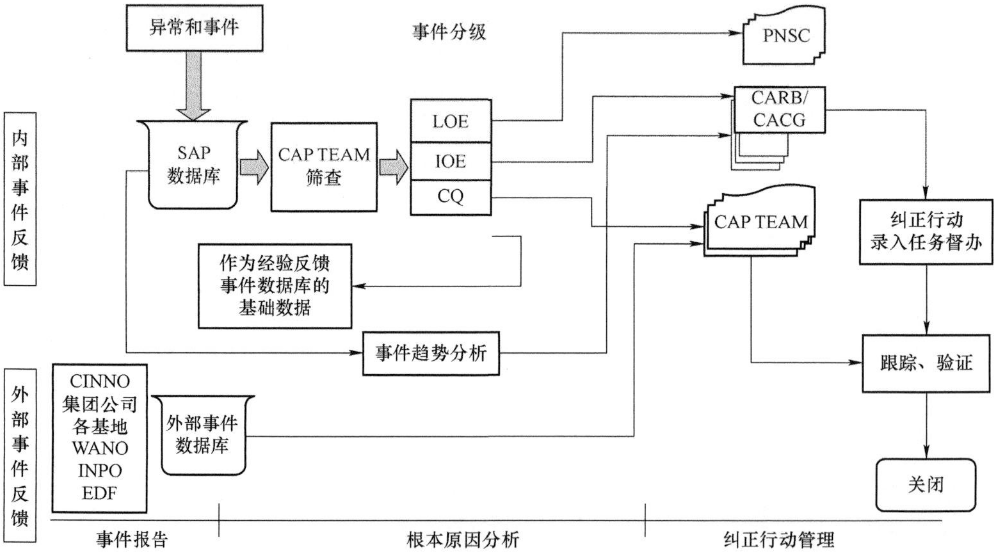

图 5-1 典型的经验反馈流程

纠正行动制定原则

1）多起人因事件的纠正行动只有培训宣贯，未采取其他措施，无法避免事件重发。

指引：对于人因事件，培训宣贯是一个机制，但无法避免事件重发，或者是新进人员重犯，因此此类事件制定行动时需考虑到文件、程序等的固化或者设备的改进完善。

2）纠正行动归类存在错误，针对根本原因的行动被作为扩展行动等。

指引：纠正行动制定需有针对性，即针对根本原因的行动需纳入根本原因的纠正行动，扩展行动一般跟原因无直接关系，可能为后续机组反馈或其他改进、预防措施。

3）纠正行动中经常未制定反馈至其他机组的相关行动。

指引：针对多机组电厂，如可能或去顶存在共性问题，需要其他机组反馈。

4）多个纠正行动的负责单位、关闭条件、期限只有一个，或一个纠正行动多个负责单位，或纠正行动负责单位为非本公司专业。

指引：制定纠正行动时，一般是一个行动对应一个负责单位、关闭条件及期限，如存在一个行动需要多个专业落实的，需将多个专业分行写，同时关闭条件和期限也应该分开填写；行动的负责单位必须是宁德公司的专业部门。

5）纠正行动期限未具体到年月日。

指引：纠正行动完成期限必须是明确的，具体到年月日，而不应出现“N101 大修”“N201 大修”等日期不确定的期限，才能保证任务督办的录入及跟踪。

6）技术性关闭条件与行动内容无关、不对应或不具备可验证性。

指引：技术性关闭条件指关闭此纠正行动的条件，关闭条件首先要与行动内容相关，其次要可以证明该行动已完成，最后还需要记录文件可供验证关闭，如“培训宣贯”的关闭条件是“培训签到表”“升版程序”的关闭条件可以是“已升版的程序”，所以也可以理解成关闭行动需提供的验证材料，因此在制定关闭条件时可以用验证材料名称或命名作为关闭条件。

5.2　纠正行动的重要特性

5.2.1　总体特性

纠正行动只有在以下总体特性得到充分解决之后才会变得有效：

① 管理层制定政策，使整个组织联合起来，有效落实纠正行动，为期望和优先级制定准则。

② 电厂管理层积极鼓励电厂人员（包括承包商在内）识别和报告事件。报告标准和报告体系规定明确、耳熟能详。

③ 报告的事件和小偏差按照其实际的或潜在的后果及时筛选、评价。

④ 调查重大事件和重发问题的根本原因，识别出有效的纠正行动。

⑤ 低重要性事件的调查可能会重在纠正即时原因和趋势分析上，可能不会解决其根本原因。

⑥ 由知识技能丰富的人员运用定义完善的根本原因分析技巧开展重大事件和重发问题的调查。

⑦ 由调查得出根本原因、促成因素和直接原因。

⑧ 对 OE 指标（从重大事件、低级别事件、未遂、易失误情况的报告、筛选和调查中收集数据）进行趋势分析，找出系统的弱项、组织内的通用问题或弱项。

⑨ 电厂管理层鼓励并强化人员运用 OE 信息（经验教训的运用）。

⑩ 发现问题的员工会收到有关决策和所采取的纠正行动的反馈。

⑪ 管理层为纠正行动大纲分配相应的资源（人员、设备、资金）。

电厂管理层确保这些活动得以处理，确保建立一个满意的 OE 流程。为评价上述活动的执行方式，电厂定期开展自评，以评估经验反馈流程的有效性。

5.2.2 纠正行动类型级别

为提高纠正行动的完成质量及有效性，对纠正行动进行分类分级，使纠正行动的完成、验证、审查及评价更加规范合理。

（1）纠正行动按性质分为三类：

A 类（O&P 组织与大纲）：涉及组织制度（涵盖安全质量环境管理体系程序中的所有相关政策程序、执行程序范围）、工作细则、大纲、流程等失效模式的纠正行动；

B 类（T 设备）：涉及系统、设备故障等失效模式的纠正行动；

C 类（H 人因）：涉及人员行为、意识、规范、动作、技术程序（涵盖运行程序、维修程序、技术支持程序）等失效模式的纠正行动。

（2）纠正行动按重要度分为三级：

Ⅰ级：防止事件重发的重要纠正行动

LOER/IOER/EOER 等电厂事件报告的根本原因及部分重要促成因素产生的纠正行动；

Ⅱ级：一般纠正行动

LOER/IOER/EOER 等电厂事件报告的其他促成因素及扩展行动产生的纠正行动；

Ⅲ级：其他级别的纠正行动

由编写部门编审的事件报告（如 CQ 和 FA）所制定的纠正行动。

即时纠正行动是指为了立刻恢复至正常工况或立即消除问题而采取的行动。例如，对损坏的阀门和泵进行更换，升版程序等。

临时纠正行动是指等待长期纠正行动的同时为降低重发风险而采取的短期行动。临时纠正行动可与补偿行动同时展开。例如，电动驱动阀门力矩缺陷正在等待通过设计变更来增加电机驱动机构的大小，运用运行规程来防止上述缺陷发生。

防止事件再次重发的纠正行动是这三类中最重要的。这些纠正行动可防止问题再次发生。识别、筛选出直接解决事件根本原因的纠正行动对安全性、可靠性和绩效来说是最为重要的，有助于进一步防止事件发生。经证实，过去的效果良好，没有导致其他领域产生不必要的问题。

针对外部经验反馈，各核电厂系统性审查外部经验反馈事件，评估这些外部事件的必要性，以便制定纠正行动，防止特定电厂发生类似情况。另外，鼓励各电厂对内部事件、低级别小事件和未遂事件进行趋势分析，用以识别和纠正诱因，防止出现更严重的问题。经验证明，一直未被发现的诱因可能会引发重大事件或者促使发展成重大事件。经验反馈最重要的目标是防止重大事件发生。预防重大事件发生的纠正行动应得到更高的关注、获得更多的资源并且具有最高的优先级。

5.2.3　纠正行动的必备要素

一个有效的纠正行动至少要具备以下要素：

（1）切中根本原因。

（2）纠正行动的选择。

（3）保守决策。

（4）优先级设定。

（5）纠正行动的落实。

（6）跟踪纠正行动的有效性。

（7）防止重发。

（8）汇聚承诺。

（9）指标。

（10）自评。

（11）同行评审。

（12）对标。

以下分别具体介绍这些要素中的每个要素。

（1）切中根本原因

人员和管理者的透明度和开放程度是有效识别出根本原因的必要因素，进而才可制定出适当的纠正行动。最基本的根本原因可以是设备、人/机接口设计、程序、文档、管理或人因失效。设备、程序和文档方面的失效通常会容易识别出，但管理、设计和人因的失效并不是经常能够识别出来，这需要后续深入的进行分析。

在评估外部经验反馈的适用性时，有经验已经证实采用防守方式的风险，这种办法在评估时，倾向将重点放在解释为什么不适用或者为什么不会发生在自己的电厂。一个有效的纠正行动避免采用这种防守方式，重点放在如何使来自外部事件的经验教训能为电厂提供帮助上。

根据问题的重要性对其进行评价。大纲针对重要问题采取了结构性的根本原因评价技巧，其中重发是不可接受的。管理层委任具有相应知识技能的个人或团队来开展问题分析和确定纠正行动。需要尤其关注那些偏离安全可靠运行的问题或者产生事件的那些问题。

分析低级别事件和未遂事件的趋势，可以有助于识别诱因，防止发生更严重的问题。将这些趋势加以筛选，以问题的形式报告到经验反馈流程中，识别出趋势产生的根本原因并确定纠正行动。

让现场人员（运行人员、维修人员、辐射防护技术人员等）参与到事件调查和根本原因调查，这样有助于识别和消除可能诱发事件的那些情况。这有助于：

- 为解决所识别出的问题领域，提供一个具有成本效益且实用的纠正行动；
- 提供一个识别潜在问题所需的培训需求的良机；
- 培养员工的责任感；
- 向发现问题的个人提供激励和成就感。

鉴于共因故障可能会使多个冗余安全序列同时不可用，所以其根本原因意味着风险最高。充分解决共因故障的根本原因对运用有效的纠正行动来提升安全水平来说至关重要。

（2）纠正行动的选择

在选择纠正行动时，应优先考虑安全问题和各类纠正行动对于具体情况的充分性：防止重大安全事件发生或重发的即时、临时和纠正行动。

除了要考虑即时和临时纠正行动之外，鉴于所投入的时间和工作量，还要切中重大根本原因并选择相应的纠正行动。一旦直接原因、促成因素和根本原因、不当行动和故障状态得以明确，列出相应的纠正行动，会对筛选出最有效的行动、优先选择最充分的行动非常有帮助。

做好这一项工作时，考虑到并不是最贵的或最复杂的纠正行动才是最有效的。在确保根本原因得以有效解决的同时，易于纠正的纠正行动的优势在于，可立即实施，立即为有效的计划安全绩效做出贡献。无论如何，要给予关注，因为小问题和易于纠正的问题可能是更重大问题诱因的早期预警。历史记录的趋势分析能识别出这些问题的早期迹象。

纠正行动不应出现“应该”“加强”“必须”等语气词，纠正行动要具体、实用、有明确的优先级，且其内容和实施计划要得到商定。业内普遍使用了一个实用缩略词，即纠正行动应该符合 SMARTER 原则，即：

- 具体的：行动需由针对性的，避免出现过于一般化的描述，以致行动难以落实，如要求避免出现“加强”、“应该”等语气字眼；
- 可测量、可检查：纠正行动内容和预期的执行结果应是可测量的，行动需有书面跟踪记录，以检查执行的结果；

● 可操作的：即可以在实际中付诸行动的，不应提出要求过高的或脱离实际的纠正行动；

● 合理的：应考虑代价和效果，确保满足安全的需要同时不会因此产生不合理的经济损失；

● 及时性：纠正行动的制定与落实需根据重要性分级落实，确定事件及时解决，避免重发；

在选择纠正行动时，相比开发新的纠正行动，优先选择强化现有大纲和纵深防御屏障。通常最有效的做法是落实一种简单、非能动或自然的屏障。复杂屏障有可能会引入新的不可预知的失误机制。现有屏障仍有不足的时候，开发新的屏障并不是很有效。例如，培训类纠正行动，虽然这类行动的方向是正确的，但是除了少数情况下，这可能不是一个永久的补救办法，更好的解决方案可以是升版程序。

每项纠正行动都有自己特有的故障模式。所有的纠正行动可能会以某种方式失效。所提出的所有纠正行动经过了全面分析，做出合理保证，不会引入新的故障机制。

给出纠正行动建议项时要考虑的一些因素有：

● 不实施的后果

● 实施的后果

● 缓解措施或预防措施的可能性

● 潜在的危害

● 文化转变

● 实现这种转变的能力（知识、专有技术）

● 为推广这种转变而采取的宣传行动

● 涉及的培训要求，包括教具和作业相关资质

● 对合理可行尽量低（ALARA）的承诺

● 实施成本。

重要的是，在内部纠正行动制定时，业内运行经验信息的审查是一种有效运用行业经验教训的方法。行业经验反馈信息可用于：

● 调查业内对这一问题的处理方式，解决已知的缺陷/易出现失误的情况；

● 针对本事件或类似事件之前的解决办法、所取得的有效性水平，将拟定的解决方案进行比较；

● 判断是否考虑到了事件的方方面面；

● 验证纠正行动的选择和实施中已经考虑到了业内的经验教训。

执行纠正行动时，要注意确保纠正行动与电厂的设计、地方环境、资源和文化兼容，必要时，根据上述条件，对纠正行动加以修改，确保保持行动的有效性。纠正行动选择后向参与人员说明（为什么这么选择）背后的原因，使相关人员都能理解。纠

正行动可以是以下形式：改变现行做法、加入一些维修或更换、设计变更、组织或人员绩效改进。

（3）保守决策

经验证明，纠正行动及其完成期限的决策准则是电厂经验反馈流程中的一个弱项。因此，建议电厂管理层制定有效纠正行动有关的保守决策准则，为这些行动的落实制定有前瞻性的时间进度表。这项指令包含了避免不必要延误和推进必要资源方面的措施。

决策流程中包含了针对所选的纠正行动在执行时可能产生的非预期问题而制定的预案和缓解措施。但是，在这个决策流程中，要遵循安全优先于业绩的原则。

审查和决策流程的级别与安全重要性一致。安全级、设备质量清单和未审批的安全问题概念的运用是确定审查级别、建立保守的安全裕度的重要工具。为任务审查提供充足的时间、关注程度和资源。内部审查流程或执照监管审批流程中紧迫性的驱动因素要避免引入不当压力。识别并避免会不必要地降低安全裕度的纠正行动。由经验丰富的人员进行审查，这是纵深防御中的一大重要屏障。经验显示，在屏障不再发挥作用时，会发生重大事件。

在保守决策流程中，需要仔细列出并挑战用作决策基础的假设。要考虑的问题有：

- 如果以这种方式继续下去，可能发生的最坏情况是什么？
- 是可接受的吗？
- 结果足够安全吗？
- 有更安全的替代办法吗？

如果怀疑这个决策可能会对安全裕度带来不利影响，则通过获取其他信息，制定出替代行动，消除不确定性。特别是，同类别中首个纠正行动大幅增加了安全裕度。

保守角度来看，如果事件条件导致电厂密切接近或甚至超出了边界或安全包络，决策流程中考虑的一项行动则是强化边界之前的运行裕度。通过有效的纠正行动，重新建立了理想的安全可靠运行水平。当无法判断是否已接近或超出安全边界时，保守决策流程假设安全边界可能已被超出。

先入为主、假设和思路狭窄是保守决策流程中普遍存在的不足。缺乏外部信息和质疑的态度，会导致纠正行动无效。管理层负责指挥进行相应的文件检索，以寻求外部意见，按照纠正行动重要性，开拓思路和扩大行动的执行范围。

确保各级别事件的有效纠正行动都要以保守决策为基础。在大多数情况下，针对低级别事件、缺陷、设备故障、人因失误、程序不足、改进建议和文档不一致等，落实了有效的纠正行动。但从各个层面来说，对于处于最高优先级的流程顶层来说，已考虑到要保证、保护和保持基本的安全功能。核电厂主要的基本安全功能包括：

- 反应性控制；
- 辐射燃料的冷却（堆内或堆外）；

● 实体屏障的完整性（燃料包壳、反应堆冷却系统压力边界、安全壳）；

● 安全支持系统的可用性。

（4）纠正行动的优先级设定和实施

纠正行动实施的第一步是即时和临时行动的实施，以从事件的影响中恢复过来，恢复工况和消除缺陷。永久的纠正行动可解决根本原因，但可能需要通过实施短期行动来纠正当前的问题、修复缺陷、恢复功能性或达到稳定的状态。按照安全和监管原则以及根据相应管理层运行保守的方法得出的决策，评价和审查了这项行动在实现持续运行方面的能力。

在确定各类纠正行动的优先级时，最重要的考虑事项是安全重要性和系统或设备功能性和安全裕度受影响的程度。本出版物第 8 章进一步介绍了纠正行动的优先级设定。

在实施纠正行动之前，管理层要得到合理的保证，即所选择的纠正行动或这些行动的综合效应将使情况得到恢复，确保达到满意的绩效并防止事件重发。为此，需要考虑的因素包括：

● 纠正行动是否解决了最基本的问题；

● 纠正行动是否与之前实施的其他纠正行动相匹配；

● 所提议的纠正行动以前是否尝试过，结果如何；

● 纠正行动属于即时、临时还是最终解决方案；

● 是否考虑了风险因素；

● 用于恢复状态的纠正行动日程表和实施进展推动的提升程度与按时达到的满意的安全和可靠性水平是否相匹配；

● 是否含有一个定期确定行动有效性的行动计划。

在实施之前，所推荐的纠正行动要经过相应级别的审批。批准的目的在于确保上述因素已考虑到位。批准流程取决于纠正行动的重要性。一般提交批准的适用文件会包括：

● 提议的替代纠正行动的详细介绍（包括图纸、方案等），说明被拒的原因，如有的话；

● 安全审查，用以确保所提议的纠正行动会提升安全水平，无不利影响；

● 识别出受纠正行动影响的其他方面，必要时进行调整；

● 质量计划，用以确保符合设计标准、政策和程序的要求；

● 实施纠正行动和划分任务时用到的计划和日程安排；

● 采用安全的工作方法时用到的程序；

● 组织和人员绩效考虑因素。

在实施之前，相应级别的管理层需确保纠正行动中涉及的全体人员（包括承包商人员，如已安排的话）对纠正行动及其目标、范围、接口和注意事项有充分的、一致的认识，确保不因误解而产生任何失误。

实施纠正行动时考虑了以下几步：

● 检查实施情况与规定的行动一致。

● 发现不符合项或偏差时，进行解决，变更之处需提交至初始规定行动所采用的同一审批流程中去。在出现新问题或发现了纠正行动制定时未考虑到的非预期工况时，要立即进行安全和可靠性审查。

● 检查绩效是否满意，是否符合规定的期望。如果纠正行动涉及到硬件，则进行设备性能测试。如果纠正行动涉及培训，则确保学员的理解、资质和与学员达成一致。如果纠正行动是指程序或文档方面，则确认所做的更改是否表述清晰、获得批准和记录。

按照质量计划的规定，控制纠正行动的实施。这些质量计划满足规定的期望。由相应级别的管理层审查流程、实施情况和实施结果。

（5）跟踪纠正行动的有效性

跟踪纠正行动有效性的第一步是，按照上一章提供的准则，跟踪行动的实施情况，要特别关注以下几点：

● 纠正行动是否按照计划日程按时实施？

● 是否按照质量计划的规定进行控制，实施情况满意？

● 对计划分几个阶段实施的，这些阶段的设置需求是否有合理的论证？

● 各阶段的范围与电厂的安全/稳定状态是否协调？每个阶段是否按计划按时实施？

在跟踪实施情况时，受纠正行动影响的项目也要识别出来并跟踪。这指的是如下项目：受影响的文件（检查是否执行了正确的版本），访谈受影响的人员（确认相关人员掌握了与变更相关的知识），受影响的培训计划（检查新要求是否已经加入到培训中）等等。

现场观察有助于跟踪纠正行动的实施。通过对人员活动的观察，评估所开展的人员工作实践是否反映了纠正行动的作用。在访谈受影响人员时，询问他们关于纠正行动有效性的看法。

下一步是跟踪绩效。由熟悉主题的人员定期评审纠正行动的执行情况，评估纠正行动的有效性。优选由提供监督的责任部门开展有效性审查，以确保审查时保持自我批判性。必要时，可聘请第三方独立人员开展有效性审查。有效性审查的目的是通过一种全面、客观的审查，判断出纠正行动是否有效，并向管理层反馈。纠正行动有效性评审时应制定评审计划，编写评审日程安排，严格按照计划执行。

纠正行动是确保经验反馈措施落地的重要环节，纠正行动有效执行才能防止事件重发。为了保证纠正行动的长期有效，在行动完成后的一定时间内对行动的效果和持续性进行评估。通过开展有效性审查活动，来确定所采取的纠正行动达到有效防止事件重发的目标。

纠正行动有效性评审参考 WANO 同行评审方法，采取人员访谈、资料查证和现场检查相结合的方式，查找事实（FACT）作为论据，然后整理分类形成论点（AFI/良好实践），见图 5－2。

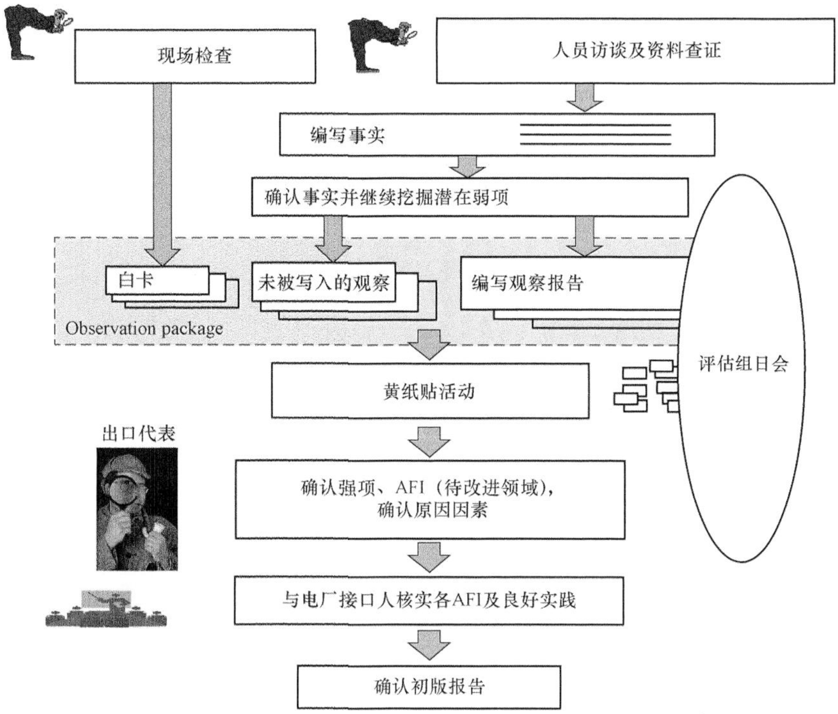

图 5－2　评审方法

为了提高纠正行动有效性，对历史纠正行动从纠正行动制定环节、执行环节、效果延续性和纠正行动管理等四方面进行有效性评估。纠正行动制定环节应从以下几方面进行考虑：

1）纠正行动是否针对根本原因和促成因素；

2）纠正行动是否明确、可操作；

3）纠正行动能否防止同类事件的重发；

4）纠正行动有无引发新的问题或者缺陷；

5）纠正行动的分类分级是否合理；

6）纠正行动的技术关闭条件、完成期限设置是否合理。

纠正行动有效性评审时常见的纠正行动各个环节偏差如下：

纠正行动制定环节：1）纠正行动明确要求进行技术改造，但是技术性关闭条件设置为“发起 ESR”，导致 ESR 评估尚未完成，纠正行动就被关闭。如纠正行动：优化 2RCP031BA 液位显示模块；技术性关闭条件：发起 2RCP031BA 显示模块优化 ESR。

2）纠正行动的技术关闭条件设置不合理。如纠正行动：对高风险的化学取样阀门，在标牌旁增加汉语描述的实体标识，进行区分；技术性关闭条件：培训记录；纠正行动验证结论：技术性关闭条件设置不合理，和纠正行动要求没有明显的对应关系。

纠正行动执行环节：1）纠正行动执行情况与原要求不符，也未发起纠正行动变更审批流程。如纠正行动：升版《重要敏感区域管理》程序，对监护人员资质、监护内容、监护人职责等进行明确要求。按照重要敏感区域定义中“存在重大触电人身伤害风险的区域”的要求，重新梳理重要敏感区，升版重要敏感区域清单；技术性关闭条件：完成程序升版；纠正行动验证结论：纠正行动有两项要求，但实际执行时只完成第一项要求“升版《重要敏感区域管理》程序”，未体现第二项要求“重新梳理重要敏感区，升版重要敏感区域清单”。2）纠正行动执行范围与原要求不一致，但被验证通过。如纠正行动：组织开展一次如何自我评估的课程，要求各部门管理者参与学习；技术性关闭条件：培训完成；纠正行动验证结论：纠正行动执行范围不合理，实际参加培训的部门经理/副经理不齐全，并未覆盖所有的管理者。

纠正行动效果延续性环节：在纠正行动执行过程中新产生的后续行动（如技术分析报告或厂家回函中的建议行动），缺少进一步的统筹管理，未实现闭环控制，无法保证后续效果。如纠正行动：建立对运行人员行为规范监督的长效机制；技术性关闭条件：监督机制；纠正行动验证结论：《运行领域工作质量监控和评价方案》第 3 页“通过数据分析编写运行监控周报”，实际上是按月统计分析和汇报，没按方案要求的按周进行统计分析。

纠正行动管理环节：不能确定完成时间的纠正行动未分阶段录入跟踪系统，分阶段进行多次跟踪。如纠正行动：运行部和培训部就模拟机培训情况进行季度交流反馈；技术性关闭条件：相关交流记录；纠正行动验证结论：纠正行动均未分阶段录入任务督办系统，分阶段进行多次跟踪，不符合管理程序“LOE/IOE 纠正行动关闭条件的设置，必须设置在纠正行动结束完成时的节点，如果不能确定完成时间，则分阶段录入任务督办系统，分阶段进行多次跟踪”的要求。

有效性审查之间的间隔以事件或正在防范的缺陷的性质为基础。例如，对发生概率为每天的事件，则审查间隔时间短，或许是 2 到 3 个月。对仅在特定电厂运行模式下才会发生的事件，则审查间隔会更长。如果定期有效性审查连续几次（两次或三次，取决于重要性和复杂程度）证实纠正行动有效，那么审查间隔可延长。延长后的新的间隔以绩效历史和相关风险分析为基础。

有效性审查期间要回答的一些典型问题如下：

- 如果基准发生变化，那么纠正行动是否不再有效？
- 如果有其他信息出现，可能会对之前纠正行动的有效性或范围产生影响吗？
- 自从落实了纠正行动之后，在现有的电厂工况、实际参数、运行裕度或安排的时间窗口下，事件有可能发生吗？

● 纠正行动是否被修改过，使之不在满足原有意图了？

● 是否有证据显示纠正行动已经有效地将事件发生降到了最低程度？

● 是否有理由质疑纠正行动的有效性，认为需要重新审查纠正行动？（理由如下：范围太窄、不充分、非常有局限性、存在更好更有效的替代方案等）。

纠正行动有效性审查期间，访谈了相关人员。访谈时，询问他们对纠正行动有效性的个人看法。通过评估，判断出含最低应用层（即，最终用户、最终结果或现场应用）在内的全体各级参与人员的有效性。

一项纠正行动一旦确定是无效的，要立即通知全体相关方，同时采取措施，调查导致行动无效的原因，开展纠正行动有效性评审，识别出经验反馈流程中哪些方面没有为纠正行动的成功做出贡献。

（6）预防重发

防止事件重发时常用到的准则主要有：

● 确保根本原因得到解决；

● 确保与所有电厂状态模式和程序相兼容；

● 强化现有运行裕度、电厂大纲和纵深防御屏障；

● 确保及时落实；

● 控制落实的质量；

● 分析不落实的后果；

● 为了使纠正行动长期有效，落实必要的文化转变。

除了上述准则外，管理层的以下做法有助于积极主动地防止事件重发：

● 维持人员对运行经验记录的意识，尤其是要对促成事件、失效和缺陷的原因保持意识。

● 鼓励在碰到相同情况时实施自检、独立验证和工前会。

● 为人员提供培训，当出现了引发可能与之前发生的故障类似的工况时，以此使人员识别出这种工况。

● 通过开展前瞻性的功能风险估计和作业风险估计技巧，除此之外考虑这些失效的重发机制，以此提前审查计划性的电厂运行模式和维修活动。

● 确保落实了审查流程，以此评估事件的根本原因是否得到有效识别和解决。

● 确保开展了纠正行动有效性审查。

● 与经历过类似情况或有这种趋势的电厂、电力公司和组织机构保持交流运行经验。

● 识别出组织内的弱项，为取得持续改进而努力。

无论如何，只要纠正行动存在无法执行或者纠正行动无效，可对其进行重新考虑、分析并判断是否需要补充调整或制定一项新的纠正行动。必要时，在得到与初始纠正行动相同审批的级别负责人同意后，才可制定新的纠正行动或对原有的纠正行动进行变更。如果纠正行动发生变化，应立即向有关各方告知初始纠正行动没有发挥作用，以及新产生变化的纠正行动。

（7）汇聚承诺

经验证明，一个有效的纠正行动需要负责实施的各级组织机构或人员的承诺。这种承诺在以下方面很重要：

- 宣贯：管理层在各级组织机构内推广纠正行动流程，支持并鼓励有效的问题识别和纠正。
- 当责性：管理者确保问题得到及时解决，对满足纠正行动完成日期负责。一般来说，只有响应优先级更高的问题时才进行延期或有例外情况。
- 动机：发现问题的人员会得到有关纠正行动的即时反馈。将所采取的或计划采取的纠正行动告知员工，有助于激励工人持续运用纠正行动流程。如果提交的问题被认为无效或者不值得额外采取纠正行动的话，向员工给出反馈则尤其重要。
- 责任感：讨论并理解纠正行动，担起成功实施行动的责任。指定责任组或责任人负责纠正行动，并进行相应的协调工作。
- 培训：尽快将纠正行动方面的信息纳入人员培训计划。

（8）指标

利用指标来监控纠正行动流程的有效性是管理改进工作、识别重点关注领域的一大重要工具。

任何单一指标的实际数值本身可能并不明显，但放在其他指标的绩效表现背景下加以考虑之后，这个指标数值可能会被放大。一段时间内指标的趋势能为说明纠正行动流程所达到的有效性水平提供宝贵的信息。

为此，选出一组指标并按照纠正行动活动的三大不同方面进行分组，在将这些指标充分汇总后，可反映出纠正行动完成的优劣：

- 大纲指标；
- 绩效指标；
- 分布图。

下文的指标选择仅作为示例，并不详尽。各个电厂可根据自身特点决定哪些指标最能实现其特定需求，而且一些指标可能尤其有助于管理层按照持续改进的业绩目标，来明确目标、制定可衡量的目标。

1）大纲指标

未关闭的纠正行动数量；

未关闭的纠正行动与已产生的纠正行动之比；

发生变更的纠正行动数量；

超期的纠正行动数量；

纠正行动大纲自评得出的重发事实数量；

之前内部审查时未发现的同行评审事实的数量。

2）绩效指标

无效的纠正行动数量；

所要求的纠正行动中有效纠正行动的比率；

重启以再次开展分析的纠正行动的数量；

每起事件的重发率；

一项活动成功实施的次数；

上次纠正行动之后在役小时数；

事件的重发原因数；

被管理层审查拒绝采纳的纠正行动数量；

从行业经验反馈中得到的纠正行动数量。

其他绩效指标也可能有助于监控纠正行动，一些例子如下：

安全系统的需求数量（非安全系统的需求数量）；

安全系统的故障数量（非安全系统的故障数量）；

安全系统的不可用次数（非安全系统的不可用次数）；

执照要求违反次数；

技术规格书违反次数；

运行限制条件（LCO）豁免次数；

持续运行合理性论证（JCO）次数；

未遵守程序的次数；

工人受到超出规定的剂量限值的次数；

工业安全事件数量；

配置控制问题数量；

人因失误数量；技能型、规则型和知识型。

3）分布图

① 纠正行动的分布情况（饼图）：

—设备；

—设计；

—程序；

—文档；

—人因；

—管理、组织。

② 重发事件的分布情况（饼图）：

—重发事件；

—重发未遂。

对所选的绩效指标进行趋势分析，识别和调查纠正行动中的不足，也考虑运用代码体系开展趋势分析。

（9）自评

定期评估总体纠正行动的有效性。一个有效的纠正行动流程对尽量减少事件重发贡献非常大。定期评估范围涵盖了纠正行动流程的各个阶段，以确保其中各个元素都得到有效落实。评估活动通过与管理层期望对标，判断得出现有流程的绩效情况。审查的目的是实现纠正行动流程的持续改进。总体上，有两种审查执行办法：

① 由电厂的经验反馈组织体系或者质保体系开展自评；

② 通过同行评审，判断流程是否已满足相关行业标准。

电厂组织开展的自评定期审查纠正行动的有效性，这种审查的目的是评价总体流程有效性，针对发现的弱项给出补救措施，制定了流程有效性指标，这些指标可能包括各类事件的数量、严重程度、事件重发率和原因。

这种自评包含：

① 确认纠正行动得到及时落实；

② 评价解决原始问题和防止问题重发的有效性；

③ 查看重发事件和缺陷，判断纠正行动流程是否可以有所改进。

由熟悉运行经验信息评估的人员执行有效性审查，必要时可考虑运用其他电厂人员互相协助开展审查。制定评估的频率，典型的纠正行动自评用时为 2 周，涉及纠正行动的直接参与和非直接参与人员。

自评包括详细评估大纲参与人员的意识和参与度，以及他们对流程的满意度。评估时也要审查纠正行动大纲向内部运行经验大纲提供经验教训方面取得的有效性。

有效性审查囊括了内外部纠正行动中具有代表性意义的部分。选择的示例代表了不同类型的纠正行动：

① 人因；

② 设备；

③ 设计；

④ 文档；

⑤ 程序；

⑥ 管理、组织。

有时候导致人因失误发生的易出错情况，源于程序的编写方式、培训的开展方式、工作实践的执行方式或者系统的设计方式。管理层针对上述元素的有效性制定自评大纲。自评的结果之后被纳入现行纠正行动大纲，以提升总体的人员绩效情况。

对自评结果设定优先级，电厂管理层对所发现的弱项和建议的改进领域进行批准。如有必要，管理层为进一步提升制定纠正行动，这些纠正行动被纳入纠正行动大纲。对其进行监控和跟踪，确保合理、及时完成。如果发现大纲存在重大不足，考虑将纠正行动大纲与行业良好实践进行对标。

（10）同行评审

同行评审的目的是判断纠正行动流程是否满足国际公认标准并识别待改进项。同行评审：

① 审查电厂自评的全面程度，给出意见建议，进一步强化自评的结论；

② 尽可能地将纠正行动与导则和其他等效的良好实践进行比较；

③ 是否与流程绩效有关，即关于纠正行动大纲的落实，可接受采用不同的办法。

同行评审期间评估有效纠正行动流程有效性时使用的一些准则有：

① 纠正行动有效且得到及时落实；

② 内部事件重发降到最低；

③ 电厂在业界公认的运行经验指标方面的绩效情况；

④ 电厂的持续提升政策策略与纠正行动大纲相互一致，与国际最佳实践相符，尤其是在优先级平衡和资源分配方面。

同行评审中包括对之前的评审结果进行回访，判断预期的纠正行动和建议项是否已执行和发挥作用。电厂组织为同行评审工作组提供充分的见解，要求特别关注和重视之前自评和同行评审的重发问题。

（11）对标

对标的作用是通过与其他地方去的有效性水平相比较，得出纠正行动大纲流程的有效性水平和所落实的纠正行动做法的有效性水平。

① 对标参与方各自大纲的属性和范围；

② 各对标参与方在类似事件上如何筛选纠正行动的，以及取得的有效性如何；

③ 各对标参与方的强项和弱项，评估不同点的原因，评估时要考虑到文化差异。

对标指出各电厂如何解决缺陷以及其他电厂如何打造强项。对标包括适时召开会议，讨论落实从对标中得出的经验教训时取得的成果和遇到的困难。

5.2.4　管理层的角色

各级管理层通过指导、推动各项大纲活动，确定这些活动的优先级并配备充足的人员，展现出对纠正行动大纲的责任感。纠正行动大纲的成功很大程度上取决于电厂领导层展现出的领导力水平。但是，高级管理层要超越上述原则，做到密切跟踪事件上报的全面程度、事件分析的深度、纠正行动的范围以及纠正行动落实的及时性和质量。总体上，要使纠正行动保持强劲、有力和高效，这离不开管理层的积极参与。

国际核电组织已经建立了运行经验反馈、纠正行动落实和良好实践识别等倡议（例如，IAEA、WANO、INPO 等）。管理层的一大重要角色是确保电厂人员考虑到这些倡议，IAEA、WANO 和其他组织已经开发了数据库，其成员可进行数据访问，核设施之间交流信息、鼓励沟通、比较与互相学习，是这些倡议的重要组成部分。

管理层对汇报级别准则以及问题评价或调查的范围做出的决定，是在评价的全面程度、纠正行动的及时性以及资源分配考虑事项之间平衡的结果。最有效的权衡，很大程度上，取决于持续改进大纲策略，以纠正行动落实流程的进展为重点。管理层定期回顾这种平衡，视需要调整大纲。

管理层和电厂人员认识到小问题通常是更重大事件的诱因或促成因素。针对低级别事件和未遂事件，制定了相关纠正行动，由此产生的纠正行动会有助于识别和解决电厂多个领域活动中的问题。但是，需要特别关注哪些偏离电厂安全可靠运行的问题或趋势。

对人员发生的失误，态度良好的，管理者要避免采取惩罚措施以及对改进建议不要给出抵触反应，不责备的报告政策以及保持一个富有主人翁意识的环境、自我批评的态度、为持续改进而努力以及良好的沟通氛围，这些都是有效的纠正行动大纲的重要因素。

在发现问题时，电厂和承包商、电厂各级人员要立即采取行动，予以解决。这些行动包括向直接主管进行报告，向电厂其他受影响的领域进行报告，创建缺陷报告或者确保缺陷报告已经创建。缺陷报告内要有具体的细节，有助于调查的开展和进一步制定有效的纠正行动。

考虑重发事件的定义时，管理层建立一种不设限的处理办法。这种延伸办法是针对内部重发事件和缺陷的考虑，不只针对与之前内部分析得出相同根本原因的那些事件和缺陷，也还针对与之前事件或缺陷非常相似以及与之相比具有相似原因的。这种扩展办法也包括，对会被认为属于重发的事件或缺陷，不需要曾经在本电厂发生过，但可能在特性类似的另外一家电厂发生过的。

5.3 纠正行动管理流程

纠正行动管理流程包括：纠正行动录入、纠正行动执行、纠正行动变更或延期、纠正行动完成、纠正行动独立验证和纠正行动关闭等。

1）纠正行动录入

LOER/IOER/CQ/EOER/FA/二级分析报告签字生效后，根据纠正行动分类分级情况，相关的纠正行动由经验反馈人员负责录入相应的行动跟踪系统中。

纠正行动录入具体要求如下：

① 纠正行动录入包括纠正行动性质（O&P 组织与大纲类/人因类/设备管理类）、根本原因、促成原因、完成时间、类别、级别、负责单位、合作伙伴、关闭条件和有效验证时间等；

② 纠正行动录入信息还应包含纠正行动负责人、验证人和关闭批准人。纠正行动负责人为纠正行动执行部门负责人；

③ 为了保证纠正行动的完整性，事件报告生效时已完成的纠正行动（即历史纠正行动）仍然录入行动跟踪系统中，由责任部门在一个月内提交验证材料，验证后关闭。

2）纠正行动执行

各相关部门负责人是事件相关纠正行动的直接负责人，相关部门经验反馈工程师是事件相关纠正行动的协调督办负责人，纠正行动负责人在行动跟踪系统中接到纠正行动通知后，应尽快执行或委托部门其他人员执行，及时协调处理纠正行动执行中的问题。负责跟踪纠正行动执行进展，并及时录入纠正行动进展信息，按规定期限和要求完成。

3）纠正行动变更或延期

纠正行动变更包括纠正行动的取消、转移和替换。纠正行动变更由原责任部门提出申请并填写相应的纠正行动变更申请单，需新的责任部门同意（转移类）、经验反馈部门和设备管理部门（设备类纠正行动）认可，提交行动批准人审批后由经验反馈部门在行动跟踪系统中修改相关信息完成变更。纠正行动变更时还需将签字的纠正行动变更申请单作为附件上传至行动跟踪系统中作为更改依据。

纠正行动延期只需直接在行动跟踪系统中提出延期申请，由行动批准人审查并给予批准或拒绝。

纠正行动的变更或延期应在纠正行动到期前提出申请。

4）纠正行动完成

纠正行动完成后，纠正行动执行部门负责人应及时在行动跟踪系统中录入该行动的完成情况并申请完成，同时附上纠正行动完成的验证材料（包括相关的文件题目和编号），并及时提醒验证人开展独立验证。

验证材料需采用电子文件或扫描版形式上传提交。

纠正行动完成时间以提交申请时间为准，如果提交申请后验证不通过且超过完成期限则为记为超期完成。

5）纠正行动验证

纠正行动完成后，核电厂应对纠正行动的符合性和完整性进行验证。

验证人员根据关闭条件的满足情况决定行动是否验证通过。验证未通过的纠正行动，由执行部门继续实施，而审查通过的由验证部门直接录入验证意见通过。

出现以下情况的纠正行动将验证不通过：

① 未提交验证材料；

② 提交的验证材料与纠正行动的要求不符；

③ 验证材料范围模糊，无法确认纠正行动已按要求完成；

④ 验证时主办部门不提供支持协助导致无法验证；

⑤ 纠正行动未完成或无后续有效的跟踪手段。

对于需要通过执行工程申请、采购申请、修改大纲或程序等后续行动来完成的纠正行动，必须得到后续行动执行部门的认可。验证部门在验证时确认有后续行动，则视纠正行动完成，验证通过。

6）纠正行动关闭

通过验证审查的纠正行动由关闭审批人进行审批。关闭审批人根据行动完成情况和验证结果决定是否关闭。关闭审批人也可委托验证人根据行动的验证结果决定是否关闭。

5.4 提升人员绩效的纠正行动

有效纠正行动的选择和落实对人员绩效的提升非常重要，因为通常60%～65%的事件原因与人因有关，涉及个人、团队领导、主管和管理者。考虑到其复杂程度，这一直是最难分析的领域之一。

5.4.1 人因失误

5.4.1.1 人因失误类型

虽然核电厂有先进、可靠的设备，但核电厂的运营最终还是靠人来完成的。据估计一个人平均每天会犯30个错误，这听起来很吓人，与设备相比人是不稳定的、不可靠的，但人又是聪明的，有良好的判断力和推理能力的，是可以改变的。经过研究，我们可以得到如下的有关人员绩效的基本结论：

- 人是会犯错误的；
- 可能失误的情况是能够预见、控制和防范的；
- 个人行为很大程度上受组织、制度和管理水平的影响；
- 通过鼓励、传授、强化正确的行为，可以达到高水平的人员绩效；
- 了解、跟踪历史事件，并从中吸取教训，可以避免不良事件的发生。

丹麦瑞索国家实验室（Risoe－National Laboratory）的Jens.Rasmussen根据认知心理学理论将人的认知活动进行分类，提出了通用失误模型系统（GEMS）来规范三种主要的人员绩效行为，即通过不同的信号（signal）、迹象（sign）和符号（symbol）将人的认知活动表征为技能型（skill－based），规则型（rule－based）和知识型（knowledge－based）三种类型。

1. 技能型错误

在我们熟知和经常使用的技能范围进行的工作的不当表现。也就是技能型行为的错误，它是在“熟悉的环境中执行例行的任务”期间发生的错误，其特点是：

（1）无意的行为过程中的失误（lapses）和过失（slips）。

（2）技能熟练的人在完成熟悉的任务时犯的错误，这些人是此任务的真正的专家或者很有实践经验。

我们的大脑最想的是最小化脑力付出。如果一个行动经常重复，大脑视其为必须执行的行为模式，这很像计算机上的子程序。于是，大脑可以不作任何思考就执行此行动，这样可使大脑自由地考虑更复杂的主意。技能型的失误就是在这种大脑模式下的行为所犯的错。预防这种失误的方法就是重视正在执行的任务，我们所要做的就是要将注意力放在该任务上，以保证按照我们已知正确做法来完成该任务。自检就是此类失误有效的预防方法。

（3）由于已做过上千次（只有 1/1 000 的出错率），我们高度熟悉，在这种表现模式下我们才最可靠。

（4）在例行的环境下做例行的行为，对任务很熟悉，只需很低注意力。

（5）行为绝对不是有意的。

2. 规则型错误

在有规则可用的工作中的不当表现，这些规则包括经验、培训所得和书面指令。也就是规则型行为的错误，是在做“如果……于是就……”决定时发生的错误。

（1）当可用的规则（由个人培训和经验而来）被错误的使用或忽视时，在做一个有意识的决定过程中出现的错误。

（2）当一个“规则”（来自于培训、规程、工作经验等等）被误用或被跨越时产生的错误。

（3）规则型错误的三种类型是：

① 不正确的规则（“规则”问题）；

② 规则被误用（规则是正确的，但使用出了问题）；

③ 不遵守规则（守规的问题）。

无论何时只要可能，大脑都会使用技能型的方式。只有当技能型模式不可能时，才会选择有意识的大脑状态去选择一个行为方式。在规则型行为表现中遵守一个条件，人会翻遍大脑中所知规则的记忆库去选定一个将给出可接受的结果的规则（通过培训所学的运行原则或经验或规程，而规则被视为有意的选择加以应用）。

规则型错误的预防，总起来说就是知道正确的规则、选择正确的规则和得到有关规则应用的可靠信息。这就是为什么保持疑问的态度（QV&V）是有效防止规则型错误的工具。

（4）在规则型错误中，你总是在思考（这不是无意识的错误，你做了有意识的决定——你的行动是有意的，你的行动的结果，错误，是无意的）。

（5）规则型行为的表现是 100 次活动中有 1 次错误。

3. 知识型错误

在超出了我们知识范围的工作中的不当表现。当我们没有具体的规则可循时所发生的错误，即我们第一次去执行一项任务时，要推测，要解决问题。

（1）没有或我们不知道清楚的规则时，有意做一个决定过程中发生的错误。

（2）由于无章可循，在整个行动过程中你需要分析和逻辑判断。

（3）我们需要调用基本原理和所有我们所知去做出一个与错误相关的决定。此时我们不知道“我们不知道什么”。

仅在明确的规则不存在或未被知道时才会出现知识型行为表现。这样，大脑就会创造一种处于调用基本知识和解决问题技能的情形下的认知模型。该模型预报了一个有意识选择的结果。

再也没有任何经验和规则帮助你知道要做什么，大多数易出错误的情况是我们正试图去知道它。如果偏离了技能和规则，不管你要花多久去“冥思苦想” 也无法得到正确信息，因为你不能得到你已经没有的信息。

知识型的活动有很高的错误率，其出错率从基本决策的 1/2（例如，非操作型的谋划有 50%错误率）到操作型决策的 1/10 不等，其实际水平取决于个人的基础知识、能获得有指导意义的原始信息资料的程度以及个人利用原始信息资料的意愿。

在第一次执行任务的过程中经常能看到知识型行为表现。有一半的时间你会处在知识型行为表现中但你并未意识到你已处于这种状况。

知识型错误的例子：

① 你认为你知道，但是你不能确定，而且你无论如何也要做下去。

② 当感觉有些不对时，没有向同事或主管请教。

③ 迷路了。

冥思苦想并非好方法，最好是停下来，研究、查寻更多的知识资料，仔细研究这些资料。“你可以整天使用 STAR，但你不会得到你已经没有的任何新信息”。

有时你必须用知识型行为工作，这是职业生涯的需要。重要的是能够知道进入了知识型行为表现并做好准备（例如，做好工作计划，有好的补偿措施，有正确的信息，有同伴互查）。

5.4.1.2　三种人因失误的关系

需要强调说明的是判断人是哪种类型的失误，不取决于人所进行活动的外在表现，而取决于活动当时人的大脑所处的状态。同样的活动会因其大脑的状态不同而处于不同的活动类型。例如，某人在厂区内开启手机打电话，其所发出的无线信号可能会干扰电子设备并导致一些重要系统自动停运。这个失误可能属于以下的失误类型：

① 技能型的：某人在使用手机之前未考虑他/她所在位置或正好忘记考虑位置（习惯性的动作）。

② 规则型的：某人认为在厂区内使用手机是可以的，并在厂区内使用了手机，因为他/她认为是类似的区域内这样做是可以的（规则的误用）；或者某人仅仅用了片刻时间接听手机，他/她认为这是重要的电话，尽管他/她知道在那个特殊的区域不应该这样

做（不遵守规则）。

③ 知识型的：某人没有意识到使用手机将对厂区内电子信号产生什么影响（不知道他/她不认识的事物）。

图 5-3 显示了三种失误类型与工作熟悉程度及工作时注意力集中程度的关系，以及失误率的高低。

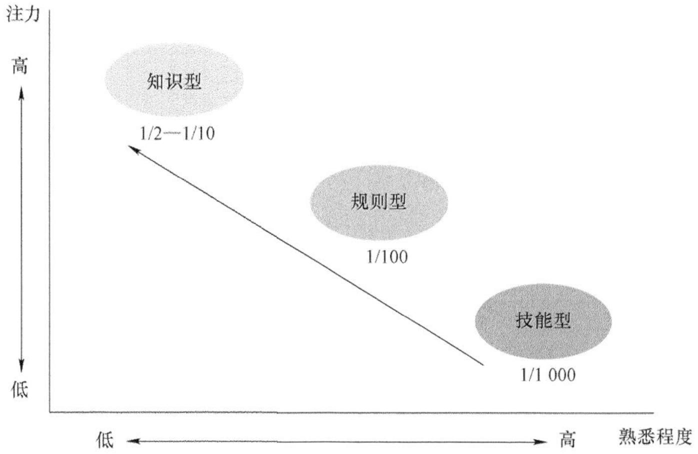

图 5-3　人员行为模式（GEMS）

从“技能型错误”到“规则型错误”再到“知识型错误”，其工作中所需的的注意力越来越高，对工作的熟悉程度越来越低，出错的几率也越来越高。实际上当一个处于知识型工作环境中，他所要承受的认知上的负荷将远高于其他两种情况。

5.4.1.3　建议的纠正行动

（1）针对技能型-无心失误的建议纠正行动

工人正在熟悉的环境中执行一项他已经执行过多次的日常任务。由于疏忽、一时注意力不集中或记忆出错，失误发生了。可通过调整工作状态，防止发生这些失误类型：改变人机接口、使用辅助提醒或者改变作业实践（例如，操作时自唱票，执行停下、思考、操作、回顾（明星自检）方法）。经验证明，明星自检的使用将失误率降低了 4 倍。

（2）针对规则型-无心之错的建议纠正行动

工人在执行程序或遵守规则时，可能会对所用的程序或指令理解不当。可通过改进培训、提升程序和指令的质量或者通过管理层干预，防止发生这些类型的失误（例如，加强监督，强化工前会，澄清误解，重新编写程序中不明确的段落，鼓励工人执行任务时保持质疑的态度）。

（3）针对规则型-有意违规的建议纠正行动

工人很了解系统、流程、程序等，但相信自己的行为是正确的或比程序规定的操作更好，所以没有遵守规则。例如走捷径。可通过强化期望的行为，培养强大的核安全文化，防止发生这些类型的失误（例如，强化遵守程序的期望，将用户的运行经验建议融入程序编写之中）。

（4）针对技能型的建议纠正行动

工人开展的任务超出了他的知识范围，而且程序中对这个活动描述的具体或者没有覆盖到。在不熟悉的领域做出了不正确的有意或无意决定，导致发生失误。通过强化以下需求，防止发生这些类型的失误，即当工人发现自己处于不熟悉的领域时且不确定如何继续时，向其强调要停下工作，寻求其他人的参与，征求他们的帮助/指导。提高工作人员的知识储备是另一个有助于提升有效性的行动（例如，要求不经常开展的任务通过额外一级的审查，提供初训并要求工人获得执行某个专项任务的授权，针对任务提供更详细的规程指导，包括增加相关运行经验并采用保守决策）。

5.4.2 环境条件

活动的成功执行与活动开展的环境条件息息相关。工作负荷高、分心和干扰、资源管理和加班过多等条件是影响人因发生的一些诱因。昼夜节律（一天内生理机能的正常变化）也会对人因产生影响，在几个方面导致绩效受损。

运行经验显示，维修工人上夜班时、用餐后、交接班之后的一个小时内发生人员绩效问题的风险较高。运行人员则在操作活动更多、夜班时，受到昼夜节律的影响，这时候运行人员的警惕性下降，故而发生问题的风险更高。对于全体电厂人员，在离开工作岗位一段时间后重返工作岗位的第一天更容易发生人员绩效问题。作为一项良好实践，大部分电厂已经选择不给长时间离开后才返回作业现场的人员安排重要或关键活动。而且，会安排其参加既定的恢复/强化计划。

对主控室运行值的观察一致表明，运行值绩效受值长和/或副值长领导力的影响。这些主控室管理人员必须发挥团队领导的作用，对主控室活动的环境条件保持密切监督，以便及时发现判断中的失误或过失，或者其他运行值成员的角色职责分担。管理人员必修保持充分参与主控室的所有工况演变，无论何时一旦发现没有遵守高标准，要做好发挥各自的权威、进行指挥和控制的准备。有效的纠正行动具备如下属性。

另外，允许不合理的倒班时间表、加班时间多、工作负荷大、时间压力、在昼夜节律机能差的时间段安排关键任务，这种系统性的做法增加了触发人员绩效诱因的概率，进而可能表明核安全文化较差。有效的纠正行动还要强调安全管理这方面。

同时完成一个以上的任务，做事匆忙，工人抱怨没有足够的时间完成任务，忽略或忽视规则，对同事无理，没有保持质疑的态度，可能都是时间压力和计划不当的表现。改进计划和资源分配以及学习如何识别出时间压力的早期迹象，这是一项纠正行动的重要管理作用和监督意识属性。避免草率决定和仓促采取行动，这是核电厂运营的重要原则。

5.4.3　人机接口

人机接口考虑了作业设计、机器、操作和工作环境方面的人员能力和限制因素。分析人因时对以下设计原则的考量有助于识别出有效的纠正行动：

（1）准确的心智模型

系统状态和用户的理解之间始终存在偏差，也就是说，用户的系统模型和系统本身之间在某种程度上并不一样，因为用户很少时系统的设计方。一个可行的解决方案是，提升用户对系统的熟悉程度或者更改系统设计，适应用户的模型。尽量在早期阶段使用户参与设计准则、设计审查或系统调试，这是一个预防潜在人因失误的良好实践。

（2）工作环境

不利的工作环境会成为人因诱因。电厂设计考虑了所有的人员能力和限制因素。一个可行的解决方案是，改善照明、辐射条件、湿度、温度、噪音等环境条件。如果环境条件无法改善，可以进一步采取以下等措施，如改进设备功效学、设备标牌张贴、信号设置/显示、报警/警告、控制方案、可达性等。只要可行之时，通过简单的转化，替代镜像，可大幅降低人因失误，系统布局和机柜安装时尤其如此。

（3）设备状态

系统对执行的操作缺少状态显示和反馈，可能会导致人因失误。运行经验显示，很多事件的发生是运行人员使用的系统状态显示不充分所致。一个可行的解决方案是，增加指示器或报警功能，降低相关事件的发生频率。

当用户表现出过于依赖其“最喜欢”的信息来源方式，而且不相信其他显示时，可能会发生另一种类型的失误。这种情况下，明确界定了操纵员的行为原因，培训用户观察和考虑所有一切可用的指示器。

（4）可运行性、可维修性和可试验性

系统设备如果没有配备运行性、可维修性和可试验性所需的必要设施和分支电路，则可能会发生失误。这种情况下，一个可行的解决方案是，为系统配备上述设施，减少上述任务执行过程的人因失误。由经验丰富的人员早期参与系统设计，这个良好实践有助于减少潜在的人因失误。

（5）任务的复杂性

任务的复杂性增加了人因的发生概率。因此，降低任务复杂性就是降低事件发生概率。一个可行的解决方案是，制定工作计划时，尽量减少同一名运行人员需要同时处理的任务数量，尽量减少不同人员同时开展的关键任务的数量。进行任务充足，尽量减少接口数量，是降低人因失误的一个重要解决方案。

（6）联锁

运行经验显示，一些事件的发生是因为运行人员没有及时考虑各项操作的正确配合与预防措施。系统设计时，通过联锁（或强制功能）的使用，可防止这些失误发生。一个简单的例子是，增加联锁装置，防止泵在入口阀关闭的情况下运行。

（7）纵深防御

人因失误如果缺少充分的屏障，可能会导致严重的安全后果。在系统设计或工作计划中加入大量实体和/或行政屏障，尽量降低人因失误的后果。一种方式是在系统设计和工作计划中落实“纵深防御”。例如，一个可能的解决方案是，要求对重大任务进行双重检查。

5.4.4 组织因素

组织因素可能是事件的根本原因。大量人因都与集团或电厂组织弱项有关。

（1）安全文化

安全文化具有两大组成部分。首先是指组织内建立必要的框架和各级管理层的责任。其次是指各级员工响应上述框架和从中受益的态度。在任何重要活动中，人们的行为方式受到高层要求的约束。这些活动中的一项是建立有效的纠正行动。这个过程中，管理层可能不得不强调安全目标的优先级高于生产目标的优先级。经验显示，这个信息的有效性不只取决于信息是如何制定和宣贯的，更是取决于人员是如何理解的。

可利用失效和未遂来避免严重事件的发生。建立强大的推动力，确保有教育意义的所有事件得以报告，对发现内容、趋势和补救措施给出及时反馈。积极鼓励员工报告一切必要的细节，从中学习经验，找出有效的纠正行动。

安全文化开始变弱的一个最明显的迹象是，大量的纠正行动超期或者未得到有效解决。对优先级事项进行管理，确保电厂安全问题得到与其重要性一致的重视程度，这是这个领域的一道行动防线。投入相应的努力，有效落实遗留的纠正行动，减少积压项。

（2）以流程为导向的管理

明确规定了纠正行动流程相关的组织结构、职能责任和宣传环节。分配充足的财务和人力资源。执行纠正行动的组织部门建立了流程，如：

① 识别包含事件诱因在内的电厂问题；

② 启动和处理有效纠正行动方面的活动；

③ 检查有效纠正行动的确定和落实是否充分；

④ 跟踪所实施的纠正行动的有效性。

经验显示，纠正行动最终成功中的失效受到组织内流程管理水平和组织在所有相互作用方面的理解水平的影响。如果一项纠正行动的执行涉及了一个以上的组织部门，一些电力公司已经建立了一种内部做法，任命流程责任人作为主要客户，不管涉及哪些职能组织部门，由其协调各级流程中的各种职能和工作活动。他们协调具体纠正行动的端对端流程，确保取得最佳（有效且高效）的总体绩效。他们直接相应级别管理层沟通，向其汇报纠正行动有效性方面的重要信息。流程的主要管理人开展内部自评，评估有效纠正行动执行组织的具体流程和充分性。不直接负责执行纠正行动的其他组织（或者相同组织部门的其他部分）的人员也会进行定期检查。

（3）团队协作

团队协作是推动纠正行动成功的一个重要组织因素。建立电厂各层级之间定期的充分沟通，交流重要的信息。一些组织机构发现，以综合数据为中心开展团队协作活动很有帮助。无论现行数据库的迭代能力如何，所有相关部门、流程责任人与电厂管理层一起定期开会，以增强团队内的直接交流，这是一项良好实践。

（4）任务要求和工人能力

管理工作的核心是为人员布置任务。布置的任务要求超出了工人能力，是人因失误的重要促成因素。有效的纠正行动确保人员具备执行任务的足够资质，而且这种资质在人员的能力素质范围之内，以满意完成任务。在不可行时，通常是一种有效的管理纠正行动是将人员转派到其资质、能力和素质可产生积极影响的其他岗位，用以增强人员的满意度，使组织受益。

5.4.5 程序

许多人因可通过建立清晰、准确的程序和通过管理层强化程序使用和遵守而避免。这将有助于减少工人执行任务时对技能和记忆力的依赖，协助工人决策，帮助确保指定任务的执行方式一致。

书面程序提供了逐步指令，介绍如何以及何时执行任务的各个部分。流程图、决策表和检查单等工作辅助工具可简明地汇总所需信息，进行问题诊断，协助工人执行含有多个步骤的任务。除非主管组织部门之前开展过评审流程，否则下令要执行的工作必须与工作程序中规定的一致。

一般而言，程序必须满足以下关键要素才可强化人员绩效：

① 程序风格和用语要实用、熟悉和易于人员理解。

② 程序需准确、足够详细和完整，确保可信度，保证持续使用。

③ 程序中明确描述了重要决策和安全关键步骤。

④ 程序步骤要以合理的顺序编写，警告与预防措施要写在步骤执行之前而不是之后。

⑤ 警告与预防措施中没有决策步骤或指令；仅提供信息参考。

⑥ 加入了验收准则，确保流程的满意完成。

另外，考虑了以下行政措施：

① 经验丰富的人员参与到程序编写中去，以合理的频率升版程序，确保程序准确，描述了现实中待完成任务的执行方式。

② 建立程序使用人员提出程序待改进项的流程。

③ 向目标程序使用人员提供程序并解释其内容。

④ 电厂的质量管理体系确保工作地点始终配备了最新版的程序。

与程序相关的纠正行动解决了上述各个元素，一旦可行且实用的话，纠正行动中应包括由经验丰富的人员在模拟机和/或现场实施验证和确认。使用指令辅助办法时，有效的纠正行动中要包括确保维持配置控制的内容。

5.4.6 培训

通过培训，来确保人员获得有效完成各自职责所必须的知识和做法。培训中加入运行经验。对培训不充分引发的事件，开展的纠正行动要纠正培训方法、培训计划和文件，以此确保许愿充分了解培训传达出的信息。对于没有配备培训或培训不够充分的活动中发生的事件，证实以下类型的培训对减少人因失误最为有效。培训后开展实际考核，确保培训有效性，这是一项良好实践。

（1）初训

初训一般在课堂或作业场所进行，由教员的监督下，辅以在岗经验。针对他们定期碰到和不常碰到的工作，为人员做准备。如果培训里不包括不经常碰到的事件或情况，成功处理上述情况的可能性将完全取决于个人的问题解决和决策能力。一个有效的纠正行动考虑到为这些不经常开展的任务制定培训模块。

（2）复训

除了初训外，针对日常、非日常或有经过调整的任务开展复训，会使人因失误降到最低并减少工人技能下降的可能性。需要通过复训大纲，协助人员获得并保持高绩效水平。这样的大纲保持了技能水平，甚至使技能提升超出了初训水平。例如，对于运行值不经常执行的运行任务，可在模拟机上演练。可行的话，考虑在作业开始之前，用设备教具开展培训，提升工人对设备熟悉度。

（3）即时运行经验反馈培训

对一项工作执行期间可能碰到的潜在陷阱保持意识来说，运行经验的收集、分享和反馈在一项任务执行前后尤为重要。

例如，针对工前会过程中使用运行经验信息，或者利用工后报告在问题报告系统报告任务或作业现场期间预期的遇到的人员绩效困难，提供培训。召开工前会时，要考虑如下问题：

- 这项工作的关键步骤是什么？
- 我为何会在这些关键步骤上出错？
- 如果在关键步骤上出错，会发生什么？
- 为了防止在关键步骤上出错，我需要执行哪些防御办法？
- 发生与预期不一致的情况时，要怎么做？

（4）沟通培训

经验显示，很多事件发生的源头是沟通不当。关于清晰的沟通、用语得当、立即发现潜在的误解和提问澄清，培训时说明其重要性，可能会避免大量事件发生。例如，培训和强化三段式沟通一直以来非常有效，被视为主控室与现场沟通时、长距离交流以及噪音环境区域中执行的一项良好实践。在某种类型的沟通中，例如在表述阀门名称时，使用语音字母法可防止出错。

（5）管理体系的培训

管理体系培训确保员工熟悉现有的电厂要求、政策和标准。帮助强化管理层期望，强化对电厂政策和标准的遵守。这有助于宣传和强化电厂的安全文化。

5.4.7　工作实践

任务执行和确保任务得到满意执行的办法中包含了很多统称为工作实践的问题。包括用以识别故障的质量标准和实践、最先进的工艺、材料、工具和设备的使用、文档的使用以及工作准备。良好工作实践包含的一些元素有：

- 完善及时的工作计划和准备；
- 工艺质量、以专业的方式开展活动；
- 使用正确且状态良好的工具设备；
- 备件处理得当；
- 遵守了程序和防护规定；
- ALARA 和尽量降低了潜在的照射风险；
- 遵守了消防工作实践和工业安全实践；
- 化学品和其他危险物质搬运得当；
- 挂牌系统使用正确；
- 作业现场保持干净、整齐；
- 采用了防异物保护措施；
- 尽可能地减少了临时修补和部分实施；
- 尽可能地减少了废物量，加以分隔和妥善处理。

所执行的任务经常是复杂的，会使任务需求、工作环境、人性或/和个人能力之间不匹配。如果发现上述元素之间不一致，那么纠正行动要考虑到困难、行为陷阱和潜在误区，提高任务期间的态势感知和尽量减少潜在的风险。

对个人绩效层面降低工作实践中潜在失误的有效工具，有如下建议：对可能的风险和预防措施有预期、“如果－那么”的态度、程序遵守、操作时自唱票、自检、停下来寻求外部支持和监护制等。除此之外，还有其他三种实践对减少作业场所的人因失误最为有效：关注细节、避免走捷径、避免草率决定和仓促操作。

对可能导致工作实践中出现人因失误的情况，主管和团队领导运用其他的有效工具来落实纠正行动。这些包括：工作需求与人员能力相匹配，为任务增加经验丰富的人员，召开工前会，强化期望的行为，鼓励人员的当责性和责任心，针对潜在问题采取预防措施，培养团队内坦诚交流的氛围，开展工作观察和工后点评，控制工作环境，尽量减少易于处理的干扰。

其他几个元素也有助于有效减少工作实践中的人因失误。这些元素举例如下：

- 张贴的标牌上信息充分，便于识别；
- 照明等工作条件有助于工作实践的开展；
- 主控室出入和现场工作区域出入加以限制，避免受到中断和带来不必要的干扰；
- 视需要提供可达性起重机和作业平台，推动作业的开展；
- 良好的厂房清洁情况。

这些元素可创造一个不易发生人因失误的更好的工作环境。

5.5 提升系统和设备性能的纠正行动

以下章节介绍了为提升系统设备性能而制定有效纠正行动时要考虑的一些最重要的领域。

5.5.1 裕度

可开发计算机软件等新型分析工具，以更好的了解安全裕度。这种知识使用方式可能会对电厂绩效以及某些事件的发生或重发产生影响。根据原始累积裕度的下降程度，实施改造时要采取预防措施，因为装置中的某个部分可能会发展出之前未出现过的新故障模式。有效的纠正行动中，规定了要确认和跟踪原始裕度下降的影响。同样的，对于新的或同一类型中的首个纠正行动，如果存在不确定性，则要大幅提升安全裕度，弥补这种不确定性。

5.5.2 维修模式和频率

某些监督试验的执行可能会使被试验设备受到应力影响。这些应力可能会影响设备的寿期。重新思考试验模式和频率可能会有助于有效制定纠正行动而不影响设备的可靠性。例如，应急柴油机启动和试验期间的应力，很多时候会大幅缩短设备的寿期。试验的实施很大程度上决定了发动机的故障率。作为纠正行动，已经发布了新的技术规格书，允许在大部分试验中以更温和的方式启动和带载发动机，进而减少应力。

5.5.3 材料兼容性

有时候，材料兼容性不充分导致出现重发缺陷。这些情况特别是由于焊接兼容性、电化学腐蚀、化学环境不合格、腐蚀产物杂质沉积作用等因素。对这些情况，可行解决方案的基础分别可能是运用转换材料、阴极防护、改进化学处理、清污等。无论使用哪种方法，有效纠正行动中都包括要识别出可能容易出现类似现象的区域，强化检查，利用预测性维修技巧。所有这些做法的目的是提前预测缺陷何时会再次出现，预估他们的发展速率，明确需要采取的预防措施和补充措施。

5.5.4　环境条件

材料和设备的存放和运行期间的环境条件对确保他们呈现良好的性能很重要。涉及材料或设备移位的纠正行动，要确保新地点的环境条件符合这些材料或设备的环境鉴定要求。有效的纠正行动中，规定了要确保新地点满足设备的鉴定要求。通过环境记录和质量文件，论证材料和设备满足适当的条件。

5.5.5　维修质量

考虑到相关工作的性质，某些维修工作在电厂车间或制造商设施开展的话，会比在现场开展时的质量更高。有效纠正行动采纳了那些确保维修质量的考虑事项。进而，对属于环境鉴定安全系统和设备的部件开展的维修和解体检修，也要满足相应的环境鉴定要求。适用的活动如：电机倒转、电子卡件维修等。为了取得效果，纠正行动要满足这些规定。

5.5.6　制造商和承包商的资质

有效的纠正行动满足了工作中相关制造商和承包商的资质要求。工作中相关制造商和承包商的安全相关质保大纲得到了有效落实和及时验证。定期监查制造商和承包商的质保大纲，以满足资质要求。

5.5.7　在役检查大纲

有效的纠正行动满足了设备、系统或材料在一旦投运后定期检查要求。明确了缺陷合格等级制定了便于设备检查开展的要求，如可拆卸式保温材料、使用易于出入的管廊、避免地下装置等。设备投运之前，要尽实际可能，记录、分析和反馈全部在役检查结果。

5.5.8　冗余度和多样性

冗余度和多样性是实施纠正行动时的两大重要属性。有效的纠正行动包括了确保维持充足冗余度的要求。此外，有效的纠正行动还要考虑潜在的共因故障。只要实际可行，使用多样化的设备可能会有助于防止潜在的共因故障。

5.5.9 使用可靠的系统和设备

有效的纠正行动确保了新系统和设备之前已在另一家参考电厂或设施实际证实过能提高有效的性能。如果无法保证这一点，在电厂实施这项改造之前，要采用试点机组概念来测试相关系统和设备，这是得到认可的良好实践。如果设备试验无法在合适的环境条件下开展，那么要全面分析相关的潜在问题。如果出现规模因素，要采取预防措施，分析各种故障模式，确保设施升级时，为取得满意的性能而保留充足的裕度。在一些情况下，模拟机是一个有效的工具，可用于测试改造，为人员提供新工况培训。

第 6 章 事件趋势分析方法

6.1 引 论

根据行业经验显示，重大事件的发生往往存在长时间的隐患，各种隐患往往以后果较轻的问题和事件在表面上呈现，并不会直接影响电厂的运行和安全，但不经过处理，日积月累可能会造成重大事故。这些重要的隐患信息必须充分发挥作用才能有效得预防更严重的事情的发生。因此，有必要对一段时期内所有事件进行的趋势分析，统计和总结事件的变化（增加、减少或静态），以确定是否存在的不利趋势，并通过分析来识别和纠正存在的潜在隐患，预防重大事故的发生。

6.1.1 事件趋势分析条件

进行事件趋势分析必须具备以下条件：

（1）必须在一定数据数量基础才能实行。

事件数量太少的情况下偶然事件的比例将会增大从而影响趋势分析结果。

（2）应具备基于数据的分类编码。

趋势分析主要进行分类统计，其中编码用于信息的统计分析，没有分类编码也就无法进行数据的分类统计进而无法进行趋势分析。

（3）数据信息分类准确。

事件信息分类准确与否直接影响数据的分类统计结果进而影响趋势分析的结果，因此在执行趋势分析的过程中尽量把收集的事件分类准确。

（4）数据要能够易于统计。

趋势分析主要进行分类统计，无法进行数据的统计就无法进行趋势分析。

（5）局限性。

趋势分析是基于大量数据的统计来执行的，他的主要用途是探测共因问题或趋势变化，假如没有足够的数据支撑就影响趋势分析的准确性。

有效的事件趋势分析需要许多电厂组织的支持。指定熟悉电厂事件分析方法的人员提出和分析数据，支持电厂职员趋势分析作的要求。这些数据分析向管理层警示电厂已发现的异常趋势或不利状态。

生产线生产线要审查这种异常趋势，并进行深入的分析。一些电厂已预先确定了报警值（通常与发生的频率有关），这样就能自动启动更深层的分析。生产线应该了解电厂事件趋势分析过程，知道在他们部门如何使用这些数据来提高业绩。管理层的反馈意见对研究和关注事件趋势极为重要，也可以提供适用的和有用的信息。

6.1.2 事件趋势分析的基本概念

趋势分析：事物或局势发展的动向。对一段时间内的一组事件的某一共性特征进行统计分析以寻找所关心事件组的这一特征的发展趋势的分析过程。

共因分析：为寻找某些事件特征的相同原因，或将相同原因的多个事件放在一起，进一步分析这些原因存在的理由，挖掘更深层次的原因。

二级分析：在每一事件的根本原因分析基础上进行的共因分析或趋势分析。

直接原因：立即导致事件发生的失效、行为、疏忽或条件。

根本原因：深藏的原因，如果被纠正了就能防止事件、不利条件的重新出现。

贡献因素或促成因素：此原因的存在不必然会导致事件发生，但它使事件更易发生，仅它被纠正并不能阻止事件重发。纠正它可以降低事件发生的可能性，并提高工作过程的质量。

原因因素或原因因子：根本原因和促成因素的总合。

故障：对于设备故障而言是指非预期的设备状态，对于人的故障是指非预期的人的行为或人所控制的状态。

纠正行动：为消除事件根本原因、促成因素、可能原因，为消除和减轻事件后果，为减小事件重发可能性以及为提高事件相关工作过程的质量所采取的行动。

6.2 趋势分析步骤

本章在前期调研国内外各核电厂和研究机构的趋势分析现状的基础上，重点对趋势分析关键步骤和分析方法进行详细说明，趋势分析的基本流程如图 6－1 所示。

6.2.1 数据收集

趋势分析前期需要收集电厂的大量信息，从各电厂提交的报告记录一些事件的关键数据项，只要收集的数据全面、准确，才能为后续的编码分类、趋势分析查找、确定不利趋势提供强有力的保证。事件数据收集阶段是整个趋势分析过程的基础，起到至关重要的作用。

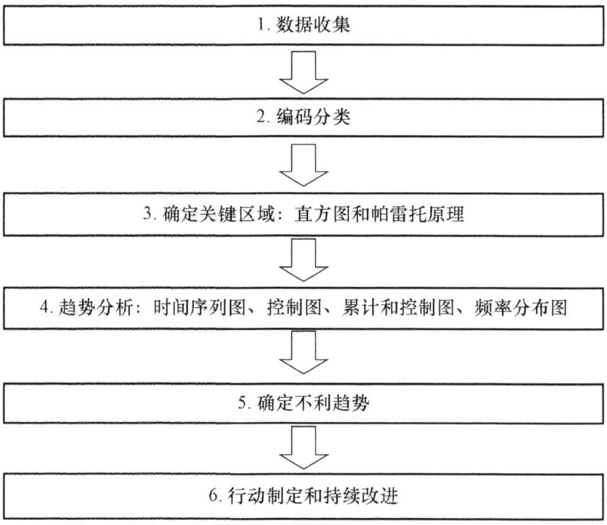

图 6－1　趋势分析的基本流程

事件报告信息统计分析过程中，应记录一些事件的关键数据项。通常包括：

- 事件代码（事件编号、电厂简称）；
- 事件发生的时间和地点；
- 事件的后果；
- 相关的系统和设备（故障、失效、降级或受影响的系统和设备）；
- 标准运行状态（事件发生或发现时机组所处标准状态）；
- 活动（事件发生或发现时正在进行的活动）；
- 直接原因（直接导致事件发生的失效、行动、遗漏或状态）；
- 根本原因（深藏的原因，如果被纠正了就能防止事件、不利条件的重新出现）；
- 促成原因（事件原因，如果纠正，尚不足以阻止异常情况的发生，但认为其也很重要，如果纠正，则将提高过程或产品质量）。

在事件分析的不同阶段，通过协调员或部门评估员把这些数据输入到事件报告系统里，事件数据会被不断地累加，会影响最终结果。因此对许多的事件报告只有在最终结果确定以后才会将一些非常重要的原因因素代码添加进去。

在系统中还会有其他一些数据。包括：

- 事件报告的数量；
- 调查的时间表；
- 延误的行动。

在核工业中，应大量收集运行数据以用于提高生产的安全性能。因此，报告递交的门槛应从事故下调到异常、低水平事件或尚未影响安全生产的事件，这将会提供一个了解安全生产状态的前提，经验反馈数据库中应包括所有可用资源的报告信息。

低水平事件、未遂事件与事故或重大事件的关系如图 6－2 所示。

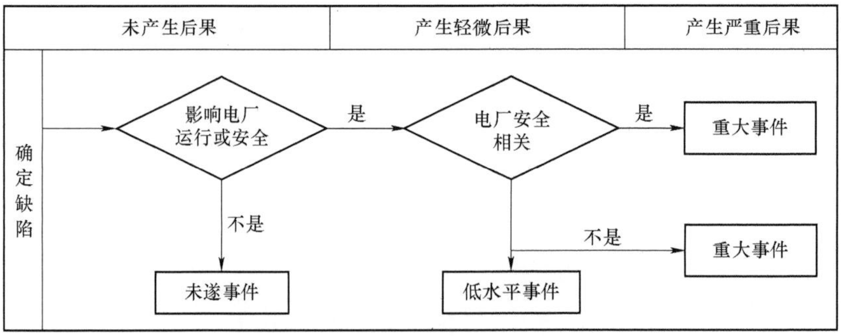

图 6-2　未遂事件、低水平事件和重大事件的关系图

数据收集应包括经验反馈数据库所有的缺陷或活动，包括有关的组织和人因问题以及设备故障和其他缺陷问题。所有数据收集系统应该使用一套统一的规则。

6.2.2　编码分类

事件编码是反映事件特征和属性的一组数字或字母组合，事件编码过程是给每个事件记录一个正确的属性，将事件信息减少到用于进一步统计和分析的几个基本特征，是趋势分析中最重要的工作，因此所有的事件，不管造成的后果如何，都应该在数据库中进行收集和代码分类。利用代码对收集到的信息进行分类是信息流通的重要组成部分，因为它减少了事件信息在后期的特征分析中的步骤，正确的代码分类是一个数据库价值的体现，它简化了后期的事件分析。

为了有效地处理大量的事件数据，每一件事件信息应该进行评估和编码，包括事件的重要事实（如电厂状态，时间，日期，相关设备和人员等）和原因等，其中数据收集、数据编码可以在各电厂递交报告的时候完成，在数据库系统中设定需要收集的信息类窗口，每个窗口提供每类信息相关的选项，供事件输入时选择，减少各协调员或信息员的工作量。但是提交的每份报告信息需要专业人士对其进行审批核实，对有关信息选择不正确或恰当的，需要对其进行修改，并告知此相关协调员或信息员。

趋势代码的分类有很多种，包括事件活动分类、事件根本原因分类、事件直接原因分类、电厂状态分类、事件发生位置分类，电厂活动分类，根据系统分类或根据电厂自身特点创造的代码分类等。WANO、IAEA、INPO 等组织都建立了自身的事件编码体系（详见附录二）。利用代码进行趋势分析的要点在于允许组织根据自身需要对具体的事件采取行动，根据组织因素进行事件评估，然后应用组织因素代码的不利趋势检测缺陷。应该特别注意的是必须保证不同的个体对事件的编码是相同的，既需要有统一的编码标准，良好的标准将减少数据的变化，并帮助提供有效的分析和统一的纠正行动。

本部分采用中广核集团全生命周期集成的经验信息编码规则对核电厂事件收集的数据进行代码分类，从经验数据的探测、识别到信息的分类筛选、分析评价和行动措施四个环节进行分类说明。

（1）探测与识别阶段编码，主要是事件上报时需要收集的基本信息，包括十类属性。

① 技术路线：核电厂的设计阶段采用的技术堆型，如 EPR/CPR1000/AP1000 等。

② 信息来源：知识经验信息的来源信息种类，如执照运行事件、工程建造事件和外部事件等。

③ 业务领域：知识信息所属业务领域，如运维、工程领域等。

④ 工程阶段/机组状态：核电项目在建时所处的阶段或运维核电厂机组的运行状态，如满功率、冷停堆、调试等。

⑤ 发现位置：经验信息第一时间出现地点，如控制厂房、汽轮机大厅等。

⑥ 相关活动：经验信息正在发生时涉及的主要活动，主要从运行活动、维修活动、技术活动及其他四大类型进行详细区分。

⑦ 后果类型：经验信息发生后导致的后果或风险类型分类，主要从机组后果、放射性后果、工业安全后果及其他四大类型进行详细区分。

⑧ 发现方式：知识信息是如何被发现的，如巡视、评估发现的信息等。

⑨ 工程影响要素：工程信息影响的主要因素，如安全、质量、环境等。

⑩ 工程所属板块：工程知识信息分属于的工程建设业务领域，主要是设计、采购、调试、施工和职能。

（2）筛选和分类阶段编码，主要是事件初步分析和筛选所得到信息属性，包括七类：

① 信息类别：知识信息所属的类型业务领域，包括运维人因、设备、管理、工程人因和研究设计人因等。

② 相关专业：经验信息所涉及的主要专业领域。如运行、维修、燃料等。

③ 相关岗位人员：知识信息发生时，涉及的主要岗位责任人员或有可能从中吸取经验的人员，该部分编码参考 WANO 相关人员编码分类，从运行、维修、技术、支持以及工程方人员。

④ 人因失误症状：人因导致的经验信息发生时，人员失误表现的主要症状，如错误使用文件、隔离错误、走错间隔等。

⑤ 设备故障症状：设备相关的经验信息出现时，表现的主要故障现象或故障表象，如轴承损坏、启动失效、管道泄漏等。

⑥ 管理失误症状：管理类相关的经验信息发生时，主要表现的失误类型，如失察、战略规划错误、管理期望错误等。

⑦ 工程缺陷症状：工程相关的经验信息，所表现的主要缺陷类型，如设计缺陷、分包商或供应商设计管理缺陷等。

（3）分析与评价阶段编码，主要是事件详细调查分析阶段所得到信息属性，包括五类：

① 调查分析等级：经验信息按重要度的级别进行分类，主要包括根本原因分析、显因分析、基本原因分析和不进行调查分析。

② 直接原因：直接导致事件发生的失效、行动、遗漏或状态，该部分编码参考WANO 直接原因编码分类，主要包括机械失效、电气失效、化学或堆芯物理失效、液压和气压失效、仪控失效、内外部环境、人因和未知。

③ 人因任务频度：人因相关的经验信息发生时，相关工作任务安排的频度或频率，如日常、大修、年度、季度等。

④ 人因失效工作时间安排：人因失效相关的经验信息发生时，工作时间计划是如何安排的，如节假日、夜班、工作日最后一天安排的工作等。

⑤ 原因因素：经验信息发生的根本原因或促成因素，该部分编码参考 WANO 原因因素编码分类，主要包括人为原因、组织管理原因和设备管理三大类。

（4）行动措施编码，主要是经验信息发生时应立即采取的措施或行动类型。

6.2.3 确定关键区域

关键区域是指需要进行进一步趋势分析的区域，用特定的代码对初始数据进行统计分类，使用直方图和帕雷托图形确定需要分析的“关键区域”，也可以根据趋势分析需求设定。

简单来说，直方图是表示分组数据的条形图，而帕累托图则显示这些数据排序以显示最常见的组，这两类图表都可用于识别导致数据达到峰值的特定区域或识别哪些区域是最重要的，因此需要重点关注和分析以逆转不利趋势。图 6－3 显示相同的数据。

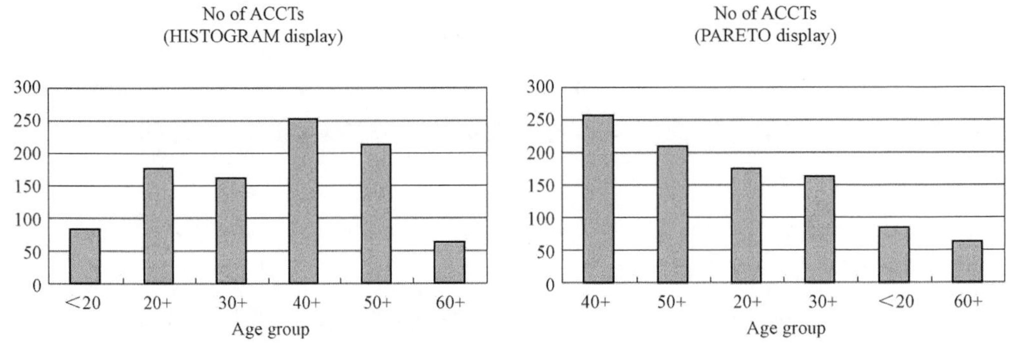

图 6－3　直方图与帕累托图

（1） 帕雷托原理

1879 年，意大利人维弗雷多·帕雷托提出：社会财富的 80%是掌握在 20%的人手中，而余下的 80%的人只占有 20%的财富。帕雷托原则可以应用于任何领域来发现重要和头等问题。

帕雷托原理是用来描述不等式的数学模型，帕雷托原理或者叫 80/20 理论是是适用于任何领域的自然定律，它可以帮助我们找到所需要的关键区域。帕雷托图形方法有六个步骤：

① 数据收集。

② 数据分类（基于组事件原则）。

③ 指定时间区域（一个季度）。

④ 计算指定时间内每类事件数目占事件总数的百分比。

⑤ 将各类事件按降序排列。

⑥ 确认出占总数 80%的事件类别（不超过三种事件类别）。

适用帕雷托原则的必须有一个集中的事件类别，如果事件是平均分配，那么，80/20 规则不适用，此时则需要根据电厂特点进行关键区域的划分。如图 6–4 所示，图 6–4（1）中 A、B 两各区域累计总和超过 80%，确定此两各区域为关键偏差区域，需要对此两个区域进一步分析。图 6–4（2）则无法适用 80/20 规则。

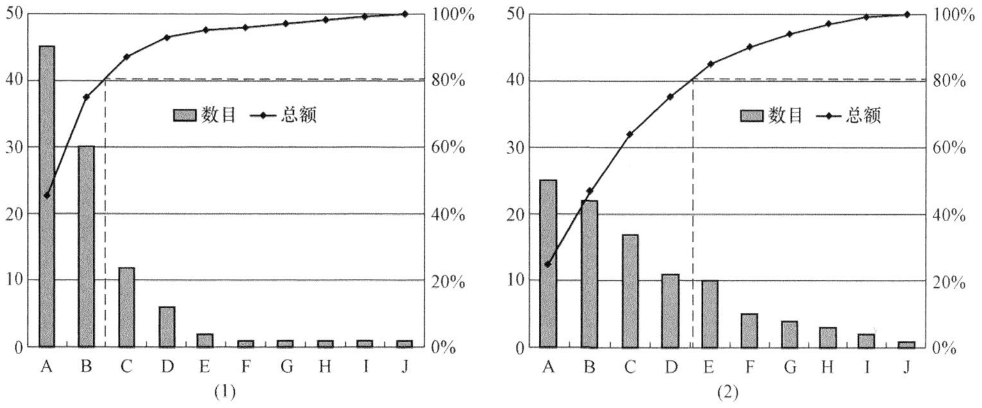

图 6–4　帕累托原理

（2）其他关键区域

帕雷托原理查出的关键区域是在时间段内问题集中的区域，除此之外的一些区域也应该予以数据分析以查处潜在的趋势，如图 6–5 所示，不适用于帕雷托原则。此时，如果事件组具有时间跨度，可以统计出事件组某一特性按时间的数量分布，如图 6–5 所示。

对于其他关键区域确定，采取如下判断标准：

- 在一段时间内数目显着增加或减少的具体事件。
- 涉及相对重要区域和后果的事件（如，管理，预算，核安全，工业安全，运行等）。
- 偏离工业安全标准，企业目标，电厂目标等事件。
- 重复出现的有可能涉及重大事件的小事件或未遂事件。
- 连续三个时期增加或减少的事件。
- 存在较小变化的某些重要区域。

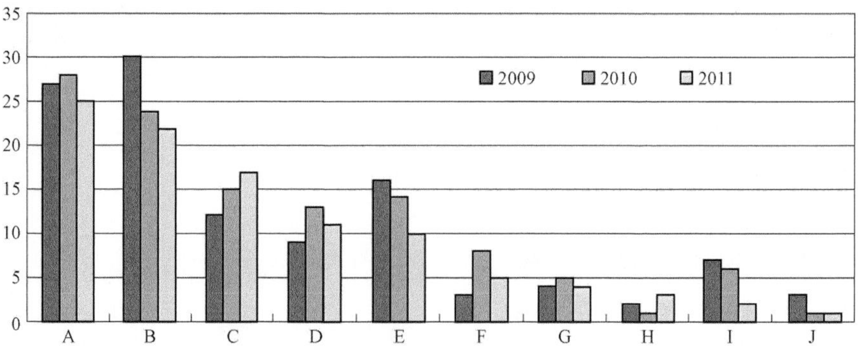

图 6–5　其他关键区域

如图 6–5 所示，C 区域事件数量连续三年增加，该区域需要进一步分析；H 区域 2011 年较 2010 年事件数量显著增加，该区域需要进一步分析；B 和 E 区域事件数量连续三年减少，该区域也需要进一步分析。

根据电厂经营指标和安全需求，可自身划定需要分析的关键区域，如根据负荷、工业安全、辐射防、安全系统可用性、停机事件、停堆事件、燃料可靠性、技术规范和人因失误等方面将所得事件进行分类，然后对每类事件进行趋势分析。

6.2.4　趋势分析

所谓趋势分析是指与期望的水准相比较，确定偏差；一般地，将一个参数一段时间发生的频度与阈值（也就是期望值）进行比较。超出阈值的任何偏差将作为进行深层分析的候选对象。一些关键区域确定以后，则需要对每一个关键区域进行趋势分析，对每一个需要分析的编码分类绘制以时间序列为变化的统计图，该环节包含很多数据分析技术，取决于趋势分析的具体要求（详见附录）。

（1）趋势分析过程中，建议主要应用方法为时间序列图，该方法比较直观和简洁，如图 6–6 所示，一般情况下分析六个周期内不同编码类别的数量分布情况。

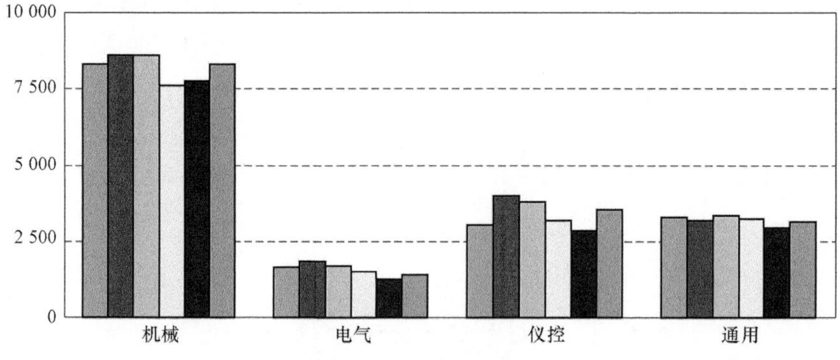

图 6–6　时间序列图

① 出现连续三个循环周期数量上涨，则需要讨论判断该上升幅度是否需要关

注分析；

② 连续六个循环周期均在持续上涨，则需要针对该类别进行原因分析和行动；

③ 其他情况根据专业人员一起讨论来确定趋势的性质。

（2）时间序列图也可结合趋势拟合方法（如线性拟合、幂、多项式拟合、对数拟合等）画出数据变化曲线，则为此类事件随时间变化的趋势线，如图 6-7 所示，近四个周期内数量持续上升，且本周期内数量出现激增情况，该类别需要进行重点分析和提醒。

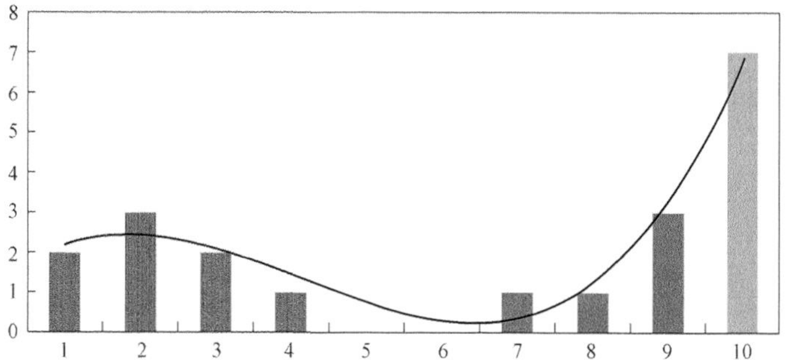

图 6-7　事件随时间变化的趋势线

（3）针对特定的类别，如界定为 IOE/LOE 的事件数量，可采取更专业的数据分析技术进行趋势分析，如控制图或频率分布图等，从定性角度确定数量趋势是否在控制范围内。

① 针对计划工厂、机组、属性、设备对象类别，利用直方图和时间序列图相结合方法进行数量统计分析；

② 人因事件中相关专业、事件类别、失误类型、相关活动、发现方式等基本信息利用直方图进行统计分析；事件后果和事件原因两种类别通过补充编码，利用直方图和控制图相结合方法进行统计分析；

③ 设备事件中相关系统、相关设备、相关活动、发现方式等基本信息利用直方图进行统计分析；故障现象、事件后果和事件原因三种类别通过补充编码，利用直方图和控制图相结合方法进行统计分析；

④ 针对重大设备、核安全相关重大事件（LOE）、电厂可用率相关、停堆、停机等重大后果事件，采用控制图和频率分布图详细分析事件数量、原因分布和趋势。

6.2.5　确定不利趋势

参考国际核电组织趋势判断方法（详见附录二），以下两个方式判断趋势：

① 根据初步统计结果收集各领域专家的意见，讨论确定是否存在不利趋势和共性问题；

② 结合数据统计方法判断标准对趋势进行判断，辨识弱项和不良趋势。如通过确

定的趋势，根据区域特征分析判断出现是否在正常掌控范围，根据趋势图的上升或下降幅度以及控制图中上下限来初步确定不利趋势，更重要的是根据分类事件的特点和电厂在该领域的具体要求来分析确定趋势的有利与否。

趋势存在确定后，可根据统一的格式递交具有扼要分析和调查结果的状态报告，由相关管理人员校核和确认，并分发各部门。电厂和组织相关的状态报告需经过会议讨论决定。报告一般需要包括数据，屏幕截图和图表等，一般确定的报告预计不会超过三个不利的趋势。报告批准以后，应对相关问题进行趋势调查，按照正常模式进行直接原因和根本原因分析并指定纠正行动予以解决。

报告批准后，进行讨论，如果确定分析结果合适，应提供确定趋势的所有事件报告，然后按照正常的原因分析方法进行分析处理。

6.2.6 行动制定和持续改进

针对确定的不利趋势和共性问题，需要进一步调查和分析存在的原因，并根据查找到原因，制定相应而有效的纠正行动。纠正行动实施后，需要跟踪行动的执行情况，在下一个时间周期内，对纠正行动的有效性进行审查，确保已经有效消除了此类事件的不利趋势。

当一个潜在的趋势确定后，相应的数据应该进行分析，以便：

确定事件的原因；

发起有效的纠正行动。

纠正行动必须具备如下特点：

明确、具体；

可操作性；

统一性；

可行性；

及时性。

纠正行动实施后，需要对其进行有效性审查：

允许纠正措施有足够的时间来解决问题；

审查性能，验证纠正行动是否成功关闭了该偏差。

通过适当的时间间隔对趋势进行审查，确定趋势已经消除，先前提供的相关事件报告也会进一步审查，这时趋势要么已经得到改善，要么已被确定为一个新的“趋势”。

6.3 事件编码体系

事件编码是反映事件特征和属性的一组数字或字母组合，事件编码过程是给每个事件记录一个正确的属性，将事件信息减少到用于进一步统计和分析的几个基本特征，是趋势分析中最重要的工作，是趋势分析结果正确与否的关键所在。目前中广核核电厂普遍使用的是 WANO 编码体系对 IOE、LOE 进行分类分析，此外 IAEA、INPO 等组织也都建立了自身的事件编码体系。本章简要介绍调研到的各核电组织用来趋势分析所使用的编码体系。

（1）IAEA 趋势编码

IAEA 趋势分析文件中针对趋势编码选取了 17 类，并由一个字母和一个数字对每类进行识别。IAEA 趋势编码主要是对数据库中有独立后果、已确认涉及业绩问题的事件进行编码处理，是基于事件调查结果和原因事实进行的编码处理，所使用的编码体系适用于业绩提升相关趋势状态分析。除此之外，IAEA 还要求结合趋势分析需求，针对来源于事件本身的信息，包括电厂状态、日期、事件、涉及的设备和人员等信息进行编码处理。IAEA 趋势编码相关字段见表 6－1。

表 6－1　IAEA 趋势编码相关字段

A. 沟通	信息的呈现和交流
B. 程序和文档	信息的书面呈现和交流
C. 显示和标签	用于电厂和个人信息交流的设备设计
D. 环境条件	工作区的状况
E. 员工的时间表	促进员工执行所分配的任务的能力的因素
F. 工作实践	员工用于完成所分配的工作的方法
G. 工作计划和安排	如何完成任务的计划、范围、分配和安排
H. 监督	用于指导员工执行任务的方法
I. 培训/资格鉴定	执行任务时是如何受到培训并取得资格的
J. 变更管理	变更执行的过程
K. 人员管理和材料管理	如何将人员和材料分配给一项任务
L. 管理	用于控制或指导电厂活动的技术
M. 设计配置	支持运行和维修的系统与子系统的布局
N. 设备选择和安装	设备选择和安装
O. 维修/试验	在最佳状态下设备维修的过程
P. 系统运行	设备或组件的实际性能
Q. 外部影响	组织直接控制范围外

（2）INPO 事件编码

INPO 编码体系包含 11 类字段，与 WANO 编码体系不同的是将根本原因细化为设备原因、人为原因和管理原因三类，且新增了事件类型、即时性行动、预防性行动和安全文化要素相关编码。INPO 事件编码体系字段如表 6－2 所示。

表 6-2 INPO 事件编码体系字段

事件类型	事件发生后导致的缺陷或后果
核电厂状态	事件发生时反应堆或核电厂状态
后果	事件造成的实际后果
设备	事件相关设备（失灵、故障及受到影响或降级的设备）
直接原因	立即导致事件发生的故障、人员行动、工作疏忽或状况
设备原因	事件在设备方面的根本原因
人为原因	事件在人因方面的根本原因
管理原因	事件在管理方面的根本原因
即时性行动	事件发生后立即采取的纠正行动
预防性行动	事件发生后为防止重发采取的纠正行动
安全文化	事件涉及的核安全文化

（3）WANO 事件编码

WANO 事件报告编码使得所有成员中事件的报告和问题领域的识别保持高度一致性，主要是用以提高查询和趋势分析的能力，以突出需要关注的普遍问题领域。WANO 编码体系包含 11 类字段，如表 6-3 所示。

表 6-3 WANO 事件编码体系字段

INES 级别	确定该事件的 INES 级别，对于没确定 INES 级别的事件，则定为 0 级
电厂状态：	描述事件发生或发现时反应堆或电厂的状态
电厂活动：	描述事件发生或发现时电厂正在实施的活动
直接原因：	描述直接导致事件发生的失效、行动、失误或者状态
报告准则：	确定事件的报告准则
*后果：	描述事件后果
*系统：	描述故障、失效、受影响或降级的系统
*部件：	描述故障、失效、受影响或降级的部件
*班组：	事件涉及到的人员班组或者可从事件中获取经验教训的班组
*根本原因：	最基本的原因，如果得到纠正则可以防止事件重发
*原因因子：	事件的促成原因，如果得到纠正，虽然不能防止事件发生，但能使电厂意识到需要纠正行动

（4）EDF 事件编码

EDF 事件编码通过一级公共编码和二级可以确定其特征的特征数据表，以对每个事件信息进行属性配置，以便进行趋势分析。其中一级编码主要是按照领域分组，并对每个领域重新划分，以便覆盖足够广泛的范围，可以通过提供细节来尽量完善地描述所发现的事件，编码规则是 E 代表“事件”、XX 代表领域字母、N 代表细节；二级编码描述每个记录的特征并对之进行分级：一个代码描述事件、一个代码可以确定起源、一个代码表示原因。相关编码字段见表 6–4。

表 6–4　EDF 事件编码体系字段

一级编码	二级编码
核安全（SN）	发现方式（DET）
安保（SE）	机组情况（Tem 或 AT）
火灾（IN）	活动（Axx，A 代表活动）
电厂保护（PS）	参与者（Qxx，Q 代表谁）
辐射防护（RP）	设备（Oxx，O 代表在哪里）
环境（EN）	人因（CHx）
化学（CH）	组织原因（COx）
维护操作（EM）	设备原因（CMx）
设备（MA）	
工程设计（IN）	
管理组织（OM）	
通讯（CO）	
文件（DOM）	
人力绩效（PH）	
培训（FO）	

（5）British Energy 事件编码

BE 编码体系共 9 类，主要用于对所有的状态报告进行描述，应用于后续趋势状态监测。与 WANO 编码体系中原因因素、直接原因、电厂状态、相关活动、相关系统等项类似，但 BE 针对事件类别、发现方式制定了详细编码，并增加了基于 WANO PO&C 等评估应用的通用编码，见表 6–5。

表 6–5　British Energy 事件编码体系字段

事件类别	相关状态报告的不利条件，即发生事件所处的行动/条件
根本/原因因素	1、2 或 3 级状态报告使用的原因编码，以确定事件主要的原因
直接原因	描述直接导致事件发生的失效、行动、失误或者状态
电厂状态	事件发生或发现时反应堆或电厂的状态
活动代码	事件发生或检测到时正在执行的活动
相关系统	事件涉及的发生故障、失灵、受影响或降级的系统
位置代码	事件发生具体功能位置代码
发现方式	事件发现的条件或事件的人和情况
通用编码（可选）	在评估等过程中识别通用领域时使用，参考完整的 WANO PO&C

（6）国内核安全监管当局编码

国内核安全监管当局主要是对运行事件进行统计分析，侧重点更看重与核安全相关，以事件的探测、筛选、分析、纠正措施四个阶段为主线，共设置 17 类编码字段，见表 6–6。

表 6–6　国内核安全监管当局事件编码体系字段

事件准则	事件发生后导致的缺陷或后果
事件类型	识别安全相关事件，确定事件导致的缺陷或结果
INES 等级	根据 IAEA 发布分级表确定严重程度
机组状态	事件发生时或被发现时电厂状态
系统	事件涉及的发生故障、失灵、受影响或降级的系统
设备	事件涉及的发生故障、失灵、受影响或降级的设备
相关活动	事件发生时或被发现时电厂正在进行的活动
实际后果	事件发生后对电厂的实际后果
潜在风险	事件发生后对电厂的潜在风险
始发事件	事件影响的始发事件或事件涉及系统设备所关联始发事件
人因失误症状	事件发生过程中人因方面存在的失误症状
设备故障症状	事件发生过程中设备方面存在的失误症状
管理失误症状	事件发生过程中管理方面存在的失误症状
人为原因	事件在人因方面存在的根本原因或促成因素
设备原因	事件在设备方面存在的根本原因或促成因素
管理原因	事件在管理方面存在的根本原因或促成因素
预防性纠正行动	为防止事件重发采取的纠正行动

（7）某核电集团全生命周期信息编码

全生命周期集成的经验信息编码规则应紧密围绕设计采购、施工调试、核电厂运维和研究改造等核电全寿期各用户需求展开，从经验数据的探测、识别到信息的分类筛选、分析评价和行动措施四个环节进行设置，见表 6–7。

表 6–7　某核电集团事件编码体系字段

探测与识别	1.1 技术路线
	1.2 信息来源
	1.3 业务领域
	1.4 工程阶段/机组状态
	1.5 发现位置
	1.6 相关活动
	1.7 后果类型
	1.8 工程所属板块
	1.9 工程影响要素
	1.10 发现方式

续表

筛选与分类	2.1 信息类别
	2.2 相关专业
	2.3 相关岗位人员
	2.4 人因失误症状
	2.5 设备故障症状
	2.6 管理失误症状
	2.7 工程缺陷症状
分析与评价	3.1 调查分析等级
	3.2 直接原因
	3.3 人因任务频度
	3.4 人因失效工作时间安排
	3.5 原因因素
行动措施	4.1 即时行动类型

6.4　数据统计工具

趋势分析工具代表了数据分析的成熟技巧，目前基于数据统计有多种方法工具，本章主要介绍各组织已经在使用的方法，具体的使用取决于趋势分析的需求。

（1）时间序列图

时间序列图显示的是在一定时间间隔内事件数量的变化，描述流程特性值在一段时间内变化波动的趋势和规律的统计工具，是帮助确定是否存在不利趋势的最简单工具之一，针对每个属性酌情绘制在过去的 6 至 12 个月内事件数量随时间的变化曲线，并采用趋势拟合方法（如线性拟合、幂、多项式拟合、对数拟合等）画出数据变化曲线，则为此类事件随时间变化的趋势线。

时间序列画出以后，可以根据数据确定是否产生不利的或新出现的趋势存在，这是没有具体的绝对限制，可以根据自身特点设定限制值。如果趋势线明显上升时，则认为该类事件随时间变化有明显的上升趋势，确定为存在潜在的不利趋势。如果数据的时间序列确定一个潜在的不利或没有改善的趋势，那么需要生成趋势报告文件，并进一步评价。另一方面趋势线斜率较大，认为存在明显的上升趋势，确定存在潜在的不利趋势，需要进一步分析；而趋势线的斜率较平缓，则显示趋势停滞或没有趋势，如图 6–8 所示。

（2）控制图

控制图也称为管制图，由美国的贝尔电话实验所的休哈特（W.A.Shewhart）博士在 1924 年首先提出。控制图是一个管理控制工具，根据时间绘制数据，并根据月值的正

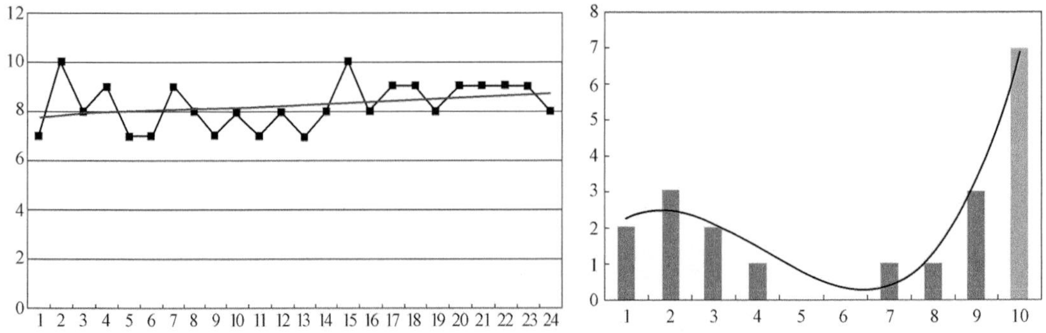

图 6－8　时间序列图

常波动确定数据的正常范围，显示在一段时间内的测量结果与确定了的上限和下限的比较。

控制图是由三条控制界限，即平均值线（CL）、上限界限（UCL）和下限界限（LCL）组成的图形。将电厂生产活动中发生的事件数量绘入图中，以判定其为控制范围内还是控制范围外。如果在控制范围内，则显示生产活动中发生的事件还掌握在我们的控制范围内，继续生产；如果超出了控制范围，则日常生产活动事件已经超出了我们的控制范围外，必须调查研究分析事件发生的原因，采取有效的纠正行动措施，消除偏差，防止同类事件重复发生，提高电厂的安全运行业绩。

控制图原理：一般工业事件处于稳定状态下，其计量值的分布大致符合正态分布，如图 6－9 所示。正态分布曲线具有如下性质：

- 当 $x<\mu$ 时，曲线上升；当 $x>\mu$ 时，曲线下降。
- 当曲线向左右两边无限延伸时，以 x 轴为渐近线。
- 正态曲线关于直线 $x = \mu$ 对称。
- σ 越大，正态曲线越扁平；σ 越小，正态曲线越尖陡。
- 在正态曲线下方和 x 轴上方范围内区域面积为 1。
- 3σ 原则：$P(\mu-\sigma<x\leqslant\mu+\sigma)=68.3\%$；$P(\mu-2\sigma<x\leqslant\mu+2\sigma)=95.4\%$；$P(\mu-3\sigma<x\leqslant\mu+3\sigma)=99.73\%$

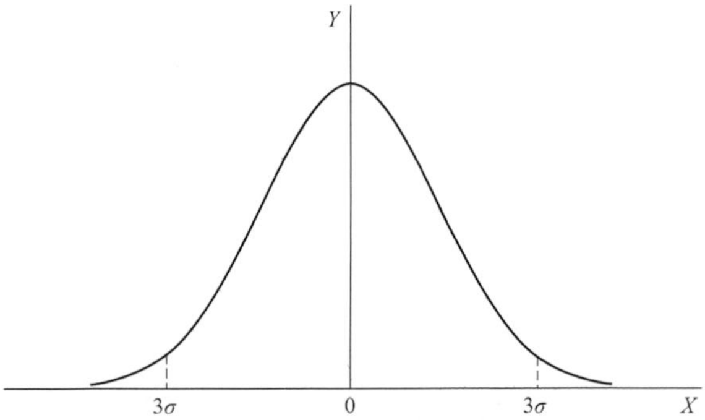

图 6－9　控制图原理

由正态分布的性质可知：事件数据出现在平均值的正负三个标准偏差（$|x|<3\sigma$）之外的概率仅为 0.27%。这是一个很小的概率，根据概率论“视小概率事件为实际上不可能”的原理，可以认为：出现在$|x|<3\sigma$ 区间外的事件是异常波动，它的发生是由于异常原因使其总体的分布偏离了正常位置。

控制界限的宽度就是根据这一原理定为 3σ。但是由于核工业对核安全有着至高的要求，结合多年的经验，在 3σ 范围内，事件超出此范围的数量相当少。同时事件数据在 2σ 范围外的概率仅为 4.6%。故推荐控制界限的宽度定为 2σ，超出此范围就确定存在潜在不良趋势，需要进一步分析。

在统计过程控制图上识别的趋势满足以下三个条件，就可以确定为潜在不利趋势：

① 在统计上显著（使用上面列出的标准规则）；

② 处在改进的反方向；

③ 通过 CAP 的趋势调查确定一个不利的趋势。

一般，只要是不利趋势事件，其趋势结果均需要通过因果关系图确定。这样，趋势将有特定原因，该趋势可以通过直接或根本原因来识别和纠正。

控制图的判定准则解读

（1）正常点子的动态

控制图上的点子如属正常，其分布情形应该是随机而不呈有系统的顺序与排列方式，因此正常的控制图，其数据的动态是：

- 多数的数据集中在中限附近；
- 少数的数据落在管制界限附近；
- 数据之分布呈随机状态，无任何规则可循；
- 没有数据超出控制界限外。

如图 6－10 所示。

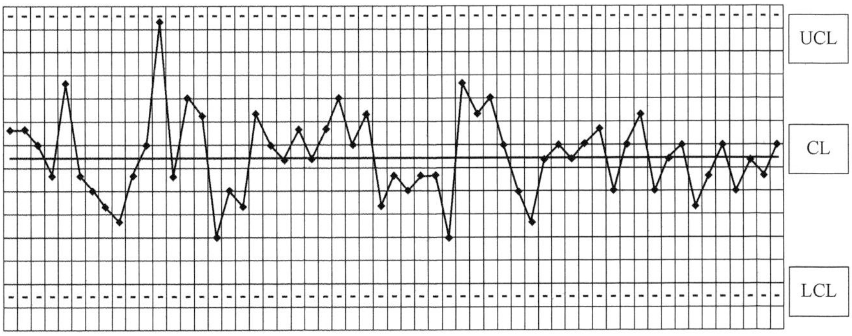

图 6－10　正常点子的动态

（2）不正常（不稳定）数据的动态

利用控制图进行事件趋势分析具体流程如下：

1）对于每个需要分析的类别（关键区域）进行评估分析，确定在一定时期内（六个月）此类事件报告的平均值和标准偏差；

2）根据平均值和标准偏差来确定事件允许数目的上限和下限；

3）当事件数目超过两个标准偏差或偏离允许数目上下限时，则此类事件需要进行进一步的查看和分析来找出存在偏差的原因。

比如我们设置当事件数量超过一个标准偏差时，显示黄色报警信号，超过两个标准偏差时，显示红色报警信号，此时事件需要进行进一步的调查和分析来找出存在异常的原因。

如图 6－11 所示，六月份的事件数量超过一个标准偏差处于黄色警告区，应采取措施进行预防，七月份事件数量超出了两个标准偏差，处于红色警告区，应立即进行调查，分析原因并采取相应纠正措施。

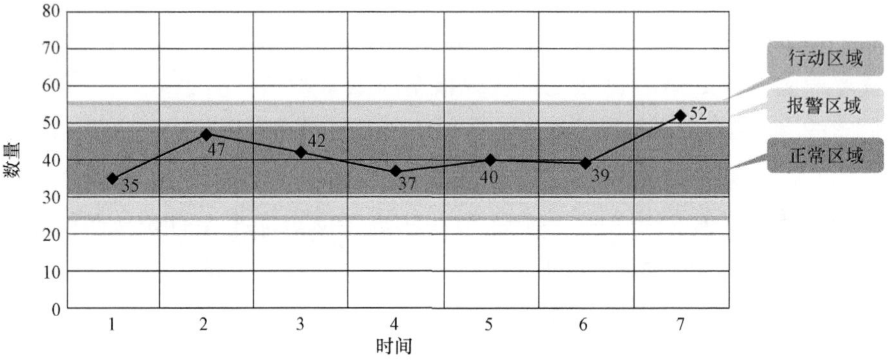

图 6－11　不正常数据的动态

如果没有足够的数据来确定一个标准偏差和上下限，则需要通过专业的判断来确定允许的变化趋势。

趋势图画出以后，可以根据数据确定是否产生不利的或新出现的趋势存在，这是没有具体的绝对限制，可以根据自身特点设定限制值。

（3）累积和控制图

累积和控制图（CuSum or Cumulative Sum of Differences）是通过对数据信息加以累积，将过程中小的偏差（偏离样本平均值的差值）累加起来，达到放大的效果，提高检测过程小偏差的灵敏度，是一种用于识别在一段时间内持续进行较小变化的技术。

累积和控制图把过程的小波动累加起来以达到放大的效果，所以当过程发生小波动时，它能够及时地监控出来，从而提高控制图的监控效率。累积和控制图通过对观测值与目标值之差的累和来描点，充分利用了整个观测值序列的信息，因为它是累积的，所以即便是过程均值中的微小波动也会导致累积偏差值的稳定增加或降低。

累积和的使用条件：生产是连续的，按时间次序获利的样本代表了随时间推移的过程质量水平，并且生产过程的质量水平是处在一个稳定的状态，一旦由于引起异常因素使质量突然发生了变化，那么过程在未调整前就将维持在这一状态，直到采取措施，累积和控制图就是用来及时发现这一变化的。

在累积和的绘制过程中，需要确定参数 h 和 f，其中 h、f 表示过程异常时所规定的标准化参数，一般取 $h=4$，$f=0.25$。对过程进行监控时，先设定两个参考值 K_1 和 K_2，并给出决策区间 H。其中：$K_1=T+F$，$K_2=T-F$，而且 T 为算术平均值 μ_0 的整数（四舍五入法取整），$F=f\sigma$，$H=h\sigma$。一组参数（h，f）决定了一个过程的检验方案。

假定在理想情况下，被测质量特性 $X\sim N$（μ，σ^2）令：

上单侧累积和：$C_i^+=\mathrm{Max}\left\{0,\ X_i-K_1+C_{i-1}^+\right\}$

下单侧累积和：$C_i^-=\mathrm{Min}\left\{0,\ X_i-K_2+C_{i-1}^-\right\}$

当 C_i^+、C_i^- 超过判断标准 H 时，可以判定工序失控。

假定样本有 N 个数据，分别为 X_1、X_2、…、$X_{n.}$。其中相关统计参数计算公式：

算术平均值：$\mu_0=\dfrac{\sum\limits_{i=1}^{N}x_i}{N}$

标准偏差：$\sigma_e=\dfrac{8}{9}\times\dfrac{\sum\limits_{i=1}^{N}\left|x_{i+1}-x_i\right|}{N-1}$

数据偏移量：$D_{\mathrm{i}}=x_i-T$

数据偏移累积和：$C_{\mathrm{i}}=\sum\limits_{i=1}^{N}D_i$

下面利用累积和控制图法对一年的生产过程进行监控，其各月数据如下表 6－8 所示。统计该电厂每月发生事件的目标值 $T=8$（平均值 $\mu_0=8.25$ 四舍五入取整），每月数据与平均值的偏移量如表 6－8 所示。

表 6－8　累计和控制图法监控的各月数据

周期/月	数值	偏移量	周期/月	数值	偏移量	周期/月	数值	偏移量
1	7.0	－1.00	9	7.0	－1.00	17	9.0	1.00
2	10.0	2.00	10	8.0	0.00	18	9.0	1.00
3	8.0	0.00	11	7.0	－1.00	19	8.0	0.00
4	9.0	1.00	12	8.0	0.00	20	9.0	1.00
5	7.0	－1.00	13	7.0	－1.00	21	9.0	1.00
6	7.0	－1.00	14	8.0	0.00	22	9.0	1.00
7	9.0	1.00	15	10.0	2.00	23	9.0	1.00
8	8.0	0.00	16	8.0	0.00	24	8.0	0.00

再把每月的偏移量累计在一起，绘制偏移量累积和随时间分布图，如图 6－12

所示，从 1 到 16 个周期，过程偏移目标值 T 的累积和基本稳定。但是此后，由于数据较平均值有少量增加，导致累积和持续增长。这些数据足够可以判断为存在不利趋势状态。

对数据进行统计得出：标准误差 $\sigma_e=0.97$，决策值 $H=4\sigma_e=3.86$，$K_1=T+F=8.2$，$K_2=T-F=7.8$，绘出随时间的累积和控制图，如图 6–12 所示。由图可以看出上单侧累积和在 21 个点以后数据均超出控制线，说明这些数据存在不利趋势，需要对此阶段的事件进一步调查，并进行根本原因分析。

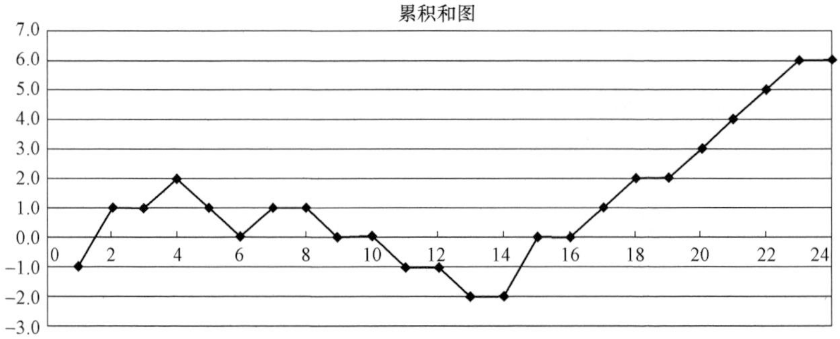

图 6–12　累积和控制图

对一个过程质量控制，为了实现对过程效果较好的控制，仅仅用休哈特控制图和累积和控制图都有可能与实际过程质量有较大的偏差。如果能把两个控制图联合起来使用，应该会有比较好的效果，如图 6–13 所示。

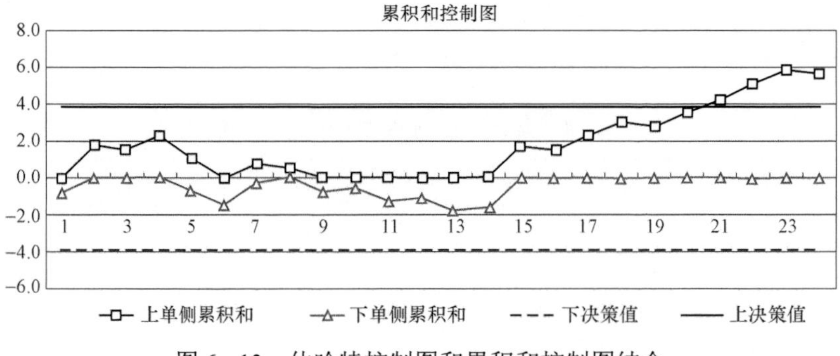

图 6–13　休哈特控制图和累积和控制图结合

（4）频率分布图

频率分布图用来计算和发现不常发生，但后果较严重或者需要重点关注的事件趋势，以监测该类事件是否存在显著变化。

当趋势计数和每个时间间隔（月，季度和年）的平均事件数小于 5 时，从控制图及其他统计图中很难得出有意义的结论，这时候通常利用查看事件之间时间间隔的方式来查看低频度事件的趋势，并根据此时间间隔绘制事件的频度分布图。

如表 6－9 所示，某类重要事件的年度发生分布，根据发生日期计算出相邻事件发生的间隔时间（天），据此换算成该频率下年度事件发生数量，如 365/7＝52.1 起，在图中列出该类事件各时间点发生频率。如图 6－14 所示，可以看出在 20 和 21 两个时间点事件发生频率突增，需要调查 7 月 19 日和 7 月 20 日时间内该事件相关共性问题。

频率分布图还可以和控制图相结合使用，根据发生频率计算出平均值线（CL）、上限界限（UCL）和下限界限（LCL），通过控制图界定准则来判断事件频度是否在合理范围之内。

表 6－9　某类重要事件的年度发生分布表

发生日期	1/3	1/10	1/22	3/1	3/4	3/14	7/7	7/19	7/20	7/20	8/7	8/16	10/8
时间间隔		7	12	38	3	10	115	12	1	0	18	9	53
发生频率		52.1	30.4	9.6	121	36.5	3.2	30.4	365	400	20	40.6	6.9

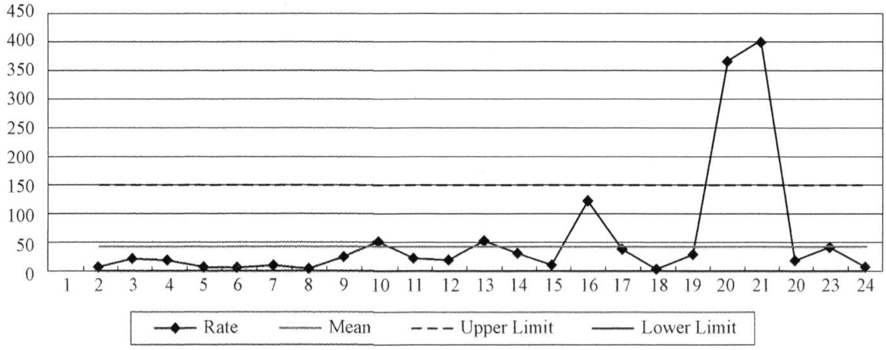

图 6－14　某类重要事件各时间点发生频率图

（5）其他工具

箱线图（数据分布）：箱线图（Boxplot）也称箱须图（Box－whisker Plot），是利用数据中的五个统计量：最小值、第一四分位数、中位数、第三四分位数与最大值来描述数据的一种方法，它也可以粗略地看出数据是否具有有对称性，分布的分散程度等信息，特别可以用于对几个样本的比较，如图 6－15 所示。

散点图（相关性及数据分布）：散点图（scatter diagram），在回归分析中，数据点在直角坐标系平面上的分布图。散点图表示因变量随自变量而变化的大致趋势，据此可以选择合适的函数对数据点进行拟合，如图 6－16 所示。

漏斗图分析（差异分析）：漏斗图适用流程比较规范、周期长、环节多的流程分析，通过漏斗各环节数据的比较，能够直观地发现和说明问题，如图 6－17 所示。

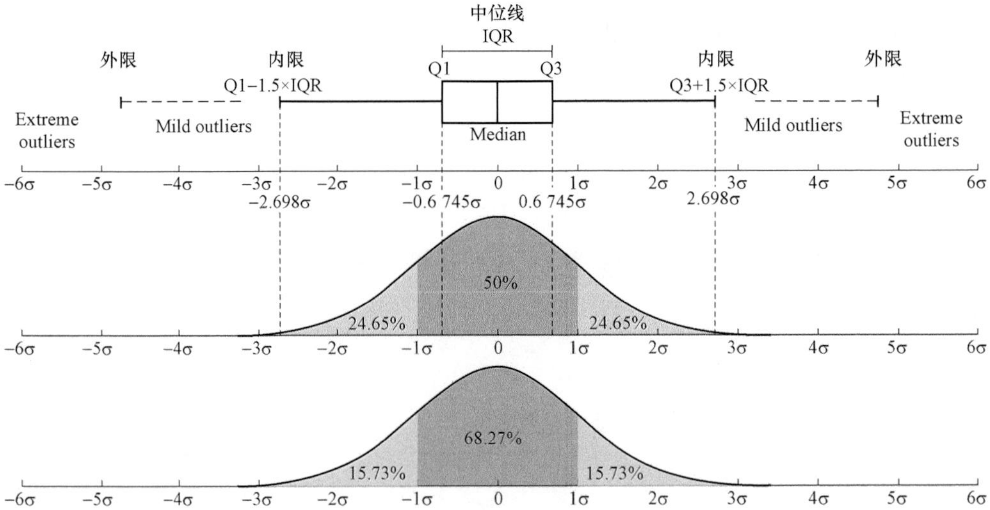

图 6−15　箱线图

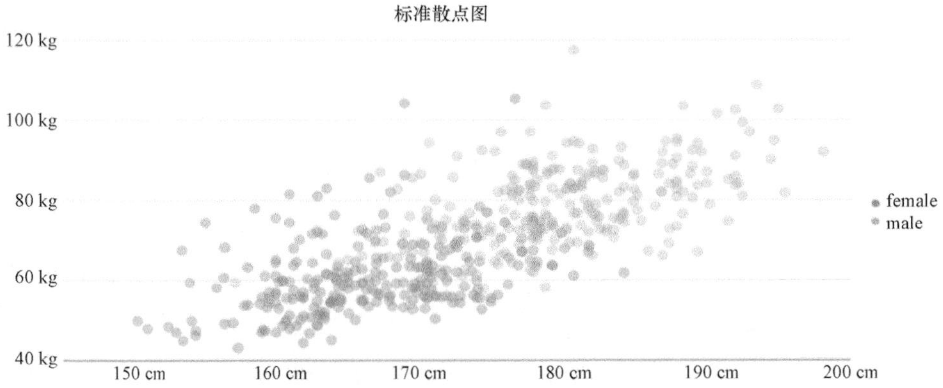

图 6−16　散点图

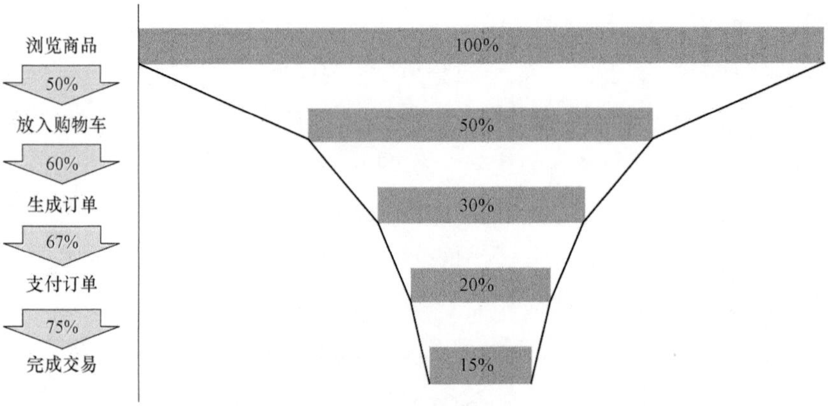

图 6−17　漏斗图

参考文献

［1］Trend of low level events and near misses to enhance safety performance in nuclear power plants.［M］. Vienna, Austria.IAEA. 2005.

［2］Best practices in indentifying, reporting and screening operating experience at nuclear power plants.［M］. Vienna, Austria.IAEA. 2012.

［3］Low Level Event and Near Miss Process for Nuclear Power Plants：Best Practice.［M］. Vienna, Austria.IAEA. 2008.

［4］General Practices for Analyzing and Understanding Performance.［M］. Atlanta, GA, USA.IAEA. 2007.

［5］Operating Experience Sub-Programme.［M］. Paris,France.WANO. 2018.

［6］Correct Action Programme-Trending and Analysi.［M］. UK. 2008.

［7］王爱玲，黄芳.核电厂事件趋势分析方法及应用.中国核科学技术进展报告（第一卷）［M/OL］. 北京：中国原子能出版社. http://cpfd.cnki.com.cn/Article/ CPFDTOTAL-EGVD200911003088.htm

［8］张初明. 基于状态报告的核电厂问题趋势分析系统的研究［D/OL］. 上海：上海交通大学，2007［2020-05-20］. https://kns.cnki.net/KCMS/detail/detail.aspx?dbcode=CMFD&filename=2010200009.nh

［9］李伟哲.核动力设备故障趋势预测技术研究［D/OL］. 哈尔滨：哈尔滨工程大学，2009［2020-05-20］. http://d.wanfangdata.com.cn/thesis/Y1655456

附录：趋势分析方法调研

本章调研 IAEA、INPO、EDF 等核电组织趋势分析方法和技术，对各类方法和流程进行概况描述。

（1）IAEA 小事件趋势分析

IAEA 小事件趋势分析方法调研主要来源于《Low Level Event and Near Miss Process for Nuclear Power Plants：Best Practice》（Safety Reports Series No.73）、《Trending of low level events and near misses to enhance safety performance in nuclear power plants》（IAEA－TECDOC－1477）两份技术文件，所推荐的小事件趋势分析流程主要如图 6－18 所示。

初步分析和筛选：事件信息的筛选包括所有级别事件，应确保考虑所有重大安全相关事件和所有适用的经验。筛选过程应依据针对安全的重要性和不利趋势的识别来确定优先顺序，选出需要做进一步详细的调查和分析的事件。对于低级别事件和未遂事件，应由指定的经验丰富的人完成事件的分类（编码），不需要深度分析。

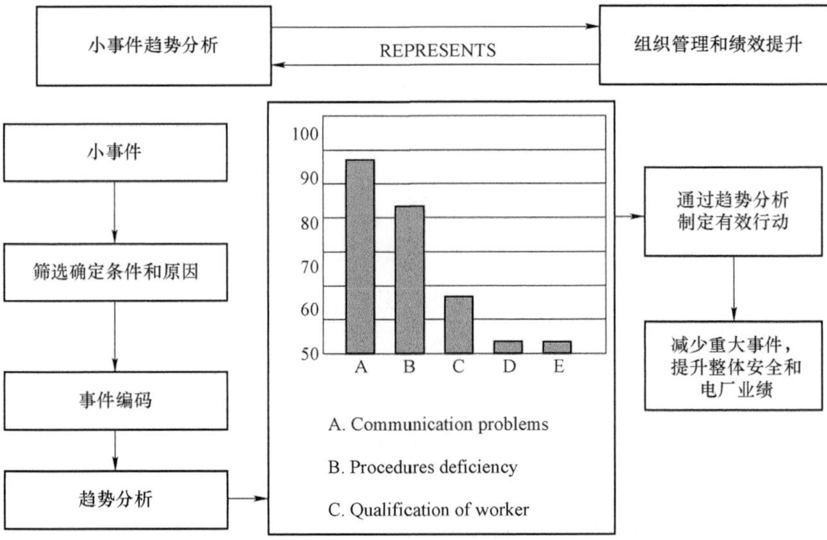

图 6-18　小事件趋势分析流程图

事件编码处理：事件编码处理是给每个事件记录一个正确的属性（编码），是信息流的一个基本部分，因为该步骤将事件信息减少到用于进一步分析的几个基本特征。合理的编码是趋势分析数据的基础。对事件信息进行合理的评估和编码，包括来源于事件（电厂状态、日期、事件、涉及的设备和人员）和关于事件原因信息的重要事实。

趋势分析：趋势分析是一个用于识别分析过去电厂事件和未遂事件（预兆）是否存在降级状况的过程。趋势分析技术包含很多数据分析技术，例如柏拉图分析，柏拉图图表、置信因子和控制图。这些技术不仅是可用的方法，而且代表了数据分析的成熟技巧，取决于趋势分析的具体要求。

结果分析与评估：针对其中任何有问题或质疑的趋势结果，应该由趋势分析师讨论和验证，并同相对应专业人员共同确定结论。趋势分析初期应先评估是否存在特殊原因或共同原因会导致不良趋势存在，比如大修等，趋势统计出后应由专业人员评估确定是否存在常见原因，是否已被识别，然后根据实际情况开展调查来确定根本原因或直接原因，并采取纠正行动。

（2）INPO 趋势分析

INPO 趋势分析方法调研主要来源于《General Practices for Analyzing and Understanding Performance》（INPO Good Practice 07-007）。INPO 数据库中只有很小比例的事件通过完整的调查和原因分析，所以趋势分析着重寻找和分析记录在数据库所有事件信息所表现出的不利趋势。

INPO 趋势分析采用正式和非正式的分析方式来识别趋势。非正式分析是指员工通过趋势分析能力和专业技能来确定类似或重复的问题及趋势，是主观认知的趋势分析，当确定潜在的或不利的趋势认知时，将记录在状态报告中，并在会议中由主管领导和工作人员共同审查确定。正式的趋势分析由熟悉数据分析工具的员工来专门执行，使用趋势编码，对纳入数据库中的事件信息定期进行趋势分析，包括涉及的组织和人员绩效、计划等相关的原因分类编码，以及其他属性分类编码等。分析师利用数据库搜索工具和数据统计方法对每个属性编码进行趋势统计，并确定需要进一步审查趋势，以确定是否存在不利趋势。所使用的数据统计方法主要包括直方图、帕累托图和控制图等。

INPO 对趋势主要从四个方面进行分级处理：① 确认为是潜在的不良趋势，需要进一步对趋势进行深度分析并采取行动；② 初步认定为是潜在的不良趋势，但需要进行进一步分析评估来确认；③ 被确定的潜在趋势并不负面，只作为持续监测类或被确定不需要采取后续行动，则关闭该状态报告；④ 经会议分析和管理评估后认为不是潜在不良趋势。

对于已经确认的不良趋势，需要进行持续监控和专家分析，已确定趋势是否正在改善、下降或保持稳定，可以使用帕累托图与数据进行对比，并编制分析报告和关闭不良趋势。图 6－19 显示了纠正措施实施前后的帕累托图的比较。

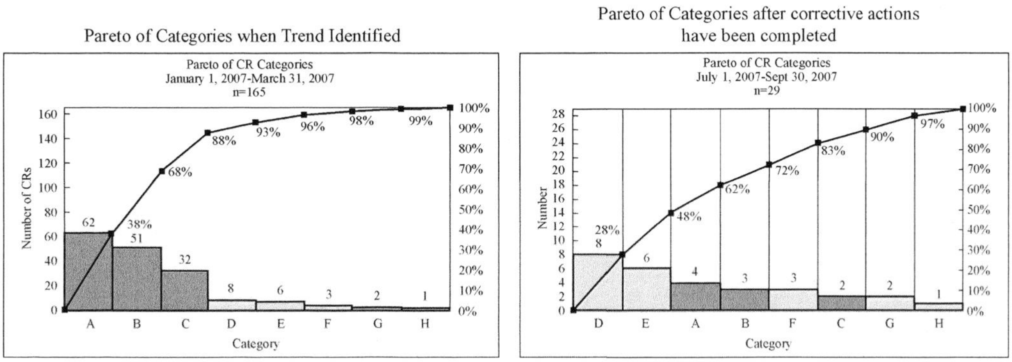

图 6－19　纠正措施实施前后的帕累托图的对比

（3）WANO 趋势分析

WANO 趋势分析方法调研主要来源于《Operating Experience at Nuclear Power Plants》（WANO GL2003－01）。电厂将每个事件按照其特性分类，通过指定参数，包括事件分类、后果、出故障的系统/设备、电厂/反应堆的状态、涉及的组织部门、直接原因、根本原因等。运用这些参数的特征，及早识别重发事件和不利趋势，并进行原因分析来确定原因因素和贡献因素。

WANO 列举出常作趋势分析的参数主要包括：① 事件状态参数，如日期、时间、涉及的组织、系统、部件、反应堆的状态、事件发生时正在进行的活动；② 事件原因参数，在事件分析时确定的直接原因、根本原因和原因因素；③ 人员绩效相关参数，如人因相关的根本原因和原因因素；④ 状态或组织趋势分析：分析一系列事件（如事件发生的时间）和组织（如仪控技术员）的状态，可以确定在大纲或过程中的薄弱环节或强项。

趋势分析基本要素包括：① 趋势分析作用：确定重发事件和异常趋势、确定重发的部件失效、评价换料大修期间与非停堆换料期间事件原因因素趋势的差异等；② 趋势分析所需数据：事件信息相关描述、时间、地点以及 WANO 代码，分析重发的重要事件时，可能增加更多通用类型的事件描述信息；③ 确定不利趋势方法：一般地，将一个参数一段时间发生的频度与阈值（也就是期望值）进行比较。超出阈值的任何偏差将作为进行深层分析的候选对象，同样即使趋势还没有超出规定的阈值，参数趋势变化的大小也很重要，另外还需要考虑：

- 参照过去电厂经验或期望的业绩，为每个要作趋势分析的参数确定正常值；
- 使用重要的数据群确定有意义的趋势；
- 如果假设数据呈正常分布，检查发生事情的标准偏差，如错位部件的频度，确定发生事情的比率是否为非随机的；
- 利用滚动平均值法来平滑短时间内有很大变化的数据，这样有助于识别可能存在的趋势；
- 利用正态技术，如比较每周有大量工时的发生频率，或者每周发出大量工作申请的发生频率，这样有助于识别有意义的趋势。

（4）EDF 趋势分析

EDF 趋势分析方法调研主要来源于核电厂级基准文件《Trending And Analysis》（D4550.14－02/1577）。趋势分析总过程如图 6－20 所示。

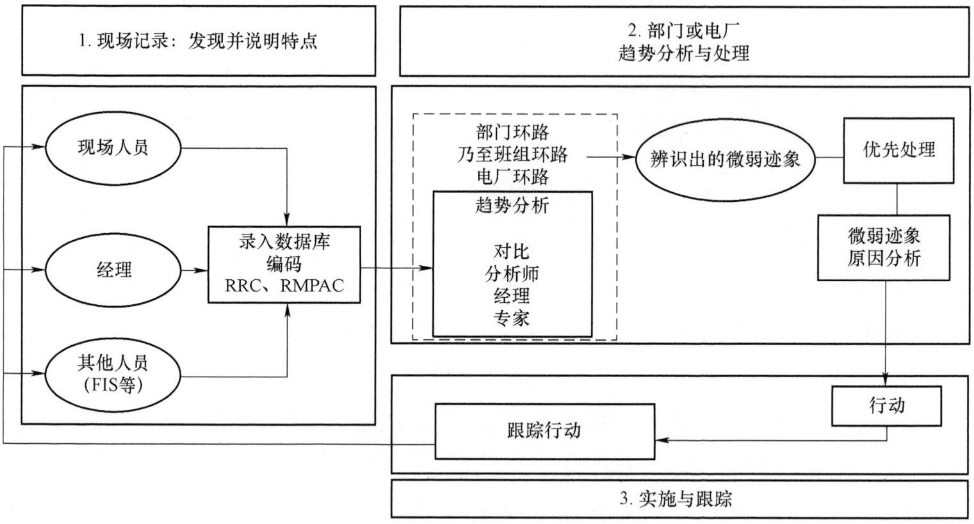

图 6－20　EDF 趋势分析总过程

数据收集和准备：趋势分析首要工作是从各种数据源收集数据，正常情况下，事件数据库是可以为趋势分析提供素材的主要数据源。但是，对一些精确领域，可能需要增加其他数据源（例如用于设备可靠性的 AP913 数据）。准备数据是指在可便捷操作的表格中对数据进行成形加工，这对未来的数据用户（数量可能很大）是很重要的。

趋势分析和处理：趋势分析首先对数据进行图表化处理，使数据变得直观易读，并可以快速突显微弱迹象和弱点，从最显著的趋势中筛选出几个趋势，快速显示优先调查研究的范围。建议从以下两个角度看数据：第一个角度是显示大量数据的图，第二个角度是随着时间给出数据演变的动态趋势。趋势分析一方面是定量趋势分析，根据初步统计结果收集各领域专家的意见，从而决定是否进行更进一步的分析；另一方面是定性趋势分析，结合数据统计方法判断方式对数据进行研究，辨识弱项和不良趋势，以便从中得出客观的观点。最后，确认弱项后，即以重复事件形式进行记录，将据此得出的行动计划纳入跟踪处理，并衡量其有效性。

（5）British Energy 趋势分析

British Energy 趋势分析方法调研主要来源于程序文件《Correct Action Programme – Trending And Analysis》（BEG/SPEC/OPSV/CAP/011）。趋势分析总过程如图 6–21 所示。

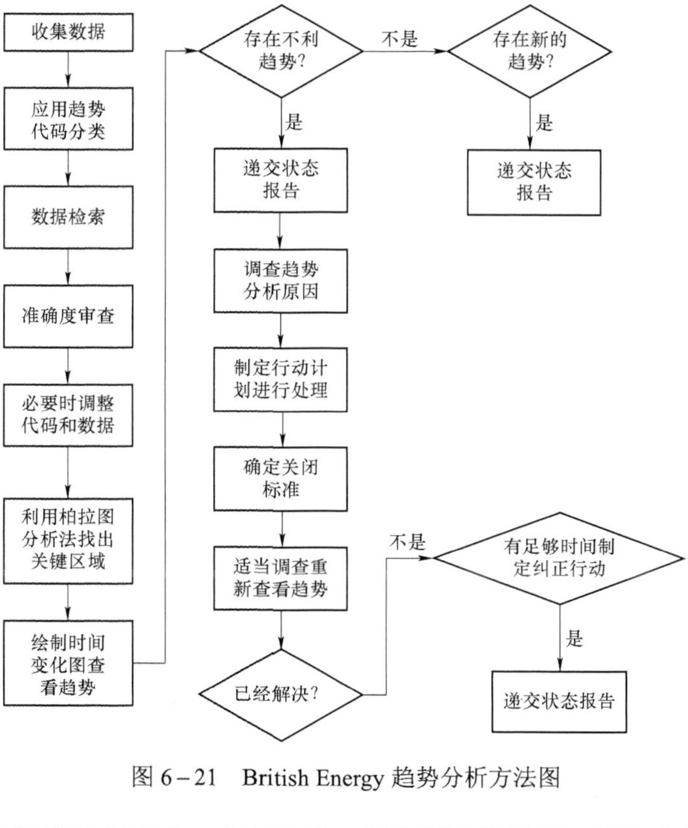

图 6–21　British Energy 趋势分析方法图

上图趋势分析总过程不是一个详尽的，循序渐进的过程，每个步骤可根据分析人员的需求判断是否使用。

数据收集和处理：日常运作期间记录了许多数据项。通常包括：事件代码、根本/直接原因代码、发现代码、系统代码、事件类别等，这些数据由各级协调员或评估员在各个阶段输入到每个状态报告中，此类数据会不断添加，因此运行报告的日期将影响结果。另外：可以根据需要添加其他数据字段，例如 WANO PO&C 或事件位置所需的大部分数据将使用统一的标准化数据库中报告进行简单检索和导出应用。对数据的准确度审查可以识别许多异常数据，如果输入的数据不正确，则应在继续之前进行纠正，理想情况下，这些数据将在数据库中更新并进行审查，但如果需要快速分析，或者行动请求已经完成，则可能需要在分析工具如 Excel 等中直接进行修改。

季度报告通常应根据当前和前 5 个周期内的数据进行审查，以确定是否存在趋势。年度报告应在适当的时间范围内审查趋势，同时考虑组织结构和流程变化，可能影响长期趋势对比结果的因素。大量数据存在的情况下通常需要更关注代码的准确性。

趋势识别和判断：在审查数据时，可以识别出异常的数据趋势，可能是突然增加的形式，或者长期逐渐增加：或者以前的低级问题变成为常见问题等。此时需要根据分析师的判断来确定变化是否足为“不利趋势”。还可以使用许多数据工具来协助决策。可能会发现可疑趋势，需要进一步调查。将在趋势报告中根据先前确定的趋势状态进行监控。当确定了不利趋势时，可能以“事件简报”形式传达，并在本地或公司范围内制定解决该问题趋势的行动。

第 7 章 经验反馈的传播和应用

7.1 总体介绍

有效应用内部和外部的经验反馈时，必须进行分析，以识别电厂组织机构、设备（构筑物、系统和设备部件）、程序和人员表现中的基本弱项，然后确定合适的具体纠正行动，尽量减少类似事件在电厂发生的可能性。一旦识别出基本弱项，必须在内部和外部及时传播和应用经验反馈，以防止问题的再次出现。

电厂营运单位通过经验反馈（OE）组织机构传播和应用经验反馈，并确保经验反馈得到有效使用，以提高其组织和设施的安全性。经验反馈信息被视为有益信息，是电厂达到最高安全性能的关键组成部分。经验反馈的传播和应用应考虑下述内容：

- 向工作人员提供的经验反馈信息的类型和范围。
- 内部和外部经验反馈传播/获得的及时性。
- 事件频率、经验反馈的适用性和安全重要性。
- 经验反馈审查的结果及其有效性。
- 从经验反馈的使用中获得的利益。

有效经验反馈计划取决于某些必要的特征，这些特征可提供支持并提高计划的有效性，只有充分具备以下总体特征，方能确保经验反馈的有效传播和应用。

- 管理人员制定政策，使机构密切合作，以有效地执行流程，确定预期要求和优先顺序。
- 组织机构可确保经验反馈流程的有效性。
- 管理人员能对必要资源（人员、设备和资金）进行分配，以简化流程。
- 流程管理人员重点关注电厂安全性、可靠性和性能的提高。
- 对事件和问题进行及时报告，对经验反馈进行恰当记录，确保明确识别、获取和应用学习机会。
- 信息全面传播，相关数据无丢失。传播和应用相关经验反馈的累积效应。

- 向工作人员广泛发布经验反馈信息。
- 主动、及时地与行业分享经验反馈信息。
- 以便于检索和使用方式，向组织提供相关外部经验反馈，包括偏差和良好实践。

良好的经验反馈传播和应用流程具有以下优点：

- 工作人员意识到经验反馈信息可以减少事件发生和降低事件的严重性。
- 识别有待改善的领域。
- 组织愿意报告问题。
- 管理人员和工作人员愿意在组织内透明分享内部经验反馈。
- 考虑应用外部经验提高业绩。
- 按输入内容的价值，向工作人员提供反馈，这有助于鼓励组织进行报告。

为充分传播经验反馈，必须考虑到一些障碍，其具体内容如下：

- 内部和外部信息传播缺乏及时性。
- 缺乏资源支持信息传播。
- 担心外部代理人错用内部的经验反馈。
- 为接收信息的用户（如操作人员、维修技术人员、化学技术人员等）度身定制经验反馈报告。
- 涉及保密和专有信息。
- 各内部和外部机构之间的利益冲突。
- 电厂的孤立。

以下因素更有利于传播和应用经验反馈信息。

- 使用信息技术：经验反馈查询网站、公司和电厂数据库、电子出版物归档系统、电子邮件等。
- 使用核安全监管机构网站上提供的经验反馈信息。
- 与国内和国际机构合作，例如 INPO、WANO 和 IAEA。
- 透明和无责备的核安全文化。
- 建立良好实践共享机制。

经验反馈人员从国内渠道（CINNO/NNSA）及国际渠道（WANO/INPO）获取事件信息和良好实践。根据这些信息来源按事件的重要程度进行分类处理，并通过邮件或者报告等形式通知相关部门及负责人。同时，经验反馈人员应将其收集到的经验反馈结果在国内和国际的核行业内广为传播，为提高安全性作出重大贡献。

7.2 经验反馈的传播

经验反馈信息传播用促进运营单位从运行经验中获取的有关纠正行动来加强电厂的安全，帮助操作人员了解电厂的运行情况和响应特性，使供应商能够考虑所吸取的经验教训，从而改善其设计和生产产品。

可以通过以下渠道来传播经验反馈信息，包括：

- 培训活动；
- 及时的信息；
- 工前会；
- 交接班会；
- 定期会议；
- 电厂的出版物，强调行业和电厂的运行经验信息；
- 在电子公告板和电子邮件中张贴行业和电厂的运行经验；
- 核电公司向所属其他电厂或外部机构发出定期运行经验通报；
- 使用 WANO/IAEA/核电公司网站和数据库；
- 通过内部服务器共享文件夹的形式。

经验反馈的传播的信息来源包括 IAEA、WANO、INPO 等国际渠道事件，CINNO、NNSA 等国内渠道事件信息，其他渠道传来的事件报告和信息。电厂营运单位有义务向监管机构报告某些级别的事件，并根据监管要求，采用统一格式进行报告。

在传播流程中，必须考虑的两个主要方面是：信息的特性以及使用信息的人员。特性包括但不限于以下各项：

- 信息的准确性；
- 信息的完整性；
- 信息的可理解性；
- 人员包括：电厂工作人员、监督机构、承包商和供应商/设计者等。

为评价经验反馈传播和应用的有效性，电厂应定期开展自评，以评估经验反馈流程的有效性。

7.2.1　经验反馈的内部传播

为在机构内的各层面以及电厂各领域活动中，都使用经验反馈信息。以下是经验反馈内部传播的最常见应用场合。

（1）各部门经验反馈工程师

每位经验反馈工程师承担着与经验反馈传播有关的以下责任：

- 参与部门经验反馈的审查流程；
- 监控部门人因偏差报告情况；
- 监控部门经验反馈指标状态；
- 确定部门经验反馈培训的频度、培训方法；
- 对接口承包商经验反馈体系的指导和监督；
- 编制经验反馈案例学习或确定培训资料，针对所选事件开展培训；

● 将经验反馈信息应用于日常工作活动。

● 每日工作

—每日筛选 24 h 重要异常类 NG 通知单（重点是人因和重发），调查异常过程及原因；

—参加 CAP－TEAM 会议，通过会议及微信群组主动汇报本部门相关异常事件的信息；

—结合本部门每日的小事件，通过邮件、微信群在部内进行“日省”；

—安排经验反馈相关的内外部事件反馈单的编写工作；

—校核、审查 CQ 及 FA，针对重要事件进行调查并向部门管理层汇报；

—协助编写人按时完成 IOER/LOER 编写工作，提供分析方法指引并参与报告审查，确保部内 IOE/LOE 报告审查流程规范化；

—跟踪 LOER/IOER/FA/CQ 的状态。

● 月度工作

—每月监督、跟踪本部门人因偏差报告情况；

—跟踪经验反馈相关纠正行动的落实与验证，并在部内通报整体状态；

—负责部门经验反馈绩效考核统计；

—参与部门管理月会，每月在部门管理会议或向部门管理层提出至少一个关注问题；

—负责组织部门经验反馈培训（包括收集国内外的、与本部门相关的经验反馈并组织学习）；

—协助开展经验反馈评优；

—定期收集整理本部门良好实践；

—组织本部门收集、汲取、转化同行经验（包括国际技术合作）。

● 季度及年度工作

—每年至少承接一项 CAP TEAM 分派的跨领域任务；

—每季度对小偏差进行二级分析；

—每年至少组织开展一次经验反馈相关的二级分析向部门经理提出管理改进建议；

—当一定时间内发生的人因事件或重发事件较多时，由经验反馈工程师提出建议，（副）经理决定召开异常事件分析会，在异常事件分析会上制定出纠正措施，及时进行反馈学习；

—负责推广公司各经验反馈信息获取平台或渠道；

—协助 CAP 体系开展经验反馈及绩效改进工作。

● 经验反馈工程师授权前需具备以下条件：

—学习、培训经验反馈相关程序；

—掌握 SAP 系统、行为改进系统使用方法；

—参加过根本原因分析方法、HiRCA 课程培训；

—参加过事件趋势分析和二级分析方法培训；

—参与过 1 次及以上 IOE/LOE 事件调查或报告编写；

—具备 3 年或 3 年以上核电工作经验。

（2）及时的经验反馈信息

经验反馈工程师应负责确保，在执行重大或高风险活动之前，向操作人员和其他相关人员提供相应的经验反馈历史信息，了解与本次工作有关的风险。对于某些风险极高的活动，还应当采取补充措施。

（3）定期开组经验反馈相关培训

与电厂培训部门合作，为电厂所有员工提供如下各项：

- 识别培训计划中采用的经验反馈信息；
- 分析经验教训，将其与当前培训计划中的任务、技巧和知识等进行比较；
- 采用从相关运行经验教训制定培训目标；
- 确定适当的培训方法和场所；
- 制定培训时间表并开展培训；
- 评估培训效果，必要时做出修改；
- 审查、修改和制定初始及继续培训的资料，纳入运行经验教训；
- 制定案例学习，供工作小组进行结构化讨论；
- 针对精选的运行经验信息进行培训，帮助其他小组开展此项培训。

在选择供培训中讨论用的经验反馈信息时，应结合考虑内部经验和相关行业运行经验。普遍适用所有电厂的某些经验反馈信息如下：

- 反应性控制；
- 环境相关；
- 人员、工业和放射性安全事件；
- 开关站和配电事件；
- 电厂可用率；
- 异物事件；
- 工业安全；
- 消防；
- 程序错误事件；
- 辐射防护；
- 人因重复性维修；
- 走错间隔；
- 误碰事件。

培训内容包括内外部经验教训和良好实践的传播应用。培训活动应确保人员知道如何实施具体的良好实践，并意识到实施的优点和好处。

培训部门选择适当的培训方法和场所：

- 教室理论讲课；
- 模拟机演练；
- 样机/实验室演练；
- 行业事件讨论；
- 在岗培训和评估；

（4）交接班会

值长负责确保进行交接班会。该交接班会是人员接班之前，对涉及相关运行领域事件或即将将来的定期经验相关事件进行学习，如：

- 同类运行事件（内部或外部）是如何影响运行的；
- 班组人员可以采取哪些措施防止出现此类运行事件；
- 哪类屏障可以防止此类运行事件；
- 如果发生此类运行事件，他/她们可以做些什么。

（5）工前会

应用工前会进行经验反馈信息传播，确保工作包包含运行经验信息，经验反馈人员参加工前会。在某些电厂，计划工作人员将现有经验反馈信息纳入到工作包，保证经验反馈信息与即将开展工作的关联性。在制定工作时间表以及识别工前会关键活动时考虑这些经验反馈信息，工后结束后识别活动实施中吸取的经验教训，并纳入经验反馈流程。

（6）防止事件发生的汇报

电厂经验反馈机构应确保电厂工作人员可以定期地获得内部和行业内的经验反馈信息。通过以下各种途径，不断向工作人员传达经验反馈的重要内容，尤其是运行和统维修人员：

- 电厂管理层会议；
- 电厂日常管理会议记录；
- 在岗培训会议；
- 经验反馈指标盘；
- 行业信息会议，工前会和工后总结。

在这些汇报的流程中所识别的人员知识、政策、程序、技术规范或设计方面的缺点或优点，将其作为反馈意见，通过缺陷报告流程向相关部门传达。

7.2.2 经验反馈的外部传播

运营单位向各外部组织或机构提供经验反馈信息。在这些事件报告中，有些是向监管机构报告运行事件，如 NNSA/CINNO。有些向国际组织或双边关系活动而产生的，如 WANO/EDF。传播的范围由双方在协议中共同确定，一般来说，在确定一起内部事件是否应对外报告时，总的原则是考虑当此类事件发生在其他电厂时，自己的电厂是否愿意获悉此类事件并从中吸取教训。

除了向国内监管机构报告外，一些更重要的经验反馈信息还向以下机构进行报送传播：

1）WANO 运行经验数据库。在 WANO 指南中，规定了报告经验反馈事件的标准。

2）与行业的其他核机构分享经验反馈信息。运营单位通常与其他核电公司或设施、在业主群内、与供应商、技术支持机构等交换经验反馈信息。运行经验交流的范围和形式取决于电厂的设计、国家或地区的经验或需要。根据国际惯例，鼓励运营单位在运行经验信息分享方面持开放和积极交流的态度，以构建一个学习环境。

7.3　经验反馈的应用示例

经验反馈应用（包含良好实践）的目的是不断应用电厂和行业的运行经验教训来提高电厂的安全和可靠性，使各级人员都认识到运行经验是多么重要和有帮助，并尽可能对经验教训加以应用。

示例 1：6.6 kV 电缆铠装绝缘低故障精确定位

电缆铠装绝缘低是由于电缆外护套破损，铠装裸露与周围接地体搭接或相连接地，一般分为零电阻接地、非零电阻接地（高阻接地、低阻接地）。电缆外护套破损及铠装绝缘低的危害主要有以下两方面：

① 电缆失去机械防护

电缆外护套破损会使电缆局部失去机械防护功能，金属铠装将受到周围物质的腐蚀而损坏，使潮气和水分进入在主绝缘层产生水树枝；同时，腐蚀产物会逐步积累，可能直接损伤内护套甚至电缆主绝缘，严重时使主绝缘层彻底击穿产生严重故障。

② 电缆产生故障环流

单芯电缆的线芯导体和金属铠装类似变压器的两个绕组。根据电磁感应原理，在电缆金属铠装发生接地故障时，导致铠装两点或多点接地，感应电压将在铠装上形成环流，会降低电缆的载流量；另外，长时间感应环流产生的热效应会加速电缆绝缘老化，可能影响电缆的安全运行。

1）传统电缆铠装绝缘低查找方法

目前，电缆主绝缘故障的查找方法已经比较成熟，但对电缆铠装绝缘低的查找不仅方法少、也有一定的局限性。传统铠装绝缘低查找的方法主要有以下两种：

① 外观检查法

沿电缆路径逐段目视及接触检查电缆外护套破损情况，并重点检查电缆在安装拖动的过程中容易受损的位置（如转角处，金属支架凸起处）。缺点：

● 逐段目视工作量及人力需求极大；

● 大部分电缆敷设在高空桥架及地下廊道，检查前需搭设脚手架或打开孔洞盖板，高空作业、受限空间工作风险大；

● 部分电缆交叠位置和空间狭窄位置难以有效检查。

② 电流检测法

电流检测法是将电缆铠装端部的工作接地拆除，并在铠装的一端施加交流电，在铠装端部至接地点形成一个电流回路，应用钳形电流表在电缆本体逐段进行测量，根据电流的有无判断故障点与测量点的相对位置，结合外观检查来查找电缆外护套破损位置，确定电缆铠装接地点。缺点：

● 电缆需逐段测量工作量大。

● 在电缆铠装高阻或某些低阻接地的情况下，受仪器容量和测量精度的限制，会出现无法测量出电流的情况，无法对故障点的相对位置进行判断。

● 检测期间电缆铠装需要一直通电流，对于部分缺陷接地电阻不稳定的，电流容量不能精准控制，电流太大接地点发热可能烧坏电缆的其他绝缘，严重可能出现火灾。

● 对于某些外皮破损受潮的缺陷可能通电后消失，故障点无法查找，运行后受潮故障重现。

2）电缆铠装绝缘低查找新方法

电缆铠装绝缘低查找新方法，将查找过程细分为故障“预定位”和故障“精确定位”两个步骤。通过故障预定位有效缩小检查范围，减少查找所需人力和包络性检查带来的不必要工作量；通过精确定位，快速精确定位故障位置，并应用“脉动电压法”解决电缆铠装非零电阻接地无法使用电流检测法查找故障的局限。

电缆铠装绝缘故障查找的新方法和新工具（见图 7–1），能够通过预定位大幅缩小故障检查范围，并通过精确定位方法快速有效查找出故障点，其与传统方法比较总结见表 7–1。

表 7–1 电压铠装接地故障查找方法比较

<table>
<tr><th colspan="2">电缆铠装接地故障查找</th><th>特点</th></tr>
<tr><td colspan="2">传统方法</td><td>故障点检查工作量及人力需求大
电缆铠装非零电阻接地无法检测</td></tr>
<tr><td rowspan="2">新方法</td><td>预定位</td><td>“电压降法”和“电桥法”大幅缩小故障检查范围</td></tr>
<tr><td>精确定位</td><td>“脉动电压法”突破传统方法无法检测铠装非零电阻接地局限，通过声光效应
快速有效定位故障。且脉动电压法放电能量可调，相比传统方法不可控的电流能量更安全，
降低造成电缆绝缘损坏可能</td></tr>
</table>

3）经验反馈应用

某电厂大修中发现辅助变压器低压侧电缆 1LGB–A906 的铠装（及屏蔽）对地绝

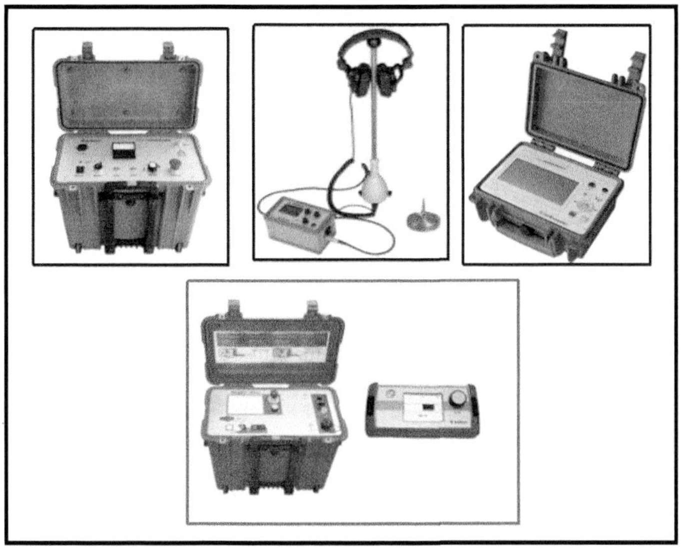

图 7－1　新方法使用仪器

缘仍仅为 0.01 MΩ，不满足绝缘≥0.5 MΩ的要求。随后对电缆外观再次进行了详细检查，可见部位未发现电缆明显破损情况。同时，应用电缆接地故障查找仪使用电流检测法等传统方法均无法定位该故障点。该电缆总长近 200 m，经过 20 余道防火封堵，受辅变检修工期的限制不具备将防火封堵逐一打开检查的条件。

在大修中，使用兆欧表 500 VDC 档测试辅助变压器低压侧电缆 1LGB－A906 铠装对地的绝缘电阻为零，使用万用表复测接地阻值为 0.83 kΩ。因电缆铠装对地阻值较大，无法使用电流检测法直接进行测试。使用仪器对铠装施加 200 mA 电流进行烧穿，此时测试铠装对地绝缘电阻改变为零，使用“预定位方法”测得电缆故障在近端 40 m 之内，但工作人员在该区域进行排查仍未发现明显故障点。继续使用高压单元在电缆铠装施加 3～4 kV 的脉冲电压进行故障“精确定位”，使故障点产生周期性放电，同时测量与脉动电压同频率声音信号，最终确定故障点在电气厂房穿墙防火封堵内，如图 7－2 所示。

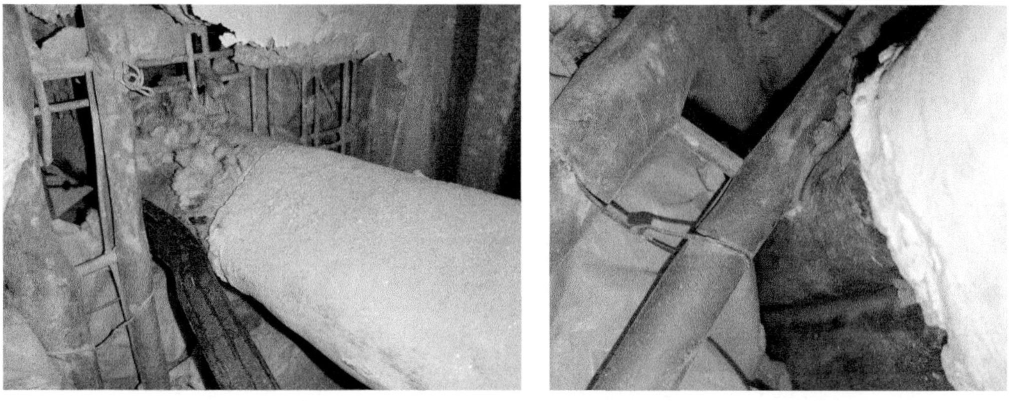

图 7－2　辅助变压器低压侧电缆故障点

最终打开防火封堵后验证了查找结果正确，并对故障进行了妥善处理，处理后电缆铠装绝缘合格。

从上述的案例里可以看出，新方法可以降低电缆钢铠绝缘缺陷的查找的资源投入，缩短查找时间，尤其是在辅变 6.6 kV 电缆铠装绝缘低故障查找及处理中，项目应用新方法仅 12 h 就成功定位并处理故障。该故障点接地电阻较高，且位于电气厂房穿墙防火封堵内，具有极强的隐蔽性，在前一轮大修中使用传统方法未能成功定位，本次成功查找及消除重要设备隐患的同时，节约工期至少 48 h。新方法应用范围见表 7－2。

表 7－2　新方法应用范围

电缆范围	故障类型
厂变低压侧至 LG*配电盘电缆	➢ 电缆钢铠、屏蔽零电阻（＜10 Ω）接地 ➢ 电缆钢铠、屏蔽低电阻（＜200 Ω）电缆接地 ➢ 钢铠、屏蔽高电阻（＞200 Ω可通过击穿永久降阻）接地 ➢ 电缆钢铠、屏蔽闪络性接地（随电压升高击穿，电压下降电阻恢复）
LG*配电盘至中压电机电缆	
LG*配电盘至配电变压器电缆	
生活区环网中压电缆	
辅变低压侧至 LGJ 配电盘电缆	
LG*配电盘联络电缆	
柴油发电机至 LG*配电盘电缆	

示例 2：应用在线设备状态监测开发技术基准以减少基于时间的预防性维修

根据过去预防性维修费用来确定需要监测的电厂设备，并根据设备失效机理确定要用传感器监测的参数，借助于监测方案，可推迟或取消一些 PM 活动，从而降低核电厂运维费用。

核电行业已明确降低电厂运行费用中的关键绩效目标。其中一种方法是应用现行的数字技术使电厂基础设施现代化，以帮助降低费用。尤其是采用侧重于减少维修和管理费用的监测技术，可以降低运维费用。

1）电厂设备和预防性维修活动的选择

- 旨在降低费用的选择标准；
- EPRI 预防性维修基础数据库的使用；
- 电厂工作指令费用数据的使用；
- 与某种 PMBD 设备有关的 PM 活动（基于设备法）；
- 多种 PMBD 设备通用的 PM 活动（基于参数法）。

2）实施监测的通用方法和技术基础

对于各种 PMBD 设备，首先必须确定所有测量相关参数的 PM 活动（例如振动、温度）。同样，一些设备类别由于有相似的 PM 活动和/或需要监测的某种相同参数，可以合并起来集中评价。

一些失效位置为多个设备组所共有，而另一些失效位置则是某个设备组所特有。为了便于集中评价，应识别出多个设备组上共有的每个失效位置，以及具体的设备组。此外还应明确某个设备组所独有的失效位置以及相对应的设备组，以便评估。

某些类别的部件在失效模式检测中，如果监测关注参数能达到 50%以上的有效率，必须对这些类别的部件进一步评估。对于这些部件类别，应评估每项 PM 活动以及关注参数所影响的失效位置覆盖范围，从而确定所推荐的监测是否能有效地取代某些或全部 PM 活动。对于每项 PM 活动，评估通常可以产生一份失效位置和劣化机理组合清单，以及对应的“覆盖”“部分覆盖”或“未覆盖”监测范围结果。如果监测关注参数能完全覆盖所有失效位置/劣化机理组合，则可取消该 PM 活动（或改为“按需”，在 OLM 发现劣化时用于故障排查）。

3）PMBD 评价－立式泵

初步评价 PMBD 数据，将数据作为全部五（5）种立式泵的整体来看待，从而确定基于所需设备的评价是否具有实施可行性。

初步评价认为所有 PMBD 失效位置、劣化机理和影响适用于所有立式泵，只是某种被究的泵不存在某种特征。例如共轴立式泵没有长轴或长轴联轴器。PMBD 失效位置、相关和无关类型见表 7－3 所示。

表 7－3　立式泵失效位置，相关和无关类别

失效位置	相关类型	无关类型
轴承护圈&隔圈	通用	共轴，深水轴流，深水径流（油/脂润滑），深水径流（由所输油品润滑）
轴承护圈&星形架	深水轴流，深水径流油/脂润滑，深水径流由所输油品润滑	通用，共轴
轴承－减摩	通用，共轴，深水径流（由所输油品润滑）	深水轴流，深水径流（由所输油品润滑）
轴承－含油	深水径流（油/脂润滑），深水径流（由所输油品润滑）	通用，共轴，深水轴流
轴承－含油（油脂润滑）	通用	共轴，深水轴流，深水径流（油/脂润滑），深水径流（由所输油品润滑）
轴承－含油（过程流体润滑）	通用	共轴，深水轴流，深水径流（油/脂润滑），深水径流（由所输油品润滑）
轴承－含油（由过程或轴承中的流体润滑）	深水轴流	通用，共轴，深水径流（油/脂润滑），深水径流（由所输油品润滑）
导流壳	通用，深水径流（油/脂润滑），深水径流（由所输油品润滑）	共轴，深水轴流
外壳和盖	共轴	通用，深水轴流，深水径流（油/脂润滑），深水径流（由所输油品润滑）
阴极保护，如果有	深水轴流，深水径流（油/脂润滑），深水径流（由所输油品润滑）	通用，共轴
柱状管系	通用，深水轴流，深水径流（油/脂润滑），深水径流（由所输油品润滑）	共轴

续表

失效位置	相关类型	无关类型
排出筒和缸套	深水轴流	通用，共轴，深水径流（油/脂润滑），深水径流（由所输油品润滑）
出口扬程和电机支架	通用，深水轴流，深水径流（油/脂润滑），深水径流（由所输油品润滑）	共轴
垫片，O 形圈	全部	
叶轮	全部	
长轴联轴器	通用，深水轴流，深水径流（油/脂润滑），深水径流（由所输油品润滑）	共轴
机械密封	全部	
电机支承架	共轴	通用，深水轴流，深水径流（油/脂润滑），深水径流（由所输油品润滑）
填料	全部	
泵/电机联轴器	通用，深水轴流，深水径流（油/脂润滑），深水径流（由所输油品润滑）	共轴
泵座&支架	全部	
轴	全部	
钟形吸口	深水轴流	通用，共轴，深水径流（油/脂润滑），深水径流（由所输油品润滑）
吸滤网	通用，深水径流（油/脂润滑），深水径流（由所输油品润滑）	共轴，深水轴流
耐磨环	通用，共轴，深水径流（油/脂润滑），深水径流（由所输油品润滑）	深水轴流

4）评估－振动监测 PM 活动

作为在线状态监测下应考虑的一个主题，在评估振动监测时，我们检验了多种设备的 PMBD 振动 PM 活动，发现许多 PMBD 活动是如此相似，如果将各个设备分组后进行集体评估则更为有益。需要评估的设备分组如下：加热式空气干燥器、离心压缩机、旋转螺杆式压缩机、旋转液环式压缩机和泵、联轴器－叠片式，膜片式，人造橡胶式，齿轮式和蛇形、轴流式引风机或送风机、离心式引风机或送风机、齿轮式变速匀管液压传动、带冷却器的齿轮箱、采暖、通风和空调（HVAC）空气处理设备、冷凝机和离心压缩机、冷冻机和往复式压缩机、冷冻机和旋转螺杆式压缩机、直流电机、低压（＜600 V）电机、中压（＜15 kV）电机、卧式泵、容积式泵、液环真空泵、变压器、主给水式汽轮机、单级切向回流汽轮机和整体轮式切向回流汽轮机。

该经验反馈信息确定了 PM 成本较高的多组 PMBD 零部件类别（如立式泵和立式电机）。然后，评估了各组零部件 PMBD 推荐 PM 任务的全部补充内容，以通过取消或减少 PM 任务频率来确定 OLM 应用的运维成本降低程度。还确定了各种 PMBD 零部件类别采用的和涉及特定参数测量的多组 PMBD 推荐 PM 任务类型（如振动监测和温度监测）。然后，评估了每类 PMBD 零部件特定 PM 任务，以通过取消或减少 PM 任务频率来确定 OLM 应用的运维成本降低程度。

用永久性安装的传感器大范围应用在线振动监测可在减少手动 PM 任务工作获得很大效益。相反，考虑到温度监测参数评估结果（令人失望），配合大量涉及 PMBD 所含温度测量的 PM 任务，不可能任何其他参数评估都会得到有用的结果。因此，建议所有未来进行的评估使用一种基于设备的方法。

示例 3：应急柴油发电机并网自动加载创新项目，有效解决了柴油机并网逆功率跳闸问题

某电厂应急柴油机在并网后不能给出预负荷指令，在柴油机并网时需要主控操纵员与就地保持热线沟通，就地现操与保驾专业紧密配合，精神高度集中，在操作过程中是否能够避免逆功率完全取决于主控操纵员与现场操作人员的配合及熟练程度，虽在每次并网前都提前演练，但也常出现逆功率跳闸事件，不仅给工作人员带来巨大压力，长此以往也会导致柴油机积碳，减少柴油机寿命。集团其他基地同类型柴油机均存在此问题但无解决办法。

为避免逆功率跳闸对柴油机造成的影响，通过技防避免由于人员配合不当导致并网期间柴油机逆功率跳闸，电气专业牵头仪控、工改、设备管理专业进行了深入分析研究，多次开会讨论，制定了自动加载改造方案，详细方案如下：

方案：增加并网成功后自动加载功能，通过功率阈值模块或自动加载延时停止加载。

柴油发电机通过同期并网装置（同期小车）实现与外电网并网运行，同期小车是离线装置，只有在进行柴油机并网试验时才将同期小车连接到柴油机系统。柴油机并网成功后，同期装置自动退出运行，不再向调速系统下发调速指令。该方案在原增速回路并联并网后自动加载回路，通过新增功率阈值模块（200XW）与自动加载延时继电器（300XT）停止加载，确保可靠加载。为区分真、假同期并网模式，避免柴油发电机在进行假同期试验期间出现超速问题，在回路中串联一个转换开关 903TL，真同期试验时将 903TL 打至 ON 位，投入自动加载功能，假同期试验时将 903TL 打至 OFF 位，断开自动加载功能，见图 7－3 所示。

在完成回路改造及静态试验后，为确保万无一失，又进行了功能验证，并在并网再鉴定试验过程中进行了动态验证，并网试验一次成功。完全实现了应急柴油机并网自动化，避免了人因失效后果，缩短了柴油机再鉴定工期，对现场工作带来了极大的便利。该自动加载功能有效解决了柴油机并网逆功率跳闸问题。

经验表明，对运行影响不大的较小事件和未遂事件的原因，与造成瞬变的重大事件的根本原因是类似的。因此，必须应用较小事件趋势分析中所确定的结果来纠正缺陷，防止发生重大事件发生。

对经验反馈信息进行传播和应用的主要目的是确定经验反馈并将其从一个电厂传达给其他电厂。有经验的电厂将各种来源的经验按适用性、重要性及类似经验反馈事

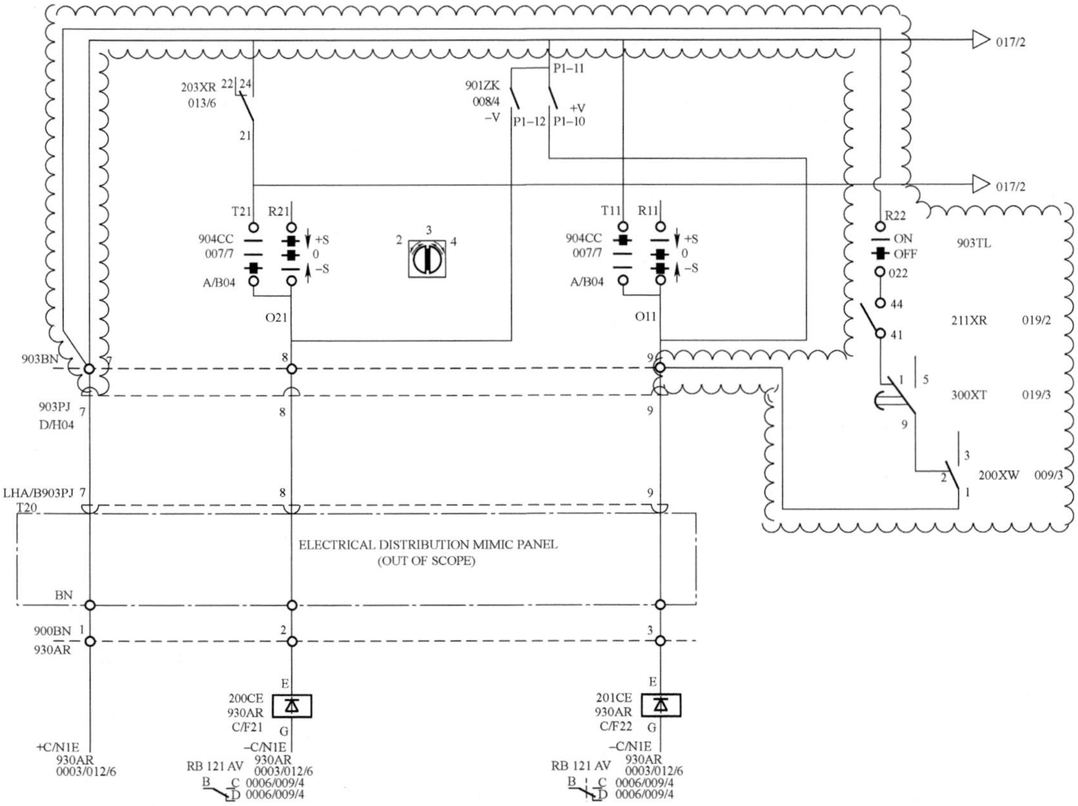

图 7－3 并网后自动加载回路

件在电厂发生的可能性进行筛选，具体筛选流程中，详见第三章。同时，电厂内不断产生有关电厂事件的信息及其他与运行经验相关的信息，包括可用于改善活动、避免事件再发生的良好实践，向外进行传播。每个电厂工人员都应该知道其电厂所提供的各种来源经验反馈信息，并接受必要的培训，以便及时获取并在工作中运用该经验反馈。

第 8 章
安全事项的重要度判定方法

8.1 背景

2000 年，美国核管会（NRC）施行了新的反应堆监管程序（Reactor Oversight Process，ROP），设立了反应堆安全、辐射安全和电厂安保三个关键领域，采用事件评价体系和指标评价体系评估核电厂七个安全基石的安全水平（见图 8－1），其最显著的特点是引入了风险指引型安全管理（Risk－informed Safety Management）。风险指引型安全管理方法的核心理念是在核电厂运行期间保护公众的健康和安全，其目标是在三个关键领域监测核电厂的性能。

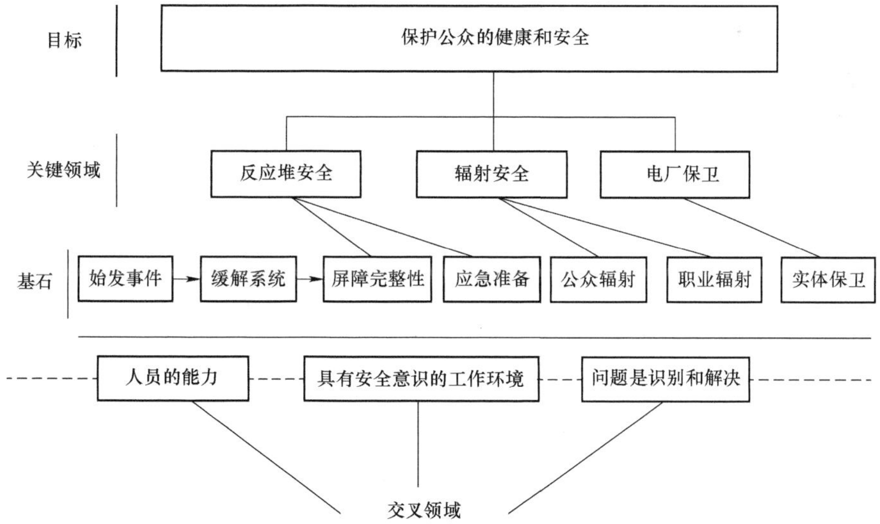

图 8－1　风险指引型安全管理系统目标和安全基石

ROP 的基本框架和总体工作流程如图 8－2 所示[1]。可以看出，ROP 主要有两大技术支柱：重要度判定方法（SDP）和性能指标体系（PIs），用于评价安全运行的所有七个安全基石，其主要方法是评估安全事项给电厂带来的额外风险，即堆芯损坏频率增量ΔCDF。

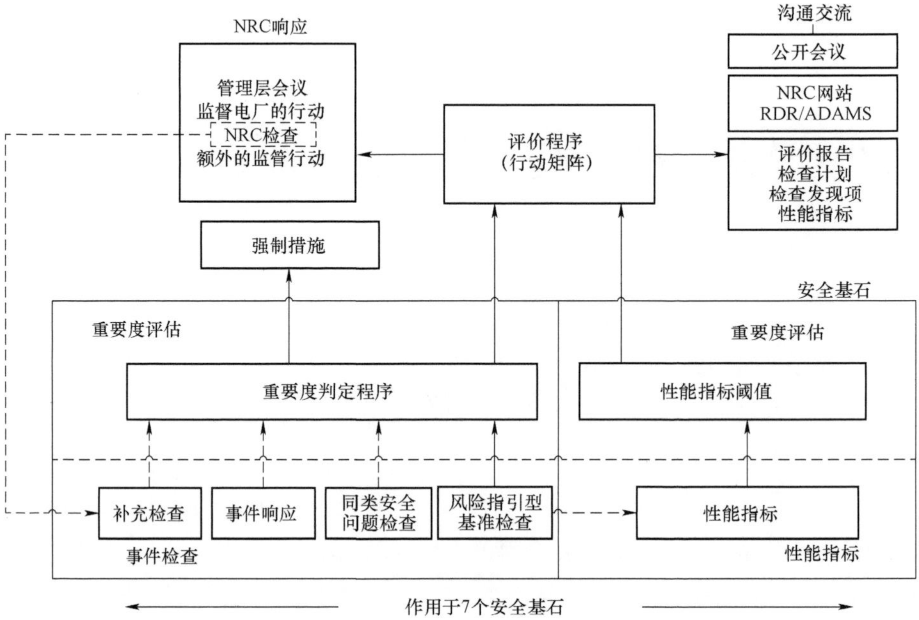

图 8-2　反应堆监管程序

8.2　重要度判定方法

重要度判定方法（SDP）是综合了电厂专用概率安全评价（PSA）模型、电厂系统手册和其他相关文档中可以获得的信息，为监管人员制定出一套可以帮助他们对某监管事项的风险重要度进行快速分级的评估工具，同时也可以帮助他们从工程上理解该监管事项的重要性。

SDP 的实施包括两个阶段：SDP 引导程序和 SDP 评估程序。SDP 引导程序的功能通过发现项基本信息收集和定性分析准则筛选的方法来实现。SDP 评估程序包括 13 个子评价程序，包括功率工况 SDP、停堆工况 SDP、火灾 SDP 等，这些 SDP 模型需要根据核电厂相关的功率工况 PSA 模型、停堆工况 PSA 模型、早期大量放射性释放概率（LERF）和内外部事件 PSA 模型等为基础进行开发[2]。根据 SDP 引导程序的结果，指引工作人员进入合适的 SDP 评估程序进行进一步的评价。图 8-3 给出了 SDP 的总体架构和实施流程。

通过使用合适的 SDP 评估程序进行评价，SDP 的评价结果使用“绿、白、黄、红”一组颜色标识来反映发现项的风险大小程度，其含义见表 8-1。

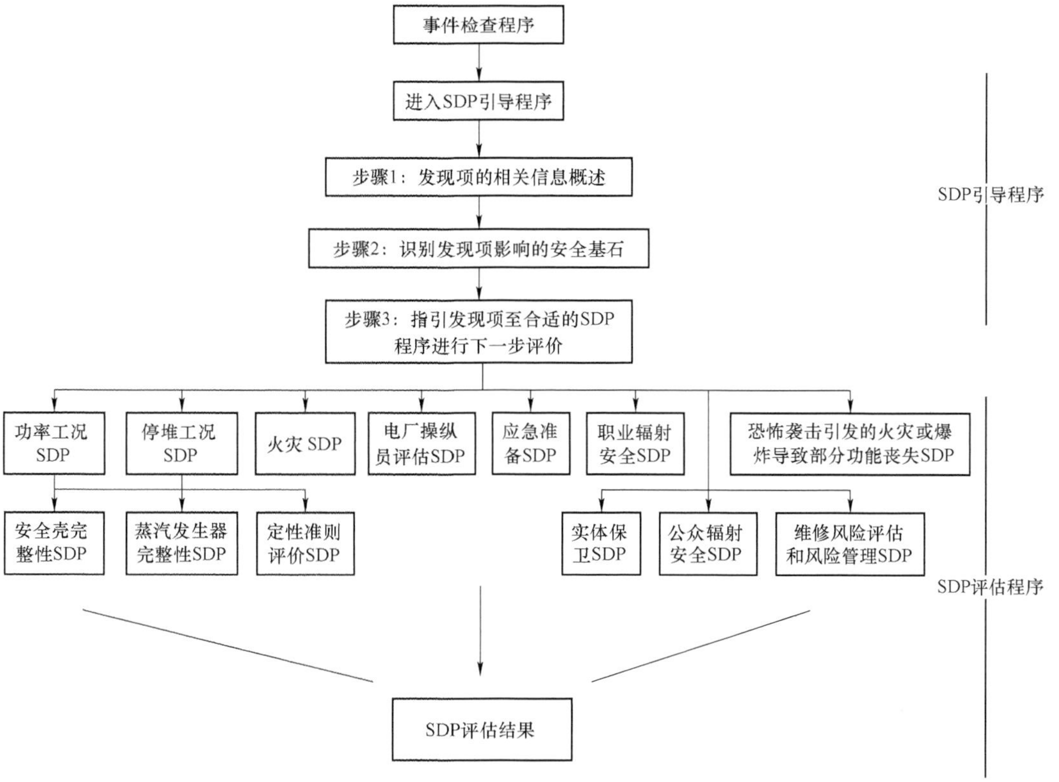

图 8－3　重要度判定方法总体架构和实施流程

表 8－1　颜色标识所代表的含义

颜色	风险大小程度（定性）	风险大小程度（定量）
绿色	表示安全性能完全满足相关安全基石的目标，电厂性能没有重大偏离	$\Delta CDF \leqslant 1.0\times10^{-6}$ 或 $\Delta LERF \leqslant 1.0\times10^{-7}$
白色	表示安全性能偏离期望的正常范围，安全裕量略有下降，但是满足安全基石的目标	$1.0\times10^{-6} < \Delta CDF \leqslant 1.0\times10^{-5}$ 或 $1.0\times10^{-7} < \Delta LERF \leqslant 1.0\times10^{-6}$
黄色	表示安全性能下降明显，安全裕量有所下降，安全基石目标有所下降	$1.0\times10^{-5} < \Delta CDF \leqslant 1.0\times10^{-4}$ 或 $1.0\times10^{-6} < \Delta LERF \leqslant 1.0\times10^{-5}$
红色	表示安全裕量大幅度降低，连续运行有可能将不能确保公众的健康与安全	$\Delta CDF \geqslant 1.0\times10^{-4}$ 或 $\Delta LERF \geqslant 1.0\times10^{-5}$

8.2.1　SDP 引导程序

SDP 引导程序的功能通过三个步骤来实现，三个步骤分别对应三张工作表格，通过发现项基本信息收集和定性分析准则筛选的方法来实现 SDP 引导程序的功能。

（1）工作表 8－2：记录发现项的相关信息描述。由检查人员记录安全事项相关的所有支持性信息。

表 8-2　发现项相关信息表

发现项基本信息表
支持性文档和参考资料：
发现项的清晰描述：
对功能降级和系统缺陷的实际描述：
发现项与功能降级或系统性缺陷的逻辑关系：

（2）工作表 8-3：识别发现项所影响的安全基石。用于识别由于发现项导致的性能和功能降级事件而影响的安全基石。

表 8-3　安全基石识别表

功能降级或系统性缺陷所影响的安全基石		
始发事件	缓解系统	屏障完整性
□ A. 一回路 LOCA 始发事件贡献项——（如从稳压器加热套管、反应堆压力容器管道贯穿、控制棒驱动机构管嘴、先导式安全阀的一回路泄漏、界面 LOCAV-LOCA（ISLOCA）事件等） □ B. 瞬态始发事件贡献项——（反应堆/汽机跳闸，丧失厂外电源，丧失重要厂用水（RRI/SEC）、主蒸汽管道/主给水管道降级/破口、直流电源降级/丧失、仪用压缩空气丧失、一回路/二回路瞬态事故） □ C. 支持系统始发事件 □ D. 蒸汽发生器传热管破裂 □ E. 外部事件贡献项（仅限火灾和内部水淹）	□ A. 缓解系统 • 堆芯余热移出功能降级 • 短期热移出功能降级 ✓ 一回路（如安全注入） 高压安注 低压安注 ✓ 二回路（如主给水、辅助给水、排放阀） • 长期热移出功能降级（如安全壳地坑再循环） □ B. 外部事件缓解系统（地震/火灾/水淹/极端气象防护功能降级） □ C. 反应性控制系统功能降级（包括反应堆保护系统） • 不受控的控制棒移动 • 一回路冷却剂误稀释或冷却剂误注入 • 反应性管理（如超过许可的功率限值、命令和控制）	□ A. 在电厂扰动情况下，一回路边界作为缓解该扰动的一个来源（如承压热冲击） 注：所有其他一回路边界相关的事件在始发事件中考虑（如泄漏）。 □ B. 反应堆安全壳屏障降级 ● 实际存在破口或旁通（如通过贯穿件密封、对 ISLOCA 有贡献的隔离阀、通风过滤系统的泄漏）。 ● 热移出、氢或压力控制系统功能降级 □ C. 控制室、辅助厂房/反应堆厂房或乏燃料厂房屏障的降级 □ D. 乏燃料水池 ● 维持次临界状态 ● 乏燃料水池水装量和/或温度（即冷却） ● 燃料储运
应急准备	职业辐射	公众辐射
□ 未能服从计划标准或风险重要计划标准 □ 实际事件执行问题	□ ALARA 计划或工作控制 □ 暴露或过度暴露问题 □ 评估剂量损害的能力	□ 放射性流出物的释放大纲 □ 放射性环境监测大纲 □ 放射性物质控制大纲 □ 放射性材料运输
实体保卫		
□ 安全和防护措施的检查程序		

（3）工作表 8-4：SDP 引导程序。识别出受到影响的安全基石后，运用重要度判定引导程序，通过定性筛选的原则以决定使用合适的重要度判定程序做进一步的评价。

表 8-4　SDP 引导程序表

SDP 引导程序
如果发现项和与之相关的功能降级或系统缺陷存在于电厂的： 1. 应急准备安全基石，停止。转向应急准备 SDP 评估程序。 2. 职业辐射安全基石，停止。转向职业辐射安全 SDP 评估程序。 3. 公众辐射安全基石，停止。转向公众辐射安全 SDP 评估程序。 4. 实体保卫安全基石，停止。转向实体保卫 SDP 评估程序。 5. 始发事件、缓解系统或屏障完整性安全基石，继续下列问题：
阅读 A 到 E，用“是”或“否”回答问题。如果 A 到 E 的回答结果均为“否”，直接转向功率工况 SDP 评估程序。 A. 停堆、换料和强制停堆： 发现项是否属于停堆期间的操作、事件或功能降级？ □ a. 如果“是”，停止。转向停堆工况 SDP 评估程序。 □ b. 如果“否”，继续下面的问题。 B. 电厂操纵员资格： 发现项是否涉及操纵员执照授权程序或模拟机的真实度？ □ a. 如果“是”，停止。转向电厂操纵员 SDP 评估程序。 □ b. 如果“否”，继续下面的问题。 C. 维修风险评估： 发现项是否涉及电厂在功率或停堆工况下执行维修活动的风险评估和管理？ □ a. 如果“是”，停止。转向维修风险评估 SDP 评估程序。 □ b. 如果“否”，继续下面的问题。 D. 发现项是否涉及保持或恢复堆芯冷却、安全壳完整性和乏燃料水池冷却能力的缓解措施？ □ a. 如果“是”，停止。转向 B.5.b SDP 评估程序。 □ b. 如果“否”，继续下面的问题。 E. 火灾防护： 1. 发现项是否涉及与火灾防护策略相矛盾？ □ a. 如果“是”，停止。转向功率工况 SDP 评估程序。 □ b. 如果“否”，继续下面的问题。 2. 发现项是否涉及：（1）火灾防护和易燃物、点火源或热操作的管控？（2）固定的防火系统或限制火灾的能力？（3）影响在火灾情况下达到或保持安全停堆状况的能力？ □ a. 如果“是”，停止。转向火灾 SDP 评估程序。 □ b. 如果“否”，停止。转向功率工况 SDP 评估程序。

根据 SDP 引导程序的结果，指引工作人员进入合适的 SDP 进行进一步的评价。

8.2.2　SDP 评估程序

通过 SDP 评估程序，评价发现项导致的性能和功能降级事项对核安全的影响，并根据影响的大小对事项进行分级。需要说明的是，部分 SDP 子评估程序需要使用 PSA 模型来进行精确评估。SDP 评估程序的 13 个子评估程序包括：功率工况 SDP、停堆工况 SDP、火灾 SDP、电厂操纵员评估 SDP、安全壳完整性 SDP、蒸汽发生器完整性 SDP、应急准备 SDP、职业放射安全 SDP、公共放射安全 SDP、实体保卫 SDP、维修风险评估和风险管理 SDP、恐怖袭击引发的火灾或爆炸导致部分功能丧失 SDP、以及定性准则评价 SDP。

下面以功率工况 SDP 为例介绍 SDP 评估程序。

功率工况 SDP 主要评价三个安全基石的性能状态，包括始发事件、缓解系统和屏障完整性。功率工况 SDP 包含三个阶段的工作，其实施流程见图 8-4 所示。

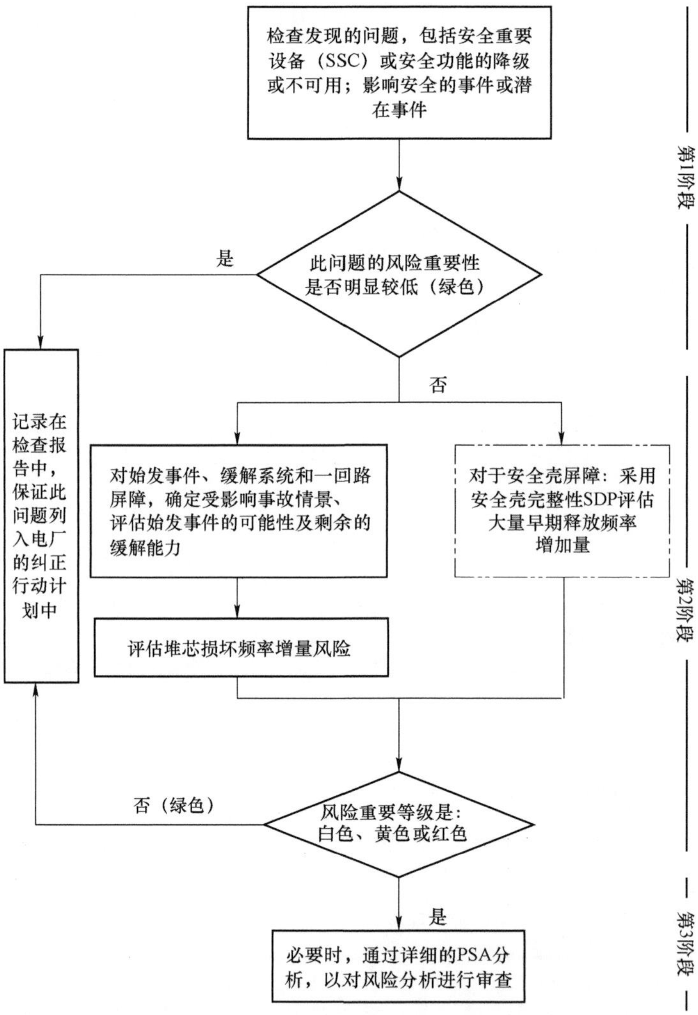

图 8－4　功率工况 SDP 实施流程

第 1 阶段：发现项的特征描述和初步筛选

SDP 的第 1 阶段主要对发现的安全缺陷或问题进行初步的筛选，以识别出具有低风险重要性的发现项。对于被筛选为“绿色”的发现项，说明该发现项对于核电厂的核安全贡献很小，不作为重点关注项。相反，说明是核安全重要发现项，还需要进一步的评价和确认，以确定其对核安全的重要性程度。需要说明的是，如果部分发现项经再次筛选后被判定更适合其他 SDP 评价程序，则转向相应的 SDP 评价程序进行分析。

图 8－5 给出第 1 阶段筛选实施过程，即按照对应的安全基石执行功率工况 SDP 第 1 阶段的筛选表，执行完成后，可能得到以下三种结果：① 该发现项的风险重要度为“绿色”；② 该发现项需要进行第 2 阶段评价；③ 需要转向其他 SDP 评价程序进行评价，包含蒸汽发生器完整性 SDP、安全壳完整性 SDP 和定性准则评价 SDP。

如果发现项涉及不止一个安全基石，则这些安全基石对应的筛选表都需要得到应用。

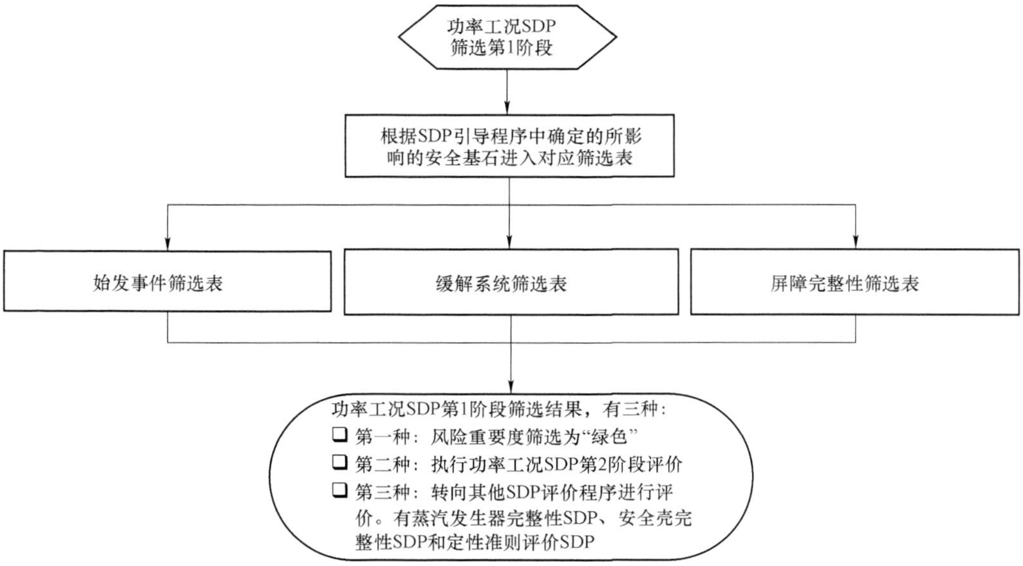

图 8－5　功率工况 SDP 第 1 阶段实施流程

功率工况 SDP 第 1 阶段筛选主要涉及 3 张工作表：

（1）始发事件筛选表（如表 8－5）。对与始发事件安全基石相关的发现项进行筛选，包含以下五个方面的筛选准则：

a. LOCA 始发事件；

b. 瞬态始发事件；

c. 支持系统始发事件；

d. 蒸汽发生器传热管破裂；

e. 外部事件始发事件。

通过筛选得出该发现项的第 1 阶段评价结果，即“进入第 2 阶段评价”、“风险重要度筛选为‘绿色’”或“转向蒸汽发生器完整性 SDP 评价程序”。

表 8－5　始发事件筛选表

A.LOCA 始发事件
1. 经过对功能降级的合理评价，发现项所导致的结果是否会产生大于一回路小破口的泄漏率？
□ a. 如果“是”，停止。转向功率工况 SDP 第 2 阶段评价。
□ b. 如果“否”，继续下面的问题。
2. 经过对功能降级的合理评价，发现项可能会影响 LOCA 事故的缓解系统最终导致其丧失全部功能（如界面 LOCA）。
□ a. 如果“是”，停止。转向功率工况 SDP 第 2 阶段评价。
□ b. 如果“否”，其风险重要度为“绿色”。
B. 瞬态始发事件
发现项是否导致反应堆跳堆以及用于使电厂从跳堆向稳定的停堆状态所需要的缓解系统功能丧失（如丧失冷凝器、丧失主给水）？其他事件还包括高能飞射物、内部水淹和火灾。
□ a. 如果“是”，停止。转向功率工况 SDP 第 2 阶段评价。
□ b. 如果“否”，其风险重要度为“绿色”。
C. 支持系统始发事件
发现项是否包括全部或部分丧失可能导致始发事件或作为始发事件贡献项的支持系统功能，以及影响缓解系统？例如丧失厂外电、丧失直流电、丧失交流电、丧失设备冷却水系统、丧失重要厂用水系统和丧失仪用压缩空气系统。

续表

□ a. 如果“是”，停止。转向功率工况 SDP 第 2 阶段评价。 □ b. 如果“否”，其风险重要度为“绿色”。 D. 蒸汽发生器传热管破裂 1. 发现项是否包括蒸汽发生器传热管降级事件，即一根传热管不能承受三倍稳态满功率运行状态下压力（3ΔPNO）？ □ a. 如果“是”，停止。转向蒸汽发生器完整性 SDP 评价程序。 □ b. 如果“否”，继续下面的问题。 2. 是否一个或多个蒸汽发生器违反“事故泄漏”性能标准（例如包含超过了设计基准事故状态下规定的事故泄漏性能标准）？ □ a. 如果“是”，停止。转向功率工况 SDP 第 2 阶段评价，蒸汽发生器完整性 SDP 评价程序中适用的部分内容可以作为参考。 □ b. 如果“否”，其风险重要度为“绿色”。 E. 外部事件始发事件 发现项是否会影响火灾或内部水淹始发事件的频率？ □ a. 如果“是”，停止。转向功率工况 SDP 第 2 阶段评价。 □ b. 如果“否”，其风险重要度为“绿色”。

（2）缓解系统筛选表（表 8-6）。对与缓解系统安全基石相关的发现项进行筛选，主要包含四个方面的筛选准则：

a. 缓解系统和功能；

b. 外部事件缓解系统；

c. 反应性控制系统；

d. 火灾消防队。

通过筛选得出该发现项的第 1 阶段评价结果，即“进入第 2 阶段评价”、“风险重要度筛选为‘绿色’”或“转向定性准则评价 SDP”。

表 8-6　缓解系统筛选表

A.缓解系统、结构和功能（不包含反应性控制系统–参见下面 C 节） 1. 发现项是否影响设计或授权？ □ a. 如果“是”，其风险重要度为“绿色”。 □ b. 如果“否”，继续下面的问题。 2. 该发现项是否表示丧失系统和/或功能？ □ a. 如果“是”，停止。转向功率工况 SDP 第 2 阶段评价。 □ b. 如果“否”，继续下面的问题。 3. 该发现项是否表示以下情形的实际功能丧失，即最少一列丧失时间大于技术规范所允许的时间，或两个独立的安全系统丧失的时间大于技术规范所允许的时间？ □ a. 如果“是”，停止。转向功率工况 SDP 第 2 阶段评价。 □ b. 如果“否”，继续下面的问题。 4. 该发现项是否表示以下情形的实际功能丧失，即一个或多个技术规范中不包含的、在电厂维修规则（Maintenance rule）中定义的高安全重要度设备功能丧失＞24 h？ □ a. 如果“是”，停止。转向功率工况 SDP 第 2 阶段评价。 □ b. 如果“否”，其风险重要度为“绿色”。 B. 外部事件缓解系统（地震/火灾/水淹/极端气象保护降级） 该发现项是否包含专用于缓解地震、水淹或极端气象始发事件的设备或功能的丧失或降级？（例如地震缓冲器、水淹屏障、防龙卷风门） □ a. 如果“是”，转向“始发事件筛选表”。 □ b. 如果“否”，其风险重要度为“绿色”。 C. 反应性控制系统 1. 该发现项是否会影响单个反应堆保护系统（RPR）跳堆信号和其他冗余的跳堆信号以及跳堆手段？（例如，其他 RPR 自动跳堆信号，间隔性的控制棒下插或手动停堆）

续表

☐ a. 如果“是”，停止。转向功率工况 SDP 第 2 阶段评价。 ☐ b. 如果“否”，继续下面的问题。 2. 该发现项是否包括无意的控制操作导致正反应性增加？（例如无意的硼稀释、冷却水注入、无意的控制棒移动、主泵速度控制） ☐ a. 如果“是”，停止。转向定性准则评价 SDP。 ☐ b. 如果“否”，继续下面的问题。 3. 该发现项是否导致操纵员对反应性的处置不当（例如，反应堆功率超过功率限制、未能预见和控制反应性的改变）？ ☐ a. 如果“是”，停止。转向定性准则评价 SDP。 ☐ b. 如果“否”，其风险重要度为“绿色”。 D. 火灾消防队 1. 发现项是否包括消防队训练和资格授权，或消防队人员配置？ ☐ a. 如果“是”，检查以下几项是否有一项或多项被涉及： ● 消防队在消防演习中具备在需要的时间内消除火险的能力，且该发现项对于消防队响应火灾的能力并无重大影响。 ● 在所有任务时间中，消防队所面临的人手不足的事件短于 2 h。 ☐ b. 如果以上的至少一项符合，其风险重要度为“绿色”。 ☐ c. 如果“否”，继续下面的问题。 2. 该发现项是否包括对消防队响应火灾时间的影响？ ☐ a. 如果“是”，检查以下几项是否有一项或多项被涉及： ● 消防队的响应时间由于纵深防御的其他元素而被缓解，例如易燃物存放未超过限制、火灾防护系统功能正常、安全停堆功能未受影响。 ● 该发现项包括高火灾风险重要度区域，具备自动灭火系统。 ● 电厂具备充分的就地火灾保护补偿措施。 ☐ b. 如果以上的至少一项符合，其风险重要度为“绿色”。 ☐ c. 如果“否”，继续下面的问题。 3. 发现项是否包括灭火器、灭火水龙带、灭火水龙头？ ☐ a. 如果“是”，检查以下几项是否有一项或多项被涉及： ● 防火屏障并未降级，且火险状况不需要使用水进行灭火。 ● 灭火器或水龙带短时间丢失，且附近有其他灭火器、水龙头。 ☐ b. 如果以上的至少一项被选中，其风险重要度为“绿色”。 ☐ c. 如果“否”，停止。转向定性准则评价 SDP。

（3）屏障完整性筛选表（表 8–7）。对与屏障完整性安全基石相关的发现项进行筛选，主要包含四个方面的筛选准则：

a. 一回路边界；

b. 安全壳；

c. 控制室、辅助厂房、反应堆厂房或乏燃料厂房；

d. 乏燃料水池。

通过筛选得出该发现项第 1 阶段评价结果，即“进入第 2 阶段评价”“风险重要度筛选为‘绿色’”“转向定性准则评价 SDP”“转向安全壳完整性 SDP”。

表 8–7　屏障完整性筛选表

A. 一回路边界（例如导致压力增加的热冲击事件） ☐ 停止，转向功率工况 SDP 第 2 阶段评价。 B. 安全壳 1. 该发现项是否表示实际的安全壳旁路（阀门、气锁等）、安全壳隔离系统和热移出设备开启？ ☐ a. 如果“是”，停止。转向安全壳完整性 SDP。 ☐ b. 如果“否”，继续下面的问题。 2. 该发现项是否包括氢气复合器的功能降低？

续表

□ a. 如果“是”，停止。转向安全壳完整性 SDP。
□ b. 如果“否”，其风险重要度为“绿色”。
C. 控制室、辅助厂房、反应堆厂房或乏燃料厂房
1. 该发现项只表示控制室、辅助厂房或乏燃料水池的放射性屏障功能降级？
□ a. 如果“是”，其风险重要度为“绿色”。
□ b. 如果“否”，继续下面的问题。
2. 该发现项是否表示控制室对烟或毒气的屏障功能降级？
□ a. 如果“是”，停止。转向功率工况 SDP 第 2 阶段评价。
□ b. 如果“否”，其风险重要度为“绿色”。
D. 乏燃料水池
1. 发现项是否会负面影响乏燃料水池温度超过最大温度限值时衰变热的移出能力？
□ a. 如果“是”，停止。转向定性准则评价 SDP。
□ b. 如果“否”，继续下面的问题。
2. 发现项是否由燃料转运过失、燃料组件跌落、储存桶跌落或起重机在乏燃料水池上操作过程中引起燃料包壳的机械损伤以及可发觉的放射性泄漏所导致？
□ a. 如果“是”，停止。转向定性准则评价 SDP，职业放射安全 SDP 评价程序中适用的部分内容可以作为参考
□ b. 如果“否”，继续下面的问题。
3. 发现项是否会导致乏燃料水池水装量下降至水位下限？
□ a. 如果“是”，停止。转向定性准则评价 SDP。
□ b. 如果“否”，继续下面的问题。
4. 发现项是否会影响乏燃料水池的中子吸收、燃料棒束的错误放置（例如燃料装料方式错误）或硼浓度？
□ a. 如果“是”，停止。转向定性准则评价 SDP。
□ b. 如果“否”，其风险重要度为绿色。

第 2 阶段：风险重要度评价

使用特定电厂风险指引型检查手册——即评价工作表，进行风险重要度评估。厂址特定的风险指引型检查手册需根据电厂的标准化概率安全评价模型（Standardized Plant Assessment Risk Model：SPAR Model）进行开发，通过 SPAR Model 开发该电厂的简化事件树模型，进而得到厂址特定的风险指引型检查手册。如果评价结果是非绿色，则需要再进行第 3 阶段的详细评价。功率工况 SDP 的第 2 阶段通过使用评价工作表的方式帮助评价者简便快速的进行评价工作。主要涉及以下 5 张工作表：

a. 始发事件分类表：根据确定的始发事件分类表，得到需要详细分析的始发事件清单和频率。始发事件的选取可以参考已有的概率安全评价报告。

b. 系统/设备和始发事件相关性表：该表是便于发现项确定哪些前沿系统或支持系统受到影响，方便评价者实施具体的重要度评价。

c. 功能系统剩余缓解能力准则表：该表主要用来规定前沿系统或人因事件的剩余能力因子，以数字表示，数字越大说明该能力越强。

d. 风险重要度计算规则表：用于计算所评价事项的风险重要度。

e. 事件序列分析表：根据事件序列的发展，用于实施具体的评价工作。

功率工况 SDP 第 2 阶段的实施流程如图 8－6 所示。

（1）始发事件分类表

始发事件分类表的作用是确定所评价的发现项是否直接影响始发事件及暴露时间。主要包含以下几个方面的内容：

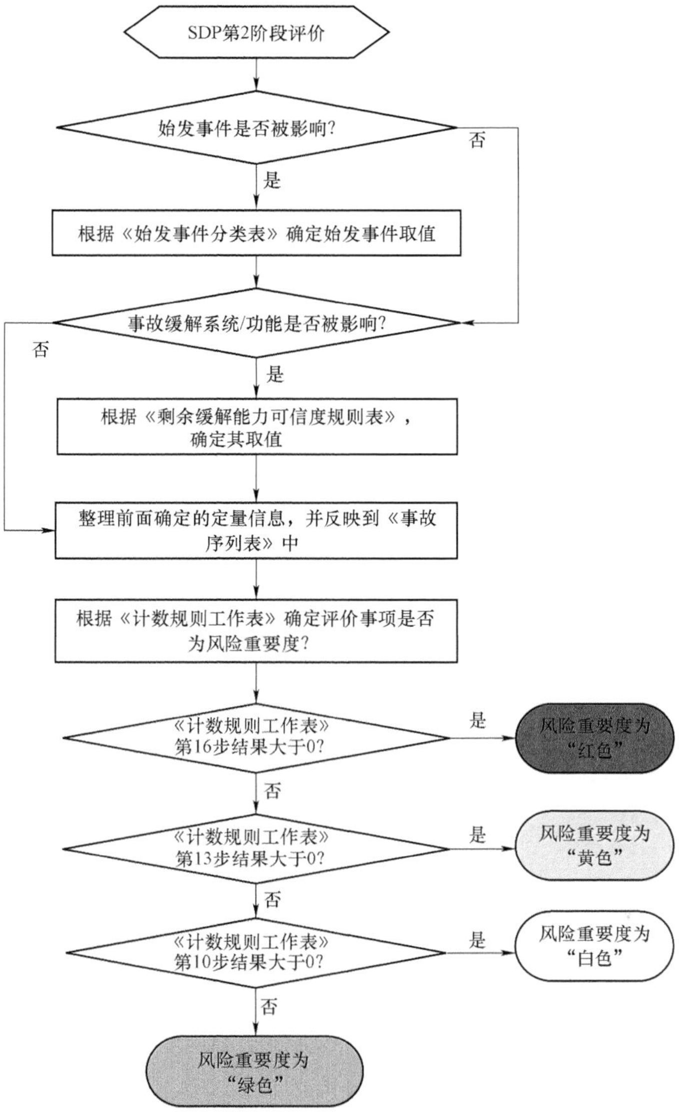

图 8－6　功率工况 SDP 第 2 阶段实施流程

1）确定始发事件的频率及清单

始发事件的选取主要参考特定电厂的概率安全评价报告，因而初步确定的始发事件是有代表性，且反映了电厂的特定情况。在确保风险分析的完备性的前提下，对已确定的始发事件进行适当的归并分组，始发事件归并分组的基本方式是将具有相同的前沿系统成功准则且有类似的事故进程（要求操纵员做出同样的反应或要求核电厂有同样的自动响应等）的始发事件归并成一个始发事件组，但是分类合并要遵循以下原则：

● 电厂（包括操纵员）响应、成功准则、允许响应时间（如更高要求，则还包括对电厂可运行性影响，以及操纵员和相关缓解系统的性能）均相类似。

● 事故进程虽有不同，但归并后“新”的始发事件组中要以最不利工况的要求作为该组的包络条件。

● 在分组过程中如发现同一类别不同的始发事件因为电厂响应明显不同或者会有更严重的放射性核素释放可能（如：早期大量释放频率）则需要进一步细分。例如：LOCA 事件，它需按破口尺寸大小（有时还要按不同的破口位置）或者其他特殊影响进行细分。

● 对于分组合并后的始发事件频率，是归并为同一始发事件的所有子事件的频率之和。

通过以上的处理后，可以得到需要详细分析的始发事件清单及其频率，如表 8-8 所示。

表 8-8 功率工况 SDP 中需要分析的始发事件（样表）

序号	始发事件编码	始发事件描述	始发事件频率	备注
1	ATWT1	其他 ATWT	1.65×10^{-6}	30/48/125 V 直流电源丧失、厂外电源丧失的瞬态
2	ATWT2	给水丧失相关的 ATWT	8.55×10^{-5}	压缩空气丧失、主给水丧失、二次侧引发的瞬态以及其他导致停堆的瞬态
3	ISLOCA	界面 LOCAV-LOCA	1.50×10^{-7}	
4	LDBA	125 V A 列直流电源	9.70×10^{-4}	A 列 125 V 直流电源
5	LDCA	丧失直流电源 LCA	5.63×10^{-3}	A 列 48 V 直流电源
6	LDCB	丧失直流电源 LCB	5.63×10^{-3}	B 列 48 V 直流电源
7	LDCC	丧失直流电源 LCC	2.30×10^{-3}	C 列 48 V 直流电源
8	LDDD	30 V 列直流电源	1.10×10^{-2}	30 V 直流电源
9	LHS1	全部丧失热阱	1.00×10^{-4}	丧失最终热阱
10	LHS2	部分丧失热阱（安全段）	7.40×10^{-2}	丧失 RRI 安全段
11	LHS3	部分丧失热阱（公用段）	1.00×10^{-2}	丧失 RRI 公用段
12	LLOCA	大破口失水事故	1.00×10^{-4}	一回路大破口
13	LMFW	主给水丧失	5.00×10^{-1}	丧失主给水
14	LOIA	丧失压缩空气	1.20×10^{-2}	丧失压缩空气
15	LOOP	丧失厂外电源	2.50×10^{-2}	丧失厂外电源
16	MLOCA	中破口失水事故	3.00×10^{-4}	一回路中破口
17	MSLB1	安全壳内主蒸汽管道破口	1.10×10^{-3}	安全壳内蒸汽管道破口，不分大小破口，全部合并，并且包括给水管道破口。
18	MSLB2	安全壳外主蒸汽隔离阀上游破口	1.01×10^{-3}	安全壳外主蒸汽隔离阀上游破口
19	MSLB3	安全壳外主蒸汽隔离阀下游破口	6.00×10^{-3}	安全壳外主蒸汽隔离阀下游破口
20	SGTR	蒸汽发生器传热管断裂	6.72×10^{-3}	蒸汽发生器传热管破裂，合并原先的 1/2 根 SGTR

续表

序号	始发事件编码	始发事件描述	始发事件频率	备注
21	SLOCA	小破口失水事故	2.00×10^{-3}	一回路小破口，合并原先的 BS1A 和 BS2A
22	SORV	稳压器汽相 SEBIM 阀破口失水事故	5.90×10^{-5}	稳压器安全阀卡开
23	SSGTR1	蒸汽管小破口叠加 1 根蒸汽发生器传热管断裂	4.80×10^{-5}	蒸汽管道小破口叠加 1 和 2 根 SGTR，不考虑大破口叠加 SGTR，因为其贡献很小
24	SSGTR2	蒸汽管小破口叠加 10 根蒸汽发生器传热管断裂	1.00×10^{-6}	蒸汽管道小破口叠加 10 根 SGTR
25	STRANS	二回路变化引起的瞬态	8.70×10^{-1}	二次侧引起的一回路瞬态事故
26	TRANS	其他瞬态	6.30×10^{-1}	其他导致停堆的瞬态，主要是非二回路故障导致的停堆瞬态事件

2）根据始发事件的频率来对其进行分组

通过得出的始发事件清单和频率，对始发事件进行分组。如果某一始发事件的频率接近分组的上线，一般保守地把该始发事件的类别进一级。始发事件分组情况见表 8–9。

表 8–9　始发事件分类表（样表）

始发事件分类表					
类型	始发事件频率	始发事件类型	始发事件可能性 X = –lg（始发事件频率）		
Ⅰ	＞1 per 1 – 10 a	主给水丧失（LMFW）、二回路变化引起的瞬态（STRANS）其他瞬态（TRANS）	1	2	3
Ⅱ	1 per 10 – 10^2 a	部分（安全段）丧失热阱（LHS2）、部分（公用段）丧失热阱（LHS3）、丧失压缩空气（LOIA） 丧失厂外电源（LOOP）、30 V 列直流电源（LDDD）	2	3	4
Ⅲ	1 per 10^2 – 10^3 a	给水管道破口（FWLB）、48 V A 列直流电源丧失（LDCA）、48 V B 列直流电源丧失（LDCB）、48 V C 列直流电源丧失（LDCC）、125 V A 列直流电源丧失（LDBA）、安全壳内主蒸汽管道破口（MSLB1）、安全壳外主蒸汽隔离阀上游破口（MSLB2）、安全壳外主蒸汽隔离阀下游破口（MSLB3）、蒸汽发生器传热管断裂（SGTR）、小破口失水事故（SLOCA）	3	4	5
Ⅳ	1 per 10^3 – 10^4 a	全部丧失热阱（LHS1）、中破口失水事故（MLOCA）、蒸汽管小破口叠加 1 根蒸汽发生器传热管断裂（SSGTR1）	4	5	6
Ⅴ	1 per 10^4 – 10^5 a	给水丧失相关的未停堆的瞬态（ATWT2）、大破口失水事故（LLOCA）、稳压器汽相 SEBIM 阀破口失水事故	5	6	7
Ⅵ	＜1 per 10^5 a	其他未停堆的瞬态事件（ATWT1）、界面 LOCAV – LOCA（ISLOCA）、蒸汽管小破口叠加 10 根蒸汽发生器传热管断裂（SSGTR2）	6	7	8
事件/缺陷存在的时间（天）			＞30	3～30	＜3

SDP 模型计算的是 ΔCDF 的量级，因此需对模型中用到的数据做相应的数学处理。始发事件频率的处理规则如表 8－10 所示，它表示如果一个始发事件的发生频率在 10^{-2} 到 10^{-1} 之间，则为它指定一个数值 2，表示它的发生频率的量级是 10^{-2}。

表 8－10　始发事件频率处理规则

	始发事件频率的范围/a^{-1}							
始发事件频率	＞1	1×10^{-1}～1	1×10^{-2}～1×10^{-1}	1×10^{-3}～1×10^{-2}	1×10^{-4}～1×10^{-3}	1×10^{-5}～1×10^{-4}	1×10^{-6}～1×10^{-5}	＜1×10^{-6}
始发事件可能性	0	1	2	3	4	5	6	7

3）发现项暴露时间的影响

始发事件的发生概率与时间有关，一般情况下，始发事件频率指的是一个始发事件在一年中发生的次数。核电厂发生的安全事项有一个持续时间，即从它刚出现到事件分析时这段时间，称之为发现项的暴露时间。安全事项只在暴露时间内对核电厂的 CDF 产生影响。因此，需要根据安全事项的持续时间来修改始发事件的发生概率。

SDP 将发现项的暴露时间划分为 3 类，“＞30 天”近似等于 1 年，“3～30 天”近似等于 1/10 年，“＜3 天”近似等于 1/100 年，将发现项的暴露时间乘以始发事件频率，即得到始发事件可能性（IEL）。因此，将始发事件在不同时间范围内的发生概率相应地降低一个量级，表现在 IEL 上就是 IEL 的值加 1。这样对于第 I 类始发事件，在对应的暴露时间内的 IEL 分别是 10^{-1}、10^{-2} 和 10^{-3} 每年，分别以 1、2、3 表示。根据此原则可以得到其他类别始发事件的各种可能性。

由于安全事项分析过程的特殊性，需要将 SDP 始发事件清单按照 IEL 的大小分类。表 8－9 列出了始发事件分类样表，并给出了不同影响时间下的始发事件可能性，始发事件按照它们的发生频率分组，落在同一个区间的始发事件放在同一行。

需要指出的是，如该发现项的暴露时间无法确定，则该发现项的暴露时间取值为上次验证该部件或功能成功执行至今时间的一半。如该发现项的起始时间是已知的，那么暴露事件是发现项的实际存在时间。

（2）系统/设备和始发事件相关性表

根据电厂的系统/设备配置情况，确定始发事件和系统/设备的相关性，见表 8－11 所示。该表给出了前沿系统与支持系统以及涉及到的始发事件的相互关系。

表 8－11 的目的是便于根据发现项确定哪些前沿系统或支持系统受到影响，并最终影响到哪些始发事件，确定始发事件和其缓解系统及缓解系统的支持系统之间的关系，方便在《事件序列分析表》中进行简化故障树的建立和取值。

表 8－11　系统/设备和始发事件相关性表（样表）

系统/设备和始发事件相关性表			
影响的系统	主要设备	支持系统	始发事件情景
辅助给水系统	电动泵 A 列、气动调节阀	30 V（LDA）直流电源、48 V（LCA、LCB）直流电源、125 V（LBA、LBB）直流电源、仪用压缩空气系统（SAR）	除了 MLOCA、LLOCA、30 V 直流丧失、以及 A 列电源丧失的所有事故
	电动泵 B 列、气动调节阀	30 V（LDA）直流电源、48 V（LCA、LCB）直流电源、125 V（LBA、LBB）直流电源、仪用压缩空气系统（SAR）	除了 MLOCA、LLOCA、30 V 直流丧失、以及 B 列电源丧失的所有事故
	一台汽动泵、气动调节阀（供水）、气动隔离阀（汽机供气）	30 V（LDA）直流电源、仪用压缩空气系统（SAR）	除了 MLOCA、LLOCA 和 30 V 直流丧失的所有事故
安全壳喷淋系统	两台安注泵（EAS001PO/EAS002PO）、电动阀	48 V（LCA、LCB）直流电源、125 V（LBA、LBB）直流电源、6.6 KV（LHA/LHB）交流电源	一回路破口
重要厂用水系统	A 列：SEC001PO/SEC003PO； B 列：SEC002PO/SEC004PO；	48 V（LCA、LCB）直流电源、125 V（LBA、LBB）直流电源、6.6 KV（LHA/LHB）交流电源、仪用压缩空气	热阱丧失相关始发事件、以及涉及安全壳喷淋再循环和余热排出功能的始发事件
应急柴油机	LHP001AP、LHQ001AP、LHA002JA、LHB002JA	48 V（LCA、LCB）直流电源、125 V（LBA、LBB）直流电源，EDG 润滑油系统、冷却系统以及通风系统	主要涉及厂外电源丧失事件

（3）功能系统剩余缓解能力准则表

SDP 功能事件的概念同 PSA 功能事件的概念是一样的，同样具有成功准则，但是 SDP 功能事件被当作基本事件来处理。这样带来的一个问题就是在没有故障树支持的条件下如何确定功能事件这个“基本事件”的失效概率。一种情况下，功能事件的输入本来就是一个基本事件，比如人因事件，则直接根据基本事件的失效概率为这个功能事件指定一个数值。另一种情况下，功能事件的输入是一颗故障树，这颗故障树代表着一个前沿系统，SDP 为这种情况设计了一种特别的解决方法。SDP 为前沿系统指定一种类型，这个类型与系统的复杂程度和冗余度有关，决定了功能事件失效概率的量级，这个量级称之为功能事件的缓解能力。

《功能系统剩余缓解能力准则表》（表 8－12）规定了前沿系统或人因事件的剩余能力因子，以数字表示，数字越大说明该功能的能力越强。可信的缓解能力是以系统列的形式定义的，同时考虑了核电厂 PSA 报告中特定的成功准则。剩余缓解能力以前沿系统和操纵员行为的形式定义，而不考虑其支持系统。如果系统的列存在不同的特点导致它们缓解事故的可靠性不同，那么这些列就要分别定义。例如，辅助给水系统的电动泵列和汽动泵列就要分别定义。各个功能系统剩余缓解能力数值将在事件序列分析表中对应参与计算。

表 8 – 12　功能系统剩余缓解能力准则表

功能系统剩余缓解能力准则表	
剩余缓解能力的类型	剩余缓解能力可信度：$x=-\lg$（失效概率）
失效列恢复： 操纵员恢复失效设备的行为，而且这些设备是事故发生后可以恢复的。操作行为可以是在主控室，也可以是主控室之外，当认为其为可信的剩余缓解能力时，它的失效概率约为 0.1。只有满足以下的准则才认为是可信的： （1）有足够的时间实施这些操作； （2）环境条件允许到达操作的区域； （3）有用于指导操作行为的程序； （4）在相似的事故情景下有依据程序进行的培训； （5）用于完成这些操作的任何设备都是可用的，且处于备用状态。	1
一列自动蒸汽驱动： 一套相关设备，其中包含一个汽动驱动设备且能提供 100%的指定安全功能。当这一列被确信为剩余缓解能力时，则因失效、试验或维修导致一列不可用的概率假定为：0.1。	1
完成功能的 1 列设备： 一套相关设备（如泵、阀门、开关等），它们一起能够完成 100%的制定安全功能。当这一列被确信为剩余缓解能力时，则因失效、试验或维修导致这些设备不可用的概率假定为：1×10^{-2}。	2
1 个多列系统： 一个由两列或多列组成的系统，认为他们之间存在共因失效模式。当这一系统被确信为剩余缓解能力时，则不论该系统有多少列，其因失效、试验或维修导致系统中设备不可用的概率假都定为：1×10^{-3}。	3
2 个不同的列： 一个系统由两列组成，且两列之间不存在共因失效模式。当这一系统被确信为剩余缓解能力时，则因失效、试验或维修导致系统中设备不可用的概率假都定为：1×10^{-4}。	4（=2+2）
操纵员行为的可信度： 事故处理期间，由操纵员执行的重要操作（如通过充 – 排方式移出一回路的热量等）。这些操作行为使用三类人员失误概率表征可信度。这些人员操作失效类如： （1）操作行为=1，其代表人员操作失效概率在 5×10^{-2}～0.5 之间； （2）操作行为=2，其代表人员操作失效概率在 5×10^{-3}～5×10^{-2} 之间； （3）操作行为=3，其代表人员操作失效概率在 5×10^{-4}～5×10^{-3} 之间。	1、2 或 3

（4）事件序列分析表

得到 SDP 始发事件清单和 SDP 功能事件之后，就可以着手建立 SDP 事件树。SDP 事件树的形式跟 PSA 的事件树是一样的，也由始发事件和功能事件组成，但是事故序列只有成功分支和失败分支。SDP 事件树是建立事件序列表的依据。根据始发事件分析表，确定了可能发生的始发事件。首先，根据事件发展所需要的功能系统和对事故规程的要求，画出简化的事件树。然后，根据简化的事件树，编制出导致堆芯损坏的事件序列表。编制事件序列表的目的就是方便评价人员使用和实施具体的评价工作。

根据事件树发展的需求，其定量化过程需要遵循以下两个原则：

- 始发事件的取值需参考《始发事件分类表》的定义；
- 事件序列分析所有用到的前沿系统功能和人员失效事件及其能力等级取值均需参考《功能系统剩余缓解能力准则表》的定义。

事件序列的发展，不仅仅用来获得检查发现项或事件导致的堆芯损坏频率的变化量（ΔCDF），而且可以得到早期放射性大量释放频率的变化量（ΔLERF）。ΔLERF 的值可以通过ΔCDF 的值获得，或者通过一个修正因子来求。在事件序列表中，专门设置一栏 LERF。在对应栏中输入的数值代表是否该序列对 LERF 有贡献。“0”代表对应的事故序列对 LERF 没有贡献。鉴于 CDF 与 LERF 一般相差一个量级，因此，对于 LERF 有贡献的事件序列，在事件序列的表中的 LERF 栏中给出修正因子“1”。

表 8－13 给出了一回路大破口（LLOCA）事故的事件序列分析表示例，表中对 LLOCA 始发事件可能导致堆芯损坏的事故序列进行了简化事件树建模，并对始发事件和功能剩余缓解能力的取值进行了说明。

表 8－13　事件序列分析表

<table>
<tr><td colspan="8">一回路大破口（LLOCA）始发事件的事件序列分析表</td></tr>
<tr><td colspan="3">需求的安全功能：</td><td colspan="5">每一安全功能完全可信的缓解能力：</td></tr>
<tr><td colspan="3">中压安注（SIT）</td><td colspan="5">中压安注有 3 个安注箱及注入管线，对于主回路上的破口，只有两列可用，因此该功能的剩余能力是 3。</td></tr>
<tr><td colspan="3">安全壳喷淋直接注入（EAS01）</td><td colspan="5">安全壳喷淋系统有 2 列，一列运行成功即可，系统是自动启动。因此该功能系统的剩余能力是 3。</td></tr>
<tr><td colspan="3">低压安注直接注入（LPSI）</td><td colspan="5">低压安注由 2 列构成，一列从换料水箱取水，并向一回路冷段注入。因此该功能系统的剩余能力是 3。</td></tr>
<tr><td colspan="3">低压安注冷段再循环（LPR01）</td><td colspan="5">低压安注由 2 列构成，一列从地坑取水，并向一回路冷段注入。因此该功能系统的剩余能力是 3。</td></tr>
<tr><td colspan="3">低压安注热段再循环（LPR02）</td><td colspan="5">低压安注由 2 列构成，一列从地坑取水，并向一回路热段注入。因此该功能系统的剩余能力是 3。</td></tr>
<tr><td colspan="3">安全壳喷淋再循环（EAS02）</td><td colspan="5">安全壳喷淋系统有 2 列，一列运行成功即可，系统是自动切换。因此该功能系统的剩余能力是 3。</td></tr>
<tr><td>编号</td><td>选择受影响的功能</td><td>基准分</td><td>始发事件可能性</td><td>每一受影响的事故序列的剩余缓解能力评价</td><td>失效列的恢复</td><td>结果</td><td>LERF 因子</td></tr>
<tr><td>1</td><td>LLOCA＋EAS01
7＋3</td><td>10</td><td></td><td></td><td></td><td></td><td>0</td></tr>
<tr><td>2</td><td>LLOCA＋EAS02
7＋3</td><td>10</td><td></td><td></td><td></td><td></td><td>0</td></tr>
<tr><td>3</td><td>LLOCA＋LPR01
7＋3</td><td>10</td><td></td><td></td><td></td><td></td><td>0</td></tr>
<tr><td>4</td><td>LLOCA＋LPR02
7＋3</td><td>10</td><td></td><td></td><td></td><td></td><td>0</td></tr>
<tr><td>5</td><td>LLOCA＋LPSI
7＋3</td><td>10</td><td></td><td></td><td></td><td></td><td>0</td></tr>
<tr><td>6</td><td>LLOCA＋SIT
7＋3</td><td>10</td><td></td><td></td><td></td><td></td><td>0</td></tr>
<tr><td colspan="8">识别可信的、直接用于恢复降级设备或始发事件的任何操纵员恢复行为：
（如果要对投运或恢复缓解设备的操纵员行为确定为可信，需要满足以下所有准则：1）有足够的时间实施这些操作；2）环境条件允许到达操作的区域；3）有用于指导操作行为的程序；4）在相似的事故情景下有依据程序进行的培训；5）用于完成这些操作的任何设备都是可用的，且处于备用状态。）</td></tr>
</table>

（5）风险重要度计算规则表

根据通用的定量计算规则表（表 8－14），对受发现项影响的事件序列进行计算，可以确定所评价发现项的风险重要度。

表 8－14　风险重要度计算规则表

风险重要度计数规则表		
步骤	操作指令/指示	得分
（1）	输入风险重要序列值等于 9 的个数。	
（2）	第（1）步的结果除 3，并把所得结果记入下一轮。	
（3）	输入风险重要序列值等于 8 的个数。	
（4）	第（3）步结果与第（2）步结果相加。	
（5）	第（4）步的结果除 3，并把所得结果记入下一轮。	
（6）	输入风险重要序列值等于 7 的个数。	
（7）	第（6）步结果与第（5）步结果相加。	
（8）	第（7）步的结果除 3，并把所得结果记入下一轮。	
（9）	输入风险重要序列值等于 6 的个数。	
（10）	第（9）步结果与第（8）步结果相加。	
（11）	第（10）步的结果除 3，并把所得结果记入下一轮。	
（12）	输入风险重要序列值等于 5 的个数。	
（13）	第（12）步结果与第（11）步结果相加。	
（14）	第（13）步的结果除 3，并把所得结果记入下一轮。	
（15）	输入风险重要序列值等于 4 的个数。	
（16）	第（15）步结果与第（14）步结果相加。	
■ 如果第 16 步结果大于 0，则检查发现项的风险重要性是高安全重要度，用“红色”表征。 ■ 如果第 13 步结果大于 0，则检查发现项的风险重要性至少是重要的安全重要度，用“黄色”表征。 ■ 如果第 10 步结果大于 0，则检查发现项的风险重要性至少是中等安全重要度，用“白色”表征。 ■ 如果第 10、13 和 16 步结果都是 0，则检查发现项的风险重要性是非常低的安全重要度，用“绿色”表征。		
第二阶段评价结果：□绿色　□白色　□黄色　□红色		

第 3 阶段：详细的概率安全评价

第 3 阶段属于完全的概率安全评价方法，主要使用电厂的 PSA 模型进行详细的概率安全评价。该阶段主要用于以下两种情况：不适用第 1 阶段和第 2 阶段评价方法的情况；第 2 阶段评价结果为白、黄、红色的情况。

功率工况 SDP 第 3 阶段评价即针对发现项进行风险评价，计算其对应的ΔCDF，根据风险重要度判定准则确定发现项的风险重要度。其实施流程如图 8－7 所示：

（1）发现项的审查和分析

在充分了解发现项的基础上，确定原因和重要因素，从 PSA 的角度了解发现项的背景。

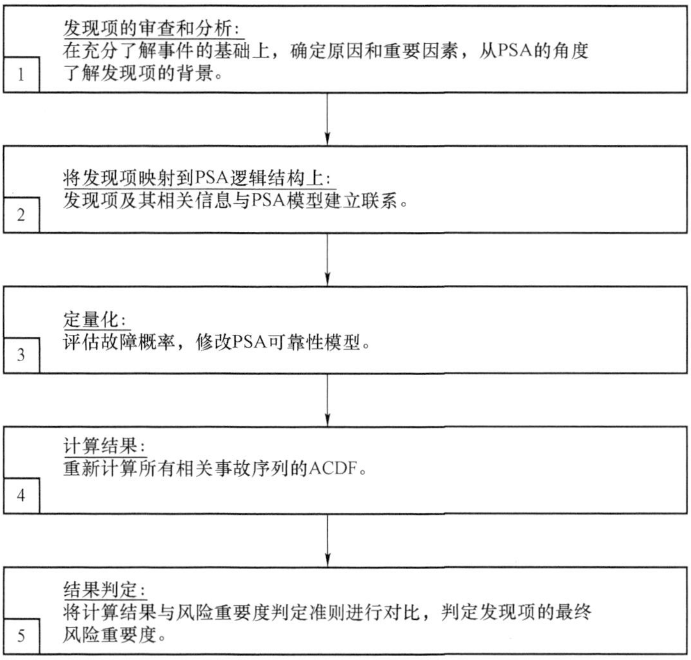

图 8－7　功率工况 SDP 第 3 阶段实施流程

（2）将发现项映射到 PSA 模型逻辑结构上

为了把发现项与 PSA 模型联系起来，需要确定有哪些事故序列被涉及或可能被涉及，有哪些故障树模型、基本事件或操纵员行为会受到影响，有哪些恢复行动可能要执行或变得不可能执行。在映射的过程中，就建立了发现项与 PSA 模型中的事件之间的联系。发现项的潜在影响主要有以下几类：

- 中断电厂正常运行的发现项，这对电厂运行有真实的影响。在这种情况下，该发现项很容易联系到 PSA 始发事件和相关的事故情景。这类发现项可能会有一个干扰电厂运行的子类，它单独不会引发一个始发事件，但如果与其他事件结合就可能导致始发事件发生，处理此子类事件需要有另外的概率论模型（例如小事件树）。
- 设备或系统不可用或降级的发现项，它们对电厂运行没有直接影响。如果发现项产生的影响与一个或几个安全功能相关，则要系统地考虑有哪些主要的事故情景会受到此发现项的影响。首先，要确定出所有需要受影响安全功能的始发事件，在这些始发事件发展出来的事故序列中，只保留与发现项相关的事故序列。
- 有些发现项可能对始发事件和设备或系统不可用两者都产生影响，在后续的分析中需要综合考虑这两种类型发现项的影响。

（3）定量化

定量化是对故障概率进行评估，然后将定量化的事件数据映射到步骤（2）所发展出来的 PSA 模型上。本步骤的目的是完成反映事件状态的定量化，定量化工作通过以下方式完成：

● 列出每个事件或序列的特征（持续时间、概率、任务时间、故障率、恢复行为等）

● 确定反映事件特定状态的参数。

在参考 PSA 模型中，对于已经发生的基本事件，将其概率设为逻辑失效或为 1；对于没发生的基本事件，其概率仍为标准值。在某些情形下，事件状态可能会导致未发生事件的概率的修改，即根据与标准状态相比有利或不利的影响来增加或降低其概率。

（4）计算结果

基本事件和始发事件赋予适当的失效数据之后，就可以计算出事故序列条件概率，进而计算出该发现项所导致的总的 Δ CDF。

（5）结果判定

将计算结果与风险重要度判定准则进行对比，判定发现项的最终风险重要度。

第 9 章
核电厂运行经验反馈的有效性评价

9.1 概　述

近几年随着我国核电厂的不断建造和装料投运，相关事件和经验反馈信息也随之大量增加与积累，核电工业界都希望能统一开展在全国范围的运行经验交流和反馈工作。目前，国内运行核电厂内部包括核电集团层面均已建立了包括组织机构、管理程序、导则以及基于计算机流程管理的运行经验反馈体系，实现对电厂状态报告、事件分析与反馈、纠正行动、外报事件等经验反馈工作和大量内外部信息的有效管理。同时，国内核电工业界也在核能行业协会的组织下，开展了业主层面的经验反馈合作工作，取得了一定的效果。

国家核安全局自成立以来也非常重视经验反馈工作，制定发布了一系列法规文件敦促核电厂营运单位及时报告并分析运行事件、开展经验反馈活动，已经形成了由国家核安全局组织管理，核与辐射安全中心技术支持，地区核与辐射安全监督站监督，核电厂营运单位组成的核电厂经验反馈体系，并定期、不定期举办各类经验反馈交流会议，积极开展国内外经验反馈交流活动。

为了对以上各层次的经验反馈活动的有效性进行评价，核电行业界一般采取两种方式：

（1）第一种是行业机构或协会组织的同行评估，通过同行专家的评估，利用专家的经验，发现被评估电厂经验反馈领域的弱项和良好实践，提出改进措施。这类评估侧重于从核电厂经验反馈的关键环节进行评价，主要环节有：经验反馈领域的组织机构与管理、事件报告、经验反馈来源、经验反馈信息筛选、纠正行动、经验反馈信息的使用、经验反馈数据库和趋势分析、经验反馈的自评价。

（2）第二种是核安全监管部门组织的对核电厂经验反馈体系运转的有效性进行的评价。该体系专指由国家核安全局组织和管理，在环境保护部核与辐射安全中心（以下简称核与辐射安全中心）、环境保护部核与辐射安全地区监督站（以下简称地区监督站）、运行核电厂及其他技术支持单位的共同参与的体系。经验反馈体系有效性评价对象为参与经验反馈体系运转的单位，包括国家核安全局、地区监督站、核与辐射安全中心和运行核电厂。该类评价层次较高，涵盖单位广，主要关注各参与单位在体系运转中应承担的任务和发挥的作用。

本章节主要介绍以上两种核电厂经验反馈评价的实施和相关准则方法。

9.2 行业机构组织的核电厂经验反馈同行评估

在国际核电工业界，行业机构或协会组织的涉及核电厂经验反馈的同行评估有很多种，其中具有代表性的有以下四种：① IAEA 组织的运行安全评价队 OSART[1]（Operational Safety Review Team）；② WANO 组织的 WANO 电力公司同行评估；③ 国内核能行业协会组织的核电厂同行评估；④ 国内各核电集团组织的对本集团内部电厂的同行评估。这几种评估方法各有特点，侧重点也不相同。本章将以 IAEA 的 OSART 方法为例，介绍核电厂同行评估中针对经验反馈领域的评价。

OSART 评估主要分为十个领域，分别是组织管理（MOA），培训与资格授权（TQ），运行（OPS1）、运行（OPS2）、维修（MA）、技术支持（TS）、运行经验反馈（OE）、辐射防护（RP）、化学（CH）、应急与准备（EPP）。其中，运行经验反馈领域的评估主要关注以下 8 个方面：经验反馈领域的组织机构与管理、事件报告与经验反馈的来源、经验反馈信息的筛选、根本原因分析、纠正行动、经验反馈信息的应用、经验反馈数据库和趋势分析、经验反馈的自评价。OSART 对这 8 个方面都有评估的要点和目标。

9.2.1 经验反馈的组织机构与管理

评估员应核查核电厂是否建立了运行经验反馈管理的必要的组织机构，同时判断核电厂从事经验反馈工作的人力资源是否充分。另外，应核查核电厂是否编写了运行经验反馈管理必要的工作大纲和程序，以及这些大纲和程序的执行情况，如在工前会是否有对该项工作经验反馈的回顾。评估员可以通过与涉及运行经验反馈的工作人员及其他主要管理部门谈话，确定他们对核电厂的大纲是否有充分了解，工作人员是否熟悉其运行经验反馈工作职责，是否能够及时获取经验反馈信息。

核电厂安全委员会（或类似的组织）是管理经验反馈工作的高层机构，评估员应检查该部门过去 12 个月的会议记录。核实核电厂有关重要事件是否由核电厂安全委员会定期加以核查、所建议的纠正行动是否得到有效跟踪、执行和核查。

9.2.2 事件报告和经验反馈的来源

评估员应评估核电厂过去三年来的运行情况。核查事件的记录、重复发生的事件、与外部事件相类似的事件、以及应与外部核电组织共享的事件。评估期间用发现的事实来支持评估结论。

值得注意的是，核电厂在运行中会发生一些低级别事件（即不严重影响核电厂的运行，如监督试验期间发生一个断路器故障，在独立验证时发现某个阀门位置错误），它们和严重事件的起因是类似的。因此对重复发生的低级别事件和重复发生的设备故障进行分析，确定其根本原因，采取纠正行动以防止严重事件发生就显得非常重要。评估员可抽查近几年状态报告开发情况，核查数量和质量趋势，判断对这类小事件的报告情况，从而了解电厂是否鼓励员工积极发现问题并报告。

核查值班运行事件日志，这些日志应视作运行经验反馈大纲的核查内容，确认核电厂运行经验反馈部门对运行日志进行了不定期的核查。在评估期间询问对口人员，看他们是否为核查作了筛选识别，并及时报告。

核查核电厂是如何了解外部经验的。如果已由厂外监管机构或核电公司组织进行了筛选，则确定他们用的是什么方法，这种方式是否能够保证把适当的信息发送核电厂。如果是在核电厂作筛选，应评估其筛选标准以保证信息来源足够。

下面是一些主要的外部经验的来源：

（1）IAEA 网站、WANO 网站；

（2）SOER（重大运行事件报告）、SER（重大事件报告）；

（3）SEN（重大事件通告）、EAR（事件分析报告）、ETR（事件专题报告）；

（4）INPO SEE－IN（重大事件评价和信息网站）；

（5）核安全当局的信息（信息通告、管理要求）；

（6）供货商、建筑/工程承包商之间的联系函。

确认该核电厂与国家和国际组织的关系，例如：类似堆型的业主联合会、世界核电运营者协会、美国核动力运行所（INPO）和 IAEA 事故报告系统（IRS）以及 INES 数据库。

确认核电厂最近的事件是否与外界核电组织共享。确定这种共享是自愿的还是核电监管部门强制推行的。查看电厂历史的事件报告，是否有事件共享并自始至终跟踪。

9.2.3　经验反馈信息的筛选

筛选是对事件或问题的适用性、可能的影响、类似事件或问题在核电厂发生的可能性等进行评价的一个过程。针对经验反馈信息的筛选的评估，应核实核电厂是否制定厂内事件的筛选原则和外部运行经验的筛选原则，电厂是否明确制定筛选标准。核实内部事件的筛选过程并确认这种筛选包括潜在问题；评估某些内部报告并确认实际根本原因得到鉴定。确认核电厂是否从人因失误中选择了有代表性的事件，确认核电厂是否对事件根本原因分析有明确的要求。

对于外部事件，一般情况下，信息可以分成适用（即核电厂存在类似状态或类似事件可能发生）或不适用。是否适用应是基于信息或事件的价值，而不是仅仅考虑堆型或供货商。评估员可以挑选出与核电厂有关的信息，审核电厂是否按其适用性进行了筛选，是否给予了适当的优先评价。

对事件进行筛选的目的是根据事件的重要程度[2]（后果和频度），选择那些需要进一步作调查的事件，并排列优先顺序。以下是事件筛选中要考虑的因素：

（1）核安全重要性；

（2）对重要设备故障的潜在影响；

（3）瞬态的严重程度（潜在的和实际的）；

（4）重复发生的问题；

（5）确定事件是否被正确筛选；

（6）确定核电厂事件报告规程的准则是否适当；

（7）按事件报告准则执行（核查所有事件是否识别了，所有需要进一步作调查的事件是否都被筛选了）；

（8）核查对低级别事件（不需调查）是否跟踪其重复发生的趋势，并定期向管理层提供事件趋势核查的结论。

（9）核查定期事件趋势分析报告是否将频发事件作为一系列相关联的事件来进行调查。

9.2.4 根本原因分析

评估员通过核查或参加根本原因分析会议、参加讨论外部运行经验反馈信息的会议、参加有关运行经验反馈信息的培训课程，确定现行运行经验反馈大纲的有效性。

核电厂应采用正确的 RCA 方法对被调查的事件和识别出的设备问题进行评价，核电厂对事件进行自我评价的结论应用于改进调查过程。评估员在核查过程中应参考类似的内部事件和外部事件，这样对判别电厂是否采取正确的纠正行动有所帮助，这也有助于发现以前的事件分析的不足。

确定核电厂是否做到了充分调查，评估员需要：

（1）核查关于编写事件报告的核电厂规程（评价调查所采用的技术、用于调查的时间）；

（2）抽查一份具体的事件报告，确定从事件发生至报告签发的时间间隔是否符合核电厂要求；

（3）访谈几位事件报告编写者（他们是否知道并正确应用了事件调查技术，他们是否进入外部事件数据库，他们是否用这些数据）；

（4）核查事件报告的分析是否参考了先前类似的内部事件和/或外部事件；

（5）核查最近定期自我评价的结论；

（6）和其他领域评估员合作，评价根本原因分析的有效性（特别是重复事件）。

9.2.5　纠正行动跟踪

电厂应根据一定的优先顺序实施纠正行动、限定实施时间、并对完成情况进行跟踪。确定有效跟踪纠正行动，评估员需要核查：

（1）确定是否对每个纠正行动指定了负责人；

（2）对纠正行动状态的定期报告进行核查；

（3）当纠正行动超期时，这些行动应当重新进行核查，由相应的负责人指派人员找出原因，并重新制定计划；

（4）评价该过程的有效性（超期项目所占的百分比、平均完成时间、对已有效关闭的纠正行动进行抽样核查）；

（5）当该纠正行动关闭时，应关注对该行动的管理监督。

在核查电厂纠正行动的有效性时，评估员可以核查纠正行动的措施是否针对问题的根本原因而不是问题的表象。评估员可以通过查阅文件或人员访谈，核查跟踪纠正措施的完成情况。纠正措施完成日期与事项的重要性、优先顺序和防止事件再发生的必要性相适应。核查电厂是否定期评价纠正措施的有效性。

9.2.6　经验反馈信息的应用

（1）经验反馈信息传达

核电厂可采用各种方法将经验反馈信息传达到核电厂管理人员、运行人员和维修人员的日常工作活动中，譬如：交接班会、工前会、核电厂新闻邮件、每日管理层例会上的经验反馈讨论等。

评估员需核查有关运行经验反馈信息是否及时传达到适当人员，如核实核电厂维修人员/工程师是否收到并在工作中实际采用了经验反馈信息，是否知道核电行业的重大事件/事故，特别是涉及技术方面的那些信息。在其他领域（主要是运行、维修、组织与管理）评估员的支持下，核查经验反馈信息是否有效地运用到各个领域工作人员的日常工作活动中。参加某些工前会并确认是否应用了历史经验反馈信息。

核电厂应将近期的内部事件和外部事件放在每天的例会上介绍和讨论，核电厂管理层有机会强调从事件中吸取的经验教训。评估员应参加几次这样的会议，可要求有关领域的评估员在观察活动过程中注意经验反馈方面的问题。对工人、运行人员、管理人员及经理们分别进行访谈，了解他们如何得到和如何运用经验反馈信息。评估员可参考几个最近的高风险活动实例，过去出过问题的低频度试验和重要操作等。

（2）事件的行业共享和培训

核电厂的重要内部事件应向行业组织报告并跟与业界共享经验反馈内容。评估员可以核查电厂的严重事件是否正确归类为 INES[3]，并及时进行了报告和共享。

核电厂经验反馈部门应将事件信息提交给培训部门，由他们进行需求分析，可能时纳入培训大纲。经验反馈培训教材中包含核电厂实际发生的事件的例子可以提高培训的有效性。评估员可以选择一些重要的事件（外部事件和内部事件），查看它们是否纳入培训大纲；对有关人员进行访谈，确定他们从这些事件中吸取的经验教训是否应用到他们的工作中。

（3）外部经验反馈的应用

核电厂外部运行经验的目的是识别事件先兆，在事故发生前采取预防行动防止其发生。评估员需核查核电厂是如何核查重要的外部运行经验反馈在核电厂的适用性的，是否及时采取了相应的措施。评估员评估该项工作是否正确执行时，可以通过：

① 抽查外部事件报告，看其对事件报告的评价是否在核电厂要求的时限内。

② 访谈外部事件报告评价者（他们采用什么准则来判断外部事件是可用的或相关的，怎样制定预防性措施等）；

③ 核查纠正行动的跟踪情况（与内部事件的行动相类似）；

④ 核查最近定期自我评价的结论；

⑤ 请其他领域评估员帮助评价纠正行动的有效性。

评估中，当评估员查阅内部事件的历史报告后，如发现核电厂发生的有些事件和以前报告的外部事件相类似，评估员必须调查并了解核电厂为什么没有充分重视外部事件。

经验反馈大多数是从事件中吸取教训，然而核电厂从外部的正面的良好实践中也可以学到有用的经验，这是 WANO 研发 Good Practice（GP）项目的主要目的。通过参考这些资料，核电厂负责制定纠正行动的人员可以找到一些卓越的做法，从而提高纠正行动的有效性。GP 报告是评估员判断纠正行动有效性的一个很好的辅助工具，评估员可以核查并筛选对核电厂对 GP 行动的跟踪。

9.2.7 经验反馈数据库及趋势分析[4]

电厂的事件经验反馈数据库，可以全面的包含事件的缺陷、异常、偏差等情况，通过数据库可以对事件有宏观的了解，以促进电厂从各个方面分析电厂的组织机构、人因管理、设备故障、工作管理和维修的活动，形成较为全面的看法和分析。对于严重事件，低级别事件、轻微事件、未遂事件、潜在问题，经验反馈数据库系统能建立透明的数据，方便提供事件的信息，以及对事件监测诊断、模式识别、异常趋势分析及重发事件识别等，经验反馈数据库系统可以使电厂快速了解管理概况和重点的进行纠正行动。

评估员需核查经验反馈数据库是否进行事件的分类，是否可按事件的属性进行查询，如事件的编码、涉及设备，人员，程序、管理程序，直接原因，根本原因，意义，相关事件报告准则等）。评估电厂是否对事件分类的标准进行归类，并显示对哪些编码的事件进行了趋势分析。同时可核查数据库中的事件的编码分类的应用是否一致。

评估员可以通过查看资料，确认核电厂是否正在监控具体的安全性能指标（例如，重要事件的数量和严重性、未进行工作指令的数量和安全系统不可用的时间），并进行趋势分析。

核查电厂是否对重要的或重复性的问题，以及无后果事件的恶化趋势进行调查，查找根本原因，确定应采取的纠正措施，以及为什么自我评价没有消除这些问题。

核查电厂对趋势分析实施调查的人员是否具有相关的知识和技能。核查电厂是否及时调查事件，保护事件现场，访谈事件见证人员。事件相关人员参与制定和实施纠正措施（包括临时性措施）以防止事件再发生。

9.2.8　经验反馈过程自我评价[5]

核电厂应定期核查经验反馈程序实施的总体效果。核查后应将程序实施有效性、对识别出的薄弱环节提出的建议行动等信息提供给核电厂管理层。不应只局限于对程序实施的管理要求的评估（超期项目的百分比、纠正行动平均实施时间），还可通过事件严重性和重复发生率的下降来核查程序的有效性，通常可以借鉴几个量化的指标进行参考：

① 近两年内重要事件（状态报告级别 1、2 级）数量下降；

② 近两年内重要事件的重发数量下降；

③ 近两年未遂事件和低级别事件（状态报告级别 3 级）数量下降；

④ 近两年微小事件（状态报告级别 4 级）上升；

⑤ 电厂能力因子提高。

此外，还可查阅电厂最近的自我评价报告，与评估员观察到的结论进行比较，确定自我评价是否有效。注意评估员的结论不要受核电厂自我评价报告的影响。

9.3　核安全监管部门对核电厂经验反馈体系有效性的评价

本节介绍的核电厂运行经验反馈体系[6]（以下简称“经验反馈体系”）是由国家核安全局组织和管理，在环境保护部核与辐射安全中心、环境保护部核与辐射安全地区监督站、运行核电厂及其他技术支持单位的共同参与的体系。经验反馈体系有效性评价对象为参与经验反馈体系运转的单位，包括国家核安全局、地区监督站、核与辐射安全中心和运行核电厂。

国家核安全局开展经验反馈体系有效性评价的目的是通过对经验反馈体系运转的有效性进行客观评价，找出存在的问题，提出改进建议，促进经验反馈体系持续改进。

根据国内外经验，国家核安全局可每两年实施一次经验反馈体系有效性评价，评估范围包括经验反馈体系的组织和管理；经验反馈信息的收集、筛选、评价、发布和行动跟踪；经验反馈信息的交流和培训等，评估内容为确认经验反馈体系相关的管理程序和技术文件的完整性和适当性，确认参与到经验反馈体系的各单位是否按照要求开展经验反馈活动。

需要特别指出，与前面描述的同行评估不同的是，国家核安全局对经验反馈体系的评价是侧重检查各单位在以上环节中是否按国家核安全局《经验反馈管理办法》的要求，履行了各自的职责分工和完成了相应的工作，一般不对具体的经验反馈工作技术细节进行评价。

本节主要介绍国家核安全局运行核电厂经验反馈体系的组成、开展经验反馈体系有效性评价的工作流程及相关评估技术，从而指导经验反馈体系有效性评价工作的实施。

9.3.1 国家核安全局运行核电厂经验反馈体系概要

2012 年，国家核安全局发布了《运行核电厂经验反馈管理办法》（国核安发〔2012〕65 号文件），通过该文件确立了国家核安全局运行核电厂经验反馈体系的框架，明确了参与经验反馈体系的相关单位和职责分工，为经验反馈体系建设奠定了基础。为了落实好《运行核电厂经验反馈管理办法》，国家核安全局拟定了运行核电厂经验反馈体系建设规划方案。方案中涵盖了经验反馈体系需要开发的各项具体工作程序、技术文件、信息系统以及建立经验反馈专家库等方面的内容。截至目前止，该体系已基本建成，主要包括文件体系、经验反馈信息系统和经验反馈专家库三个方面内容，体系框架见图 9－1。

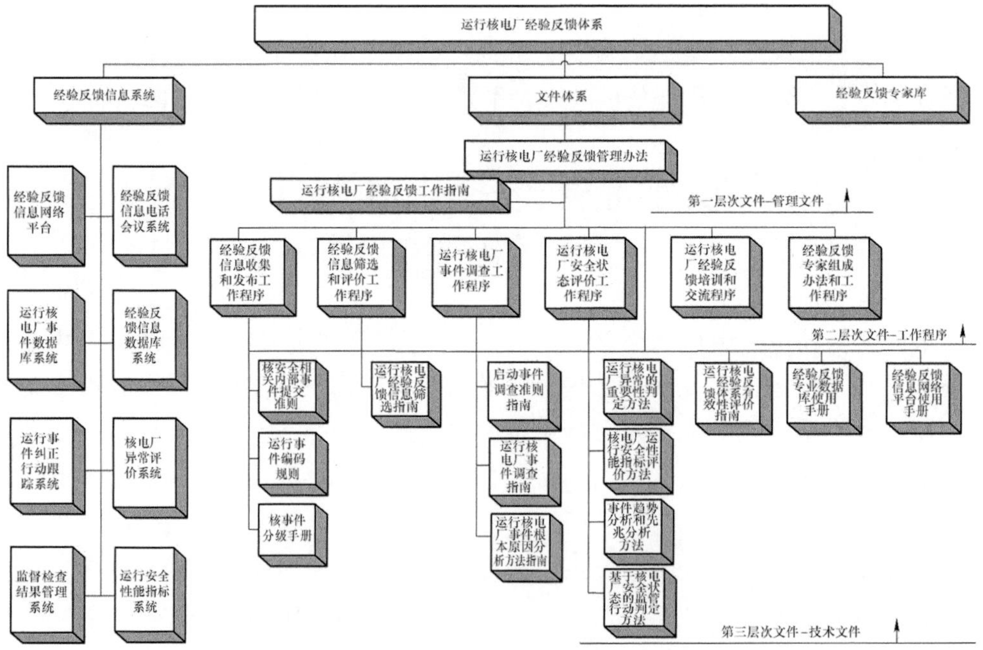

图 9－1 国家核安全局运行核电厂经验反馈体系框架图

9.3.2　经验反馈体系有效性评价的实施

经验反馈体系有效性评价活动包括受评单位自评估、评估前准备、评估实施、评估报告和结果跟踪五个阶段，其流程图见图 9–2。

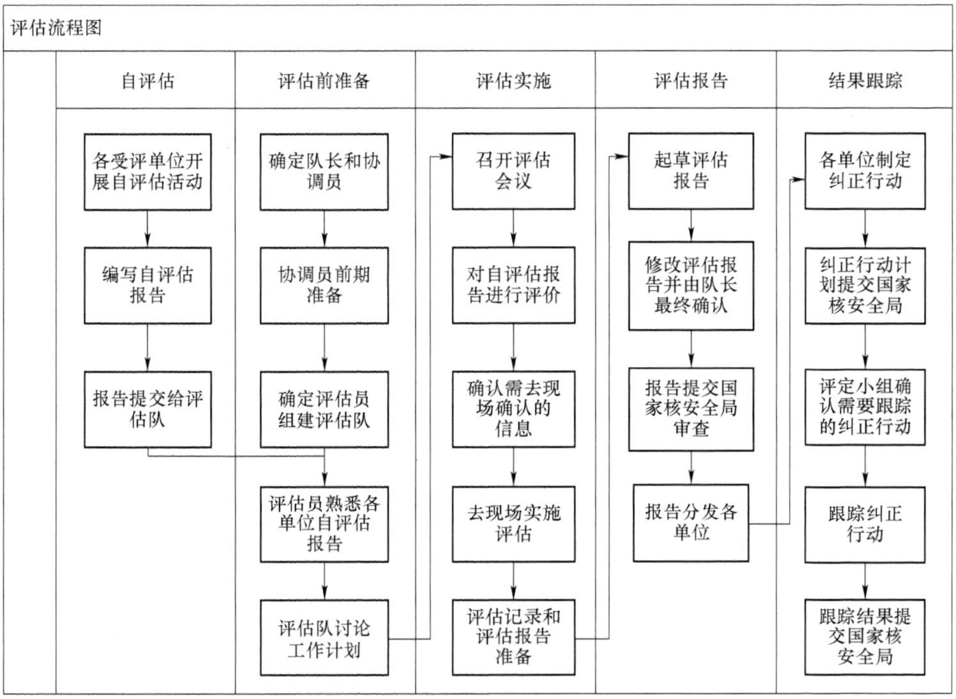

图 9–2　评估流程图

9.3.2.1　自评估

在评估开始前 2 个月，各受评单位包括国家核安全局、地区监督站、核与辐射安全中心和运行核电厂，需完成本单位的经验反馈体系自评估活动，并编写自评估报告。

国家核安全局的自评估内容为：① 运行核电厂经验反馈体系的相关管理文件的制定和发布情况；② 参与经验反馈信息的电话会议筛选的情况；③ 经验反馈信息的发布情况，包括对运行核电厂、核安全监管体系和公众发布的经验反馈信息；④ 经验反馈信息的应用情况，包括监督检查活动改进情况、执照申请审查改进情况、法规导则修改情况；⑤ 经验反馈内部交流会议、运行经验交流专题会议和全国运行核电厂经验交流会议组织和召开情况；⑥ 经验反馈人员培训信息，包括经验反馈培训计划的制定、培训教材的编写或升版、培训活动的组织和实施；⑦ 经验反馈专家库的组织和建立情况，以及专家参与经验反馈活动的情况。

地区监督站的自评估内容为：① 监督报告（包括周报、月报、年报、重要情况通报、例行检查报告、非例行检查报告）向“经验反馈信息平台”上传情况；②“运行事件纠正行动跟踪系统”和“监督检查结果管理和跟踪系统”的维护情况；③ 对“运行安全性能指标系统”中电厂录入的指标基础数据的核实情况；④ 对检查中发现的运行核电厂异常情况的分析评价情况；⑤ 核电厂纠正行动实施的有效性和时效性的跟踪情况；⑥ 对核电厂运行事件纠正行动的完成情况和监督检查结果解决情况的分析评价情况；⑦ 参加国家核安全局组织的经验反馈培训情况；⑧ 参与国家核安全局组织的经验反馈会议情况。

核与辐射安全中心的自评估内容为：运行核电厂经验反馈体系相关管理程序和技术文件的编写情况；“运行核电厂经验反馈信息平台”的开发和运行维护情况；国内经验反馈信息的收集以及向“经验反馈信息平台”上传情况；国外经验反馈信息（包括IRS、INES发布的运行事件、其他主要核电国家的经验反馈信息等）的收集以及向“经验反馈信息平台”上传情况；对收集到的国内外经验反馈信息进行筛选的情况；对筛选后的经验反馈信息分析评价以及评价报告的编制情况；对运行安全性能指标的分析评价情况；对收集到经验反馈信息和核电厂的运行事件的趋势分析和征兆分析情况；从事经验反馈人员参与国家核安全局组织的培训情况；参与国家核安全局组织的经验反馈会议情况。

营运单位运行核电厂的自评估内容为：定期报告（如月报、年报等）、运行事件通告和运行事件报告（含补充运行事件报告）等相关报告纸质版本的提交情况以及向“运行核电厂经验反馈信息平台”上传情况；根据监管要求制定的纠正行动以及落实向“运行核电厂经验反馈信息平台”的上传情况；与核安全相关的内部事件向“运行核电厂经验反馈信息平台”上传情况；运行安全性能指标数据向“运行核电厂经验反馈信息平台”的提交情况；从事经验反馈人员参与国家核安全局组织的培训情况；参与国家核安全局组织的运行核电厂经验反馈交流会议情况。

9.3.2.2 评估前准备

在被评单位完成自评估后，就可以开始进行评估前的准备工作。在评估开始前 2 个月，由国家核安全局确定评估队队长人选，由核与辐射安全中心确定协调员人选。在评估队队长和协调员人员确定后 1 个月内，相关单位负责推荐评估员人员，并经评估队长和协调员协商沟通后确定评估员名单。在评估队组建完成后，举办评估员培训班，评估员培训班在评估开始前 1 个月举办。培训内容为评估的基本概念和方法，培训对象为所有评估员。

评估开始前 1 个月，协调员联系各受评单位对口人提交受评单位自评估报告，并分发给评估员。如有必要，评估队可要求提供补充材料。对于运行核电厂，除提交自评估报告外，还建议提交核电厂内部经验反馈活动总结报告。评估实施前 1 周，评估队队长和协调员与各评估员协商讨论评估任务和评估实施计划，制订详细的日常安排，并分发给各评估员。

9.3.2.3　评估实施

评估队队长在评估活动开始后第一天召开评估队会议，对评估的实施方案进行总体布置，会议还包括如下议题：确认评估员已明确自己的任务；讨论评估过程中的总体策略。

评估员根据评估实施计划和评估要点内容（具体见第 3.3 节）对各受评单位提交的自评估报告进行评价，找出各受评单位存在的问题。评价内容包括七个方面：经验反馈体系的组织和管理；经验反馈信息的来源和收集；经验反馈信息的筛选；经验反馈信息的分析和评价；经验反馈信息的发布和利用；纠正行动跟踪；经验反馈信息的交流和培训。

评估队完成对受评单位提交的自评估报告后，评估队召开内部会议，由评估队队长主持，协调员和所有评估员参加，讨论发现的各受评单位待改进问题，并明确需要去现场确认的信息。在明确需要现场确认的信息后，协调员和受评单位对口人联系，评估队指派 2～3 位评估员赴现场实施确认。在完成现场评估工作后，评估队召开总结会议，由评估队队长主持，协调员和所有评估员参加，会议讨论评估实施计划的完成情况、现场评估后问题确认情况。

9.3.2.4　评估报告的编写

由评估队队长负责起草初步评估报告，并就编制的报告初稿征求各评估员和协调员的意见，必要时队长可根据意见修改评估报告。在评估结束后 1 周内，协调员将初步评估报告提交给国家核安全局审查。最终评估报告在评估结束后 2 周内发布，由核与辐射安全中心负责分发给国家核安全局、地区核与辐射安全监督站、运行核电厂和技术支持单位。评估报告的编写模版见第 9.3.4 节。

9.3.2.5　评估结果的跟踪

各受评单位负责对评估过程中发现的待改进问题和整改建议制定纠正行动计划并组织实施，并在收到最终评估报告后一个月内向国家核安全局提交纠正行动计划。核与辐射安全中心负责组织并成立结果跟踪评定小组，小组成员为 3～5 人。由小组对纠正行动计划进行评定，确认需要进行跟踪的纠正行动。对评定后需要进行跟踪的纠正行动，由评定小组负责对纠正行动的实施进行跟踪，并在评估完成半年后将跟踪结果报送给国家核安全局。

9.3.3　评估内容要点

评估内容要点为经验反馈体系有效性评价提供参考，经验反馈体系有效性评价涉及以下方面：① 经验反馈体系的组织和管理；② 经验反馈信息的来源和收集；③ 经验反馈信息的筛选；④ 经验反馈信息的分析和评价；⑤ 经验反馈信息的发布和利用；⑥ 纠正行动跟踪；⑦ 经验反馈信息的交流和培训。具体如下：

（1）经验反馈体系的组织和管理

评价目标是核查是否清晰定义了参与经验反馈体系活动的各单位职责，并进行了有效的传达，并开发了经验反馈信息管理平台。

评估准则包括：清晰定义参与经验反馈体系活动的各单位职责，包括负责经验反馈信息的收集、筛选、分析和评价、交流和培训以及行动跟踪部门的职责；清晰定义了各单位的内外部协调以及交流职责，包括各单位之间的接口关系；开发了经验反馈信息管理平台便于记录和查询相关的经验反馈信息。

评估内容包括：① 确认是否明确了参与到经验反馈体系运转的单位，以及各单位之间的接口关系；② 确认是否清晰描述了各单位的责任和所需开展的活动；③ 确认所描述的各单位责任的全面性，已涵盖了经验反馈体系运转的流程，包括经验反馈信息的收集、筛选、分析评价和行动跟踪；④ 确认经验反馈专家库的组成，并确认每位成员的资质；⑤ 检查“国家核安全局经验反馈信息平台”，确认平台中的数据是否完整且规范；⑥ 访谈相关人员，确认“国家核安全局经验反馈信息平台”是否便于访问和查询。

（2）经验反馈信息的来源和收集

评价目标是核查是否有合适的经验反馈信息来源并及时有效地收集经验反馈信息。

评估准则包括：明确经验反馈信息的收集来源，来源包括国内运行核电厂、国外同行以及监管当局；各单位按照要求及时提交和上传了经验反馈信息。

评估内容主要有：① 检查“国家核安全局经验反馈信息平台”中是否包括核电厂定期报告（如月报、年报等）、运行事件通告、运行事件报告以及与核安全相关的内部事件清单和摘要，并确认核电厂上传的及时性；② 确认运行核电厂是否根据要求及时提交了定期报告（如月报、年报等）、运行事件通告、运行事件报告和与核安全相关的内部事件清单和摘要的纸质版；③ 检查“国家核安全局经验反馈信息平台”中是否包括监督周报、月报、年报、重要情况通报以及例行检查报告和非例行检查报告，并确认地区监督站上传的及时性；④ 确认核与辐射安全中心是否收集了初步安全评价报告、最终安全评价报告、十年定期安全审查评价报告、运行事件相关文件、安全重要物项修改相关文件、核安全局年报等文件以及良好实践和相关的最新研究成果，并定期上传到“国家核安全局经验反馈信息平台”；⑤ 确认核与辐射安全中心是否收集了国际原子能机构（IAEA）国际核事件报告系统（IRS）和国际核事故分级系统（INES）发布的事件、其他主要核电国家的经验反馈信息以及双边或多边交流合作中获得的经验反馈信息并上传到“国家核安全局经验反馈信息平台”。

（3）经验反馈信息的筛选

评价目标是核查是否及时有效地筛选了经验反馈信息以进行后续分析。

评估准则包括：根据筛选准则及时对经验反馈信息进行了筛选以确认哪些信息需进一步进行分析；依据经验反馈信息的重要性对筛选出的信息排列优先顺序。

评估内容主要有：① 确认是否制定了经验反馈信息的筛选准则，并评价筛选准则的适当性和全面性；② 检查核与辐射安全中心对于经验反馈信息的日常内部筛选的工作方式；③ 检查所开展的电话会议筛选活动，包括电话会议筛选时间、参与筛选的人员、筛选出的信息清单；④ 抽查经验反馈信息，确认是否按照筛选准则进行了筛选；⑤ 评价启动运行事件调查的筛选准则的合适性；⑥ 检查运行事件，确认是否按照筛选准则的要求筛选出了需调查的运行事件。

（4）经验反馈信息的分析和评价

评价目标是核查是否及时对经验反馈信息进行分析和评价，以提出行动建议。

评估准则包括：及时对经验反馈信息进行全面的分析和评价，以发现运行核电厂的不利趋势，并提出行动建议；相关单位和专家参与分析和评价过程，以确保分析和评价的完整性及准确性。

评估内容主要有：① 确认是否制定了经验反馈信息分析评价方法、核电厂安全状态的评价方法、运行安全性能指标数据的评价方法、核电厂异常情况评价方法以及事件趋势分析方法，并评价这些方法的合适性；② 审查核与辐射安全中心是否对筛选出的经验反馈信息进行了评价并提出了应用建议，确认提出的应用建议的合适性；③ 审查核与辐射安全中心是否定期对核电厂运行安全性能指标数据进行了评价并形成和上报了评价报告；④ 审查核与辐射安全中心是否定期对地区监督站检查发现的核电厂异常情况进行了分析并形成和上报了评价报告；⑤ 审查核与辐射安全中心是否对收集到的核电厂事件进行了趋势分析和征兆分析；⑥ 审查核与辐射安全中心是否评价了核电厂的安全状态，以及提出了监管建议，并审查监管建议的合适性；⑦ 确认参与经验反馈信息分析和评价的专家人员以及资历。

（5）经验反馈信息的发布和利用

评价目标是核查是否及时发布和利用经验反馈信息。评估准则是国家核安全局及时发布经验反馈结果并积极利用结果实施相关改进。

评估内容主要有：确认国家核安全局发布的经验反馈结果和监管要求，包括信息通告、管理要求和改进要求，以及信息发布的及时性；确认国家核安全局利用经验反馈信息实施的监督检查活动改进情况、执照申请活动改进情况和法规导则修改情况。

（6）纠正行动跟踪

评价目标是核查是否跟踪纠正行动的完成情况和监督检查结果的解决情况。评估准则是核电厂定期分析评价纠正行动的完成情况以及监督检查结果的解决情况。

评估内容自主要有：① 审查地区监督站是否对核电厂纠正行动实施的时效性和有效性情况进行了跟踪并将纠正行动状态录入到“国家核安全局经验反馈信息平台”的“运行事件纠正行动跟踪系统”中；② 审查地区监督站是否定期评价核电厂以往所采

取纠正行动的长期有效性；③ 审查地区监督站是否对监督检查结果进行了跟踪，并及时将跟踪结果上传到国家核安全局经验反馈信息平台”的“监督检查结果管理和跟踪系统”中。

（7）经验反馈信息的交流和培训

评价目标是核查是否定期组织经验反馈信息的交流以及人员培训。评估准则是各单位开展的经验反馈信息交流活动和从事经验反馈工作人员的培训情况。

评估内容主要有：① 审查国家核安全局定期组织国家核安全局、地区监督站、核与辐射安全中心参加的经验反馈内部交流会议情况，确认每年召开次数以及历次会议交流内容，确认其交流内容是否涵盖了事件分析评价、安全性能指标趋势、现场监督检查中发现的问题等内容；② 审查国家核安全局定期组织的运行经验专题交流会议情况，包括活动开展次数、会议参与单位、会议交流议题等；③ 审查国家核安全局定期组织的全国运行核电厂经验交流会议情况，确认每年召开次数以及会议参与单位，确认参与单位是否涵盖了国家核安全局、地区监督站、核与辐射安全中心、运行核电厂和相关技术支持单位；④ 审查全国运行核电厂经验交流会议交流的内容，其内容是否包括《运行核电厂经验反馈培训和交流工作程序》中的相关规定；⑤ 审查国家核安全局参与的国际组织或机构的研讨会或经验反馈交流活动情况；⑥ 审查国家核安全局每年制定的经验反馈培训计划，确认是否按照计划完成培训；⑦ 审查国家核安全局是否及时编写或升版了经验反馈培训教材；⑧ 审查国家核安全局组织的经验反馈人员培训情况，确认参与培训的人员是否涵盖了国家核安全局、地区监督站、运行核电厂和相关技术支持单位从事经验反馈工作的人员。

9.3.4 评估报告编写模版

根据经验反馈体系有效性评价的结果，评估队编写的报告模版应包含以下几个方面：① 实施摘要；② 运行核电厂经验反馈体系简介；③ 评估结论；④ 评估队成员名单。

评估报告模版具体的内容要求如下：

1）实施摘要

概括性描述评估范围、评估目的、评估实施过程，并总结性描述评估过程中评估人员认为最为重要的待改进问题。

2）运行核电厂经验反馈体系简介

简要介绍当前正在运转的经验反馈体系状况，包括各单位所开展的工作情况。

3）评估结论

评估结论要从以下四个方面阐述：

a）评估要点：明确参与经验反馈体系各项活动的计划和开展，各单位在该过程中的主要关注重点；

b）待改进问题：提出评估中发现的弱项，如参与到运行核电厂经验反馈体系运转的单位职责定义不清晰；

c）事实：举例说明，如文件《×××》中规定了由××单位负责经验反馈信息的筛选，但另一份文件《×××》中又明确有××部分负责该部分工作；

d）推荐建议：针对发现的弱项问题提出改进建议，举例如完善运行核电厂经验反馈管理程序，明确规范各单位职责。

4）评估队成员名单

记录参与评估的专家名单。

参考文献

［1］OSART guideline.Reference report for IAEA Operational Safety Review Teams（OSARTs），2005 edition.Vienna，July 2005.

［2］A system for the feedback of Experience from Events in Nuclear Installations［S］，Safety Guide No.NS－G－2.11，IAEA，Vienna，2006.

［3］The International Nuclear Event Scale（INES）User's manual（2008），IAEA，2009.

［4］潘保林，王志新，周红英. 浅析运行核电厂经验反馈领域评估方法与共性问题［J］. 科技创新与应用，2015，18：76.

［5］Self－assessment of operational safety for nuclear power plants［R］，TECDOC 1125，1999.

［6］国家核安全局. 运行核电厂经验反馈管理办法，国核安发〔2012〕65 号文，2012.